傭兵
狼たちの戦場

ロブ・クロット
Rob Krott
大槻敦子
Atsuko Otsuki

Save the Last
Bullet
for Yourself

原書房

著者が歩兵小隊長だった22歳のころ。1985年、韓国のキャンプ・ケーシーにて。

アメリカ陸軍

1992年４月。自転車に乗った老人。シサクの人々の日常。
クロアチア南部では、多くの建物が銃や大砲の被害にあっていたが、このビルの持ち主は運がよかったとみえる。まだ立っているからだ。

ロブ・クロット

セルビアに占拠されたクライナ国境地帯で、パトロール中のクロアチア・コマンドー部隊に指示を出す著者。

著者収集品

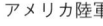

自由民主主義クロアチアの顔。「ブロンディ」はチューリヒの立派な仕事と快適な生活をなげうって祖国に戻り、戦った。クロアチアにて。1992年4月。

ロブ・クロット

コマンドー中隊長ペドラグ・マタノヴィッチ、元アメリカ陸軍兵リチャード・ヴィアルパンド、19歳のクロアチア系カナダ人ジョン・ライコヴィッチが、任務終了後にわざとらしくポーズを取る。クロアチア、シサクにて。1992年。武器はシンガポール製SAR80、ルーマニア製AK47、スミス&ウェッソン6インチ357。

ロブ・クロット

クロアチアのジャジナ近郊で偵察パトロールに出動する前にコマンドー部隊を点検する著者。部隊は第２（軽）歩兵大隊コマンドー中隊の暫定長距離偵察パトロールチーム。

著者収集品

クパ川でボート訓練。立っているのはジョン・ライコヴィッチ。「泳ぐよりは速いぞ」。
くねくねと蛇行するクパ川は、クロアチア（下流10キロ）とクライナ・セルビア人共和国（上流10キロ）のあいだに国境兼無人地帯を作っていた。

ロブ・クロット

前ページ上＊パトロール前の最後の一服のためにマッチを探す。右から３人目が著者。多くのクロアチア人は178センチの著者よりはるかに背が高い。クロアチア、シサクにて。1992年４月。

著者収集品

前ページ下＊パンドとブラッキーのガールフレンド。「イタリアーノ」とガールフレンド。著者は「居眠り中」

著者収集品

上＊ペドラグ・マタノヴィッチ、22歳、第２大隊中隊長。シサクの南方で激しい戦闘を経験。
お気に入りの武器である100発ドラム給弾方式サイレンサーつきチェコ製MGV176、22口径リムファイア・サブマシンガンとSAR80を手にした姿。戦闘ではたいていこのふたつを手にして中隊の先頭を歩いていた。ペドラグは1992年８月にドゥブロヴニク近郊で重傷を負った。 著者収集品

下＊ギリースーツを着用して狙撃用ライフルをかまえるイギリス人傭兵「ジェフ」

ロブ・クロット

爆弾で破壊されたレストラン・カラブリャを調査する警察。爆発が起きたとき、オーナーはすでにセルビアに戻っていた。　ロブ・クロット

クロアチア製ザギ9ミリ・サブマシンガンをもつ著者。　著者収集品

ソマリアのバリ・ドグレ飛行場管制塔の前に立つ著者。この飛行場はのちにキャンプ・アロヨに改称された。
著者収集品

ソマリア、メルカの北。ランドローバーの事故後、応急手あてを施したドイツ人女性のおかしな言動に笑う著者。

パット・クーパー

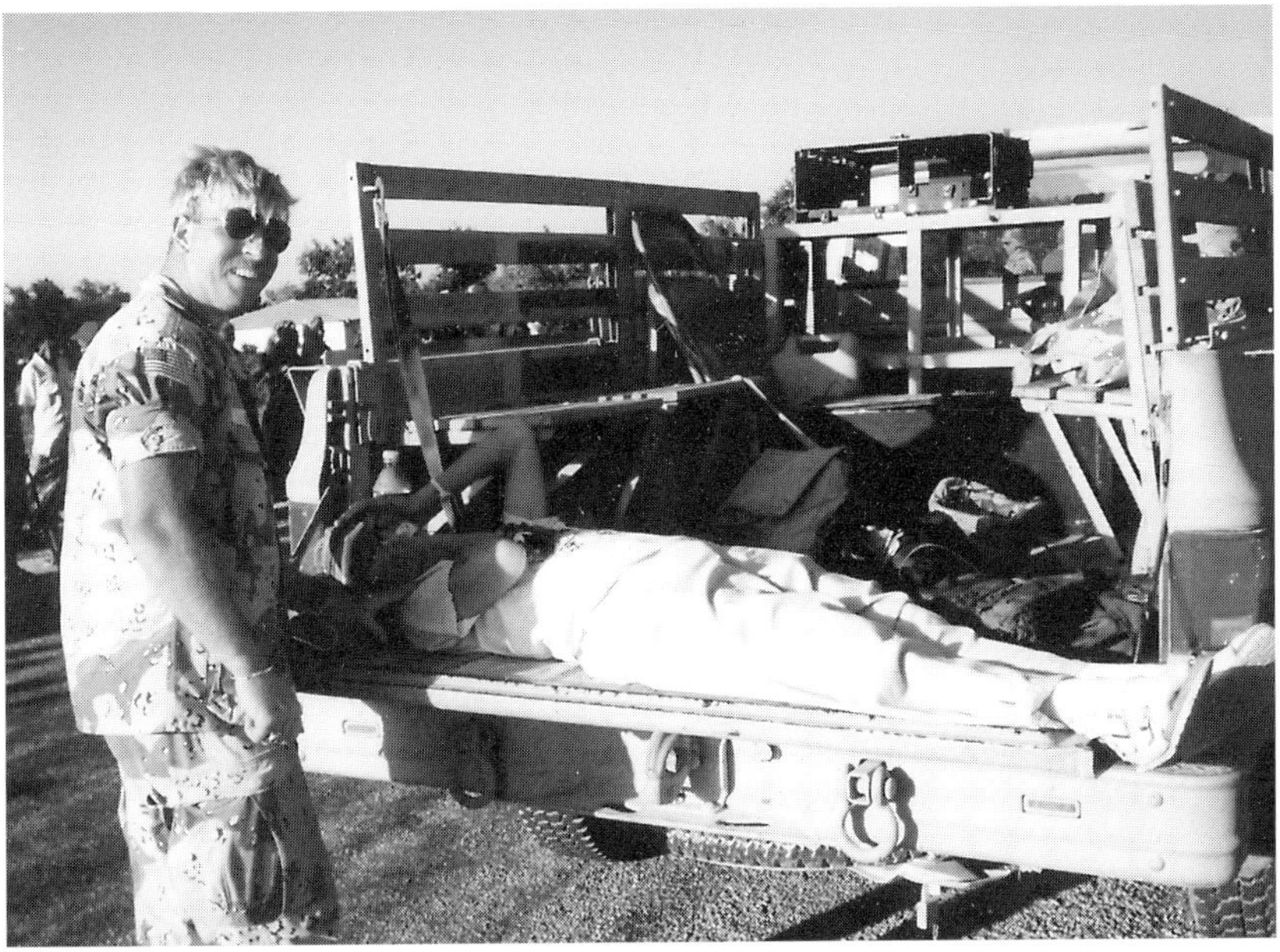

ジェリコ・「ニック」・グラスノヴィッチ大佐、キング・トミスラヴ旅団司令官。ボスニアのトミスラヴグラードにて、1993年。写真提供＝「マイク・クーパー」

ボスニア山岳地帯をパトロールする前に小隊に指示を与えるジェリコ・グラスノヴィッチ大佐。ごく最近まで山賊の支配下にあった地域で「存在を示す」こともまたパトロールの目的だった。
旅団司令官が18～19歳の若者集団のペースメーカーになって、若者のほうが死にそうになっているところを見たことがあるだろうか。　ロブ・クロット

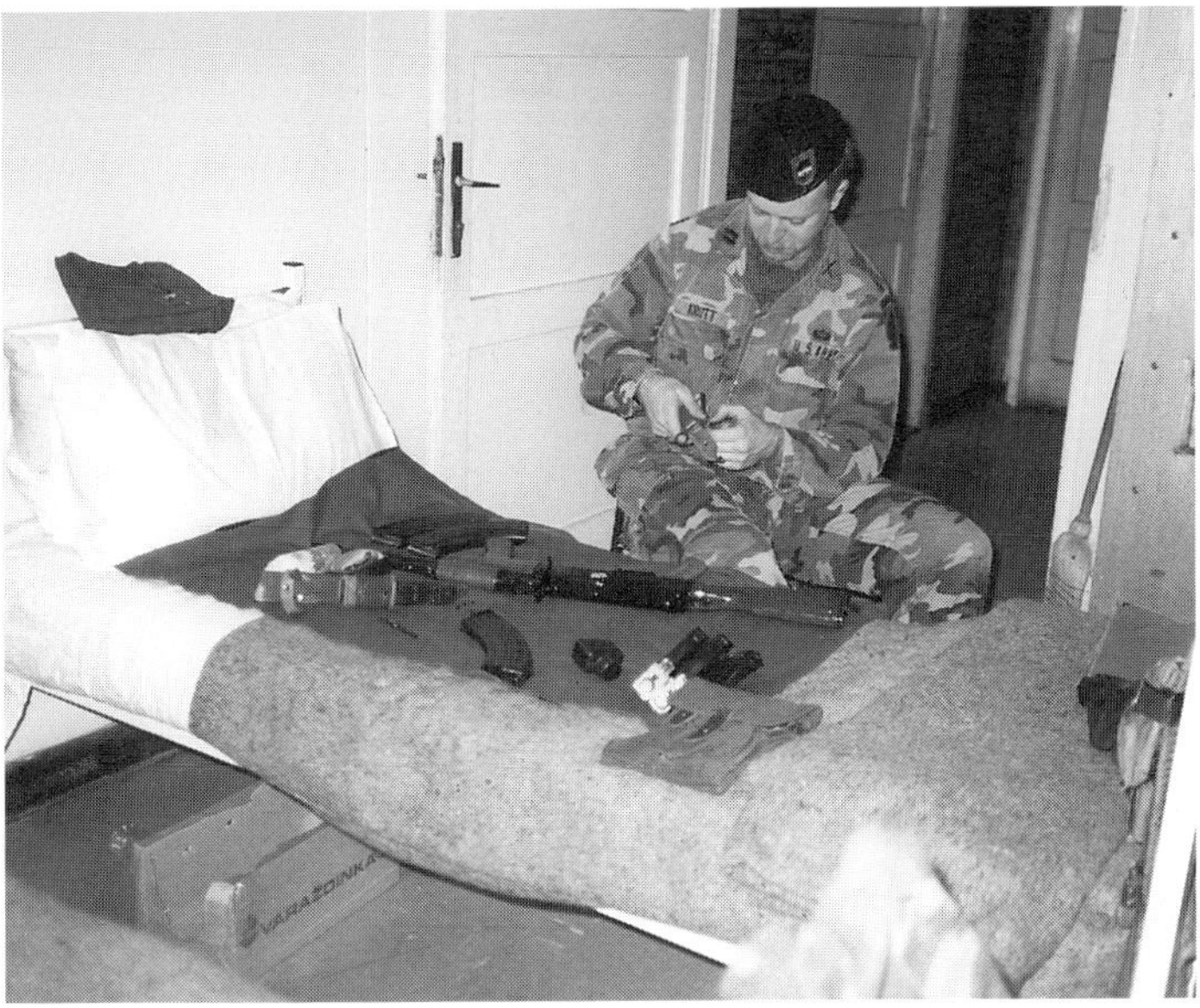

ジャジナの兵舎で新品のルーマニア製AK47を手入れする著者。

著者収集品

1993年、ボスニアのフランス人傭兵。左から、ブルーノ、フランソワ、クリストフ。
著者収集品

ドイツ人傭兵ハイコ（左）とホームズ（右）。ホームズがもっているのはPKM汎用7.62ミリ・マシンガン。

著者収集品

パトロール中に休息をとるキング・トミスラヴ旅団のウヴェ・「ホーネッカー」・ヘルカー。ボスニア、ツルヴェニツェ近郊のヘルツェゴヴィナ西部山岳地帯で。1993年。

著者収集品

前線の砲陣地。ボスニア、1993年。
ロブ・クロット

右　ボスニア、トミスラヴグラード郊外の前線で。1993年。
ヴァイキング小隊のイタリア人傭兵カルロがHOSの袖章をつけている。

ロブ・クロット

下　ヴァイキング小隊の隊員。彼らのロシア製ジープの前で。
左からイム、ミケ、カーネ、ロイエル。前列で膝をついているのはイケ。

ロブ・クロット

塹壕に設置されたばかりの20ミリAA砲からチェトニク（セルビア人）が占拠した村の攻撃目標を監視する。この砲は闇にまぎれて前方陣地へ運び込まれた。
400メートルしか離れていない陣地にいるチェトニクには「想定外」だったらしい。
写真撮影日はちょうど著者の30歳の誕生日だった。

ロブ・クロット

ドイツ人志願兵アンディ・コルブ。
モスタル付近でクロアチア民族の偵察小隊「コブラス」とともに偵察任務にあたっていたが、部隊縮小に伴いキング・トミスラヴ歩兵旅団に転属になった。
1993年11月、ボスニアのゴルニ・ヴァクフで戦死。

著者収集品

こちらもアンディ・コルブの写真。フランス人傭兵1名、ドイツ人傭兵3名と一緒に写っている。ボスニアのツルヴェニツェ近郊で。1993年。

ロブ・クロット

キング・トミスラヴ旅団の迫撃砲手が準備をする。右端の兵はまだ15歳。
ロブ・クロット

キング・トミスラヴ旅団の衛生兵アイシャ。山岳戦闘パトロールの休憩中。
ロブ・クロット

ヴァイキング小隊のパトロール用ジープと外国人傭兵。左から、イギリス人、ドイツ人、イタリア人、イギリス人、北欧人。ふたりのイギリス人は「ジェフ」と「パット」。　ロブ・クロット

左下＊マイク・「レンジャー」・マクドナルド。　写真提供＝マイク・マクドナルド

右下＊青いアメリカ陸軍将校の正装に身を包んだ著者。ボスニアを離れて２週間後。

著者収集品

傭兵——狼たちの戦場◆目次

目次

わが家の語り部だった祖父へ

エド・クロット、一九一四〜二〇〇一年

追悼

ランス・ユージーン・モトリー大尉、別名「ジーン・スクロフト」アメリカ陸軍士官学校一九七九年卒
『ソルジャー・オヴ・フォーチュン』誌海外特派員
カレン民族解放軍顧問
一九八九年五月三一日、ビルマ、コムラにて戦死

ドミンゴ・アロヨ上等兵
アメリカ海兵隊第一一連隊第三大隊野砲部隊
一九九三年一月一二日、ソマリア、モガディシオにて戦死

アンドレアス・コルブ
キング・トミスラヴ旅団国際志願兵
一九九三年一一月一五日、ボスニア、ゴルニ・ヴァクフにて戦死

ロバート・カレン・マッケンジー大佐、別名「ボブ・マケナ」「ボブ・ジョーダン」
シエラレオネ・コマンドー部隊司令官
一九九五年二月二四日、シエラレオネ、マラル・ヒルズにて戦死

デイヴィッド・「ロッキー」・イールズ少尉、アメリカ海兵隊
オクラホマ・ハイウェイ・パトロール・タクティカル・チーム
一九九九年九月二四日、殉職

ジミー・A・リドル
SOG-SMC社戦闘要員
二〇〇五年三月三日、イラク、アシャラフにて戦死

トマス・D・マホリク一等曹長
アメリカ陸軍特殊部隊第七特殊部隊グループ（A）第二大隊
二〇〇六年六月二四日、アフガニスタン、カンダハル州にて戦死

「戦いに終止符を打てるのは死者だけである」
——プラトン

まえがき

ジム・モリス

ロブ・クロットは、一世代前のわたしと非常によく似た経歴をもつ作家である。わたしたちの経歴の相違点は個人というよりむしろ時代の違いだといえよう。

わたしたちはともに特殊部隊の将校だった。ともに、わずかな報酬あるいは無報酬で、というよりじつに自腹を切ってまで他国の戦争に志願した。そしてふたりとも同じように、わがアメリカ国民の大部分がまったく忘れ去ってしまったように思われる、世界のあちこちで起きている多くの小規模紛争について書き記した。

いちばんの違いは、わたしが戦いそして記したほぼすべての人間の背後にソヴィエト連邦が存在していたのに対して、クロットは背後にいささかのつながりもない多くの戦争で戦い、それを綴ったことだろう。

けれども、その違いが広範囲にわたって影響を及ぼしている。

ソヴィエト連邦が最初の核実験を実施したとき、わたしは一一歳か一二歳だった。あのとき、早晩彼らと戦うことになる、なんとかしなくては、と考えたことを覚えている。それから四〇年、わたしはソヴィエト社会主義共和国連邦《USSR》との戦いにそなえ、ソヴィエトとの代理戦争で戦い、マスコミが描く姿ではなく自分が目で見た戦争のようすを本や雑誌に書き、編集することに時間を費やしてきた。

マスコミはわたしが戦ったいくつもの戦争を取り上げたが、すべてがばらばらのできごとであるかのように描写した。なぜそんなことをするのかがわたしにはどうしてもわからなかった。わたしが出征した場所がどこであっても、反対側にいる人間は同じ金を使い、同じ装備を使い、未来の指揮官をモスクワのパトリス・ルムンバ大学へ送り込んでいたのだ。四つか五つの戦争を取材すれば、新聞記者でさえそれくらいのことはわかるはずだった。

わたしは、エルサルバドルで特殊部隊の中佐にこうした戦争はすべてつながっていると告げたときのことを覚えている。彼はおかしなものでも見るようにわたしを見つめた。中佐は無言だったが、わたしの頭がどうかしたのではないかと考えていることは見てとれた。わたしがあたりまえのことを、大発見でもしたかのように述べたからだ。

『ソルジャー・オヴ・フォーチュン』誌のボブ・ブラウンにも同じことをいってみた。彼もまた、「そんなことは誰でも知っているじゃないか」とわたしの発言を受け流した。

「ちがうよ、ボブ。みんなわかっていない」とわたしは続けた。「だって、新聞にもテレビにもそんなことは出ていないだろう?　この六カ月で俺はふたつの大陸で起きた五つの戦争を取材した。あとひとつどこかの大陸の戦争に行ったら、本を書こうと思う」

正直、わたしはあのとき疲れていた。一カ月くらい休暇をとって体を鍛えようかと思っていたのだ。だがボブがいった。「ちょうどいい、金曜日にエルサルバドルへ行ってこい」。願望を口にするときは気をつけなくては。

しかしながら、クロットをはじめとする彼の世代のフリーランス戦士にとって、話はまったく異なる。戦争は本当にばらばらのできごとなのだ。ボスニアとビルマとソマリアのあいだに大きな結びつきはない。民族もちがえば、衝突もちがう。同じなのは傷だけだ。

わたしはクロットが受けた軍事教育をいくらかうらやましく思う。彼がわたしたちの世代よりも幅広い訓練を受けていることに疑いの余地はないだろう。兵器、戦術、医療、どれをとっても知識が深い。なぜだろう。

それは、わたしたちの世代の特殊部隊はすべての時間を、ベトナムへ行く準備をする、ベトナムへ行く、ベトナムから帰ってくる、また行く準備をするという堂々めぐりに費やしていたからだろう。わたしたちは兵器も戦術も地形も、現地で用いられていない技術も学ぶことはなかった。そうする時間がなかったのだ。アメリカとソ連の兵器について知識を得て、ジャングルのなかで小柄な褐色の肌をした人間と戦う方法を学ぶ。それだけだった。

クロットの時代の特殊部隊は、どこでも誰とでも戦える方法を習得する。この違いは大きい。

わたしたちの世代が彼らよりも恵まれていたのは、虫の好かない人間とともに戦わなければならないことがなかったことだろう。少なくともわたしにそういう経験はない。わたしの特殊部隊チームはそれまで知り合ったなかでも特にすばらしい男たちばかりだった。ベトナムのモンタニャール《山地人》とも一緒に戦ったが、彼らもいい人たちだった。わたしは今でもできるかぎりの手助けをするべく、彼らとかかわっている。

クロットの軍隊経験は同輩のアメリカ軍兵士とほぼ同じだ。だが、彼がともに戦った傭兵のほとんどは社会の底辺にいる卑劣な連中ばかりが寄り集まった最悪の集団だった。凶悪犯、常習犯、変質者、殺人犯、窃盗犯、そしてたんなる愚か者。

そしてそのなかに点在しているのが、それなりの専門知識をもち、賢く、理想主義で危険を顧みない数少ない若者たちだ。彼らは善良な人々が苦しんでいる第三世界の地域を多々見つけ出し、悪事を働いている者どもをやっつけるという急務を果たすべく現地へ向かう。

傭兵にかんして気づいたことがひとつある。同じ場所、同じ時間に、ほぼ同じことを同じ方法で行なう傭兵を三名雇うとしよう。すると、ひとりは根っからの悪党で卑劣な人間、ひとりは情けないほどの負け犬、そしてもうひとりはほとんど聖者ともいうべき人間だ。確かめてみるといい。

じつはわたしはこの「傭兵」という言葉の使用に抵抗がある。わたしが出会った傭兵のなかに本当に傭兵と呼べる人間はほとんどいない。傭兵の仕事に金は関係ないし、あってもごくわずかだ。金銭を主目的に戦争に赴くのは愚か者のすることだと思う。どのみち殺されたら金を使うことなどできないではないか。あるとき『ソルジャー・オヴ・フォーチュン』のスタッフが「ソルジャー・オヴ・フォーチュン・クッキー《占いクッキー》」の占いを書いておもしろがっていたことがある。わたしが覚えている唯一の占いは「中央アフリカの小国を占拠、五〇〇〇ドルもらう」である。

わたしがビルマにいたとき、夏はボスニア、冬はビルマという傭兵巡回コースをたどっているふたり組に出会ったことがある。彼らはわたしの友人ドンとデイヴ・ディキンソンの知り合いだった。タイ人とカナダ人のハーフであるドンとデイヴも現代の戦士で、ともに両国の陸軍退役軍人、しかもひとりはタイ陸軍、もうひとりはカナダ陸軍とそろって空挺部隊出身であり、そしてふたりとも主要マスコミが接触しないようなたぐいのジャーナリストになった。そういった物事に詳しかったからだ。

わたしが出会ったふたりの傭兵はフランスのコマンドー部隊出身だった。わたしが見たところ、このフランス人コマンドーはほとんど何から何まで好戦的でいかにも男らしいというイメージだ、いや、だったというべきか。個人的な判断ではなく客観的な言葉を用いたいのだが、まあ、女性を寄せつけないとでもいっておこう。彼らは戦いのこととなれば万事心得ていた。適切な装備を携えていたし、抗争を求めて森へ向かっていた。けれども、彼らにはどこかしらひっかかるところがあった。彼らの醸し出す雰囲気がどす黒かったのである。

カレン民族解放軍（ＫＮＬＡ）のコマンドー部隊を訓練していた彼らは、オフィスに飾るようにと自分たちが崇拝する人物の写真を指揮官に手渡していた。それはアドルフ・ヒトラーだった。わたしは彼らを戦争のカエル《フロッグズ・オヴ・ウォー》たちと呼んだ。

わたしはこの紳士たちと親交を深めることはしなかった。

世代の違いはまた、アプローチの違いにもつながっている。クロットがビルマにいたとき、彼が教えたのは兵器と小規模部隊戦術だった。わたしが短期間だけ滞在したときには、ベトコンの基幹人員チームを組織する方法を教えた。カレン族の村には何年ものあいだカレン中央政府の人間が足を踏み入れていない場所があったが、それでも村の若者はカレン民族解放軍《KNLA》に徴兵されていた。中央政府にとって、村人と連携をはかって何かをなしとげるためにはベトコンの基幹人員チームを利用するのが最良の方法だったのだ。

カレンのような方法で物事を達成しようとするときの欠点は、年寄りが仕切っていることである。権限を分け与えたり、新しい技術に耳を傾けようとしたりしないのだ。

だが、積極的に凶悪なことをしないという点でビルマ人よりはよかった。

わたしたちはいくつかの時代を生きながらえてきた。ソヴィエトは集約された大きな脅威だった。ベルリンの壁が崩壊してからは、何でもできる時代になった。そこでアメリカは考えた。おい、冷戦は終わったぞ。軍備縮小だ。そうやってアメリカが軍縮を進めると、四〇年ものあいだソヴィエトによって抑え込まれていたすべての人々がたがいに銃口を向けはじめた。

クロットがそんなチャンスを見逃すはずがない。

そしてまた、すべてが変わった。九・一一が変えたのだ。わたしたちにはふたたび集約された敵が現れた。イスラム原理主義である。クロットはそこに着目し、現在はイラクの民間警備軍事要員《コントラクター》である。どうやらこの男は戦闘を見逃すことはできないようだ。

本書はクロットの物語である。『遠距離偵察犬タイガー』と『六名のものいわぬ兵士たち』第二巻の著者でわたしたちの共通の友人でもあるケン・ミラーは、世界の地獄へと旅立つクロットをロサンゼルス国際空港まで送り届けたことがある。航空会社のカウンターにいた女性は日本人だった。各地を渡り歩いていた彼女には、あらかた見当がついたらしい。クロットの旅程を見るなり泣き出してしまった。どうか行かないでください、と。彼は旅立った。

おそらくこの本の読者は泣かないだろうと思う。たぶん笑いもしないだろう。だがとりこになることはまちがいない。

＊ジム・モリス——作家。著作にはベストセラーの『グリーン・ベレー——わたしはベトナム戦争を戦った』、『悪魔の隠された名前』などがある。

はじめに

「一〇年以上も軍人をやったら、もうほかではなんの役にも立たない」
——無名の兵士。L・H・「マイク」・ウィリアムズ『マイク少佐』より

わたしがこの本を書きはじめたのは一〇年ほど前、わたしの友人であり師であり、キング・トミスラヴ旅団の志願兵仲間でもあったボブ・マッケンジーがシエラレオネで殺害されたと聞いた日だった。なぜ書こうと思ったのかはわからない。ただ書きはじめた。まずはボブと、バルカン紛争で出会った人々からスタートした。最初の草稿は一九九五年に完成したが、そんなものに興味を示す出版社を見つけることなど不可能だった。「誰も傭兵の本なんか読まないよ」とわたしは告げられた。そして原稿は今まで放っておかれた。

この本は一九九二～九三年の期間だけを詳しく描いたものだから、おそらく二十世紀末の傭兵物語第一部と呼ぶべきなのだろう。あれ以来わたしはスーダン人民解放軍の戦場に一度、ビルマのカレン民族解放軍の戦地に二度赴き、また軍事要員としてラテンアメリカ、アフガニスタン、アンゴラ、カンボジア、イエメン、旧ソヴィエト連邦内の国家でも仕事をした。今これを書いている時点では、「警備スペシャリス

ト」としてイラクでの訓練や管理の仕事を請け負ってすでに三年ほどになる。この本は兵士と傭兵、そしてそうなりたいと願う人のために書かれている。

わたしは自分の経験を振り返って泣き言をいったり、あるいは自己満足に浸ったりすることはしないつもりだ。そういう著者もいる。だがいくら本が売れようともわたしはそのような話や、そのような本を書くことには興味がない。そもそもそんな本が、本物の兵士の興味を引くのだろうか。好きだから、楽しいから、一日中デスクワークをするよりもよっぽどいいから、わたしは自分の仕事をする。もしかすると深刻なアドレナリンの禁断症状なのかもしれない。わたしがこれまでに中毒になったことはただひとつ、本物の戦争での軍務だけだ。わたしはヘロイン中毒ではないし、ジャーナリストとして名を上げようとバルカン半島へ赴いたのでもない。ちなみにこうしてヘロイン、ジャーナリストとアンソニー・ロイドの『わたしの知らない戦争』をほのめかしている理由はたんに、ある代行業者に「きみの本にはもっと内省的な部分が必要だ。ロイドみたいに」といわれたからだ。そういえば、ある有名出版社の女性編集者には、恋愛にからんだ話を入れたら出版してもいいといわれたこともあった。

この本を、物事の意味を長々と説く哲学書にするつもりはない。ただわたしが見たこと、やったこと、それからほんの少しだけ考えたことが記してあるだけだ。わたしはセント・ボナヴェンチャー大学でアメリカの実存主義を学び、フォート・デヴェンズからハーヴァードへ通学する途中にときどきウォールデン湖のほとりで昼食をとった。わたしの哲学的内省などもっぱらそんなところだ。これはわたしの物語にすぎない。

第*1*章　どうしてここへ？

「どんな戦争の話をするときでもそうだが、とくに本当の戦争の話をするとき、そこで実際に起こったことと、そこで起こったように見えることを区別するのはむずかしい。起こったように見えたことがだんだん現実の重みを身につけ、現実のこととして語られることを要求するようになる」
――ティム・オブライエン『本当の戦争の話をしよう』（村上春樹訳）より引用

アンダースがカラシニコフの銃身をわたしの腹に突きつけた。とっさに払いのけ、彼の手から銃をはたき落としたが、やつが引き金を引くほうが一瞬早かった。しかし、何も起こらない。安全装置がかかっていたのだ。この酔っ払いのデンマーク人傭兵は、レバーをフルオートに入れるほんのわずかな操作を忘れていた。おかげで命拾いをした。ダムダム弾があたれば、この狭苦しいホテルの部屋中にわたしの内蔵が飛び散っていただろう。実際には、AK47の銃身があばら骨に沿ってえぐったようになり、一瞬呼吸が止まった。だがみみず腫れと打ち身で済む。

銃が床に落ちるより早く、わたしはやつの口にこぶしをお見舞いした。アンダースがベッドにひっくり返る。起き上がったやつの目は怒りで真っ赤になり、口から唾をまき散らしていた。もう一度力いっぱい殴ると、相手が倒れた。わたしは殺しの態勢に入っていた。こぶしはアンダースを殴り続け、心は「ナイフで刺せ！」「さっさとかたづけろ。後ろだ！　後ろに気をつけろ」と叫んでいた。この酔っ払いのくそったれが。ぶっ殺してやる。こいつは俺を殺そうとしてしくじった。銃がたまたまフルオートになっていた可能性もあった。あるいは、もしあと数秒動くのが遅かったら、やつがセレクターレバーを切り替えて、こちらが武器を取り上げる前に吹っ飛ばされていたかもしれない。煮えたぎる怒りと流血への欲望に支配されてナイフを抜こうとしたとき、運よくパットが割り込んできた。

当時わたしはボスニアのトミスラヴグラードで、ボスニア西部のクロアチア防衛軍キング・トミスラヴ旅団の訓練教官と顧問を務めていた。その仕事を辞める前の週、部隊にいる外国人傭兵の規律問題は頂点に達していた。「ピンゴ」・アンダースは三〇代半ば、身長一七〇センチ弱、体重七七キロほどの男で、ドイツ人俳優のハーディ・クルーガーによく似ている。華奢な体つきだが筋肉質で、刑務所で彫った数々の青い入れ墨が自慢だった。本人によれば、デンマーク軍で対戦車ミサイルの砲手をやっていたという。彼はあの喧嘩の日、スペイン外人部隊にいたときはいろいろな違反のせいで任期の大半を営倉に閉じ込められて過ごし、結局追い出されたという話をしていた。

ある晩、アンダースはほかのイギリス人傭兵らと連れ立って酔っ払い、トミスラヴホテルの一室をめちゃめちゃに破壊した。ボスニアのトミスラヴグラードにあるこのホテルは以前はドゥヴノホテルという名で、ユーゴスラヴィア政府が管理する旅行者向けの古い荒れ果てたホテルだった。それが、ボスニアのクロアチア人国家ヘルツェグ＝ボスナに属するクロアチア民族のキング・トミスラヴ旅団に雇われた外国人傭兵用宿舎としてあてがわれていたのである。そういえば、アメリカ人のジェイムズが手に握った手榴弾をめぐって取っ組み合いになり、彼を床に押さえつけなければならなかったこともあった。ジェイムズは「騒ぎを見たくて」飲んだくれた外国人傭兵のひしめく部屋のなかでピンを抜こうとしたのだ。

アンダースがホテルの部屋を破壊した翌晩、町をぶらついて帰ったわたしは、何事かと隣の部屋へ入ってみた。ラジカセから大音量で流れているのは、わたしのトーキング・ヘッズのテープだった。気がついてみたら異国にいたというような歌だ。デヴィッド・バーンが「どうしてここへたどり着いたのか」と語りかけるように歌っていた。こっちこそまさにそういう心境だった。

わたしは窮屈な部屋の無秩序な状況を見回した。危ないパーティーがすでに盛り上がっていることは明らかだった。袋に詰まっていた一〇ドル分の大麻はとっくに吸い終わり、五〇〇ミリリットル入りのビールが一ケース、ラキヤというブランデーのボトル数本、そしてホテルのバーからくすねたとおぼしき地元のウィスキーが空けられていた。アンダースがそこにいた。イギリス陸軍あがりで前科者のとんでもない大ばか野郎ジェフと一緒だ。ほかには、同じくイギリス人の傭兵でアンダースともっとも気の合う仲間、スティーヴ・グリーン（仮名）。パット・ウェルズ（仮名）。パットの相棒でメヨールという名のフランス系ハンガリー人。そして頭のいかれたアメリカ人ジェイムズ。ジェイムズはわたしと一緒にボスニアにやってきたが、彼はじつは境界性の精神病で、ろくに読み書きのできない阿呆で、自称薬物中毒、そのうえ何でも幅広く手がける悪党であることを白状した。それを除けばふつうの男だ。

しばらくのあいだわたしはビールをちびちび飲みながら、その場で交わされていたいくつかの会話を聞いていた。すると上半身裸のアンダースが、何やらこちらに向かってわめきはじめた。彼が正体を失って暴力に走るほど泥酔していると気づいたときにはもう手遅れだった。言葉でたしなめて通じるような状態ではない。そのうえ、部屋にいる者全員が飲んだくれていた。ただしグリーンだけは別だ。グリーンは酒はやらないが、問題が持ち上がったときにはたいていかたわらでなりゆきを見守り、もっぱらあとでそそのかす立場にまわる。

アンダースはわたしを呼び捨てにして、将校というやつは虫が好かないと食ってかかった。それかられつのまわらない口でいい放った。「ソルジャー・オヴ・フォーチュンとかいう雑誌が調査員を送り込もうがどうしようが関係ないね。俺はあんたを殺してやる」。なるほど。つまり背後からわたしを撃つというシナリオはすでに検討ずみで、実行されなかった理由はまさにそれか。影でこそこそやるのは、こうした「兵士」にありがちな行動だった。彼らは前線には出ようとしないし、人間と人間がたがいに撃ち合っているところでは戦わない。だがアルコールの力で気が大きくなっているときに身内のなかに敵を探すのである。どうやら、わたしが日誌をつけており、物書きのようなことをしているとグリーンがほのめかしたようだ。

ついにアンダースはまくしたてるのに疲れてきて、見え透いた脅し文句を並べると一発殴りかかってきた。それをさえぎったわたしは腰を下ろしていたベッドから立ち上がり、やつの顔にすばやく右からの一撃をくらわせた。部屋の向こう側まで吹っ飛んだアンダースが戻ってきて、太ももをねらってすばやくキックする。危うく膝はそれたもののあざができるほどの打撲を受けた。わたしは彼よりも正確なサイドキックを膝に入れて、ふたたび相手を突き放した。そのときだった。アンダースが不意にカラシニコフを手に取ったのだ。かくしてわたしは彼から武器を取り上げた。

何度か殴ると、彼は先ほどまでわたしが座っていたベッドに倒れ込んだ。アンダースを仰向けに捕らえ、こぶしかナイフのどちらかで重傷を負わせてやろうと本気で考えていたところ、これまた酔っ払いのパットがわたしたちのあいだに割り込み、気が違ったかのように金切り声でわめきはじめた。ふたりともカラシニコフを持って表に出て撃ち合えというのだ。そのほうがおもしろいから、と。パットは西部劇の決闘のような筋書きを頭に描いていたのだと思う。トミスラヴグラード中心街版『真昼の決闘』。それはどうもでもまっぴらごめんだ。自分がゲイリー・クーパーのようなヒーロータイプだとは思えないし、それに、グレース・ケリーなみの美女がどこにも見あたらないではないか。

パットはすっかり興奮していた。彼はたんに流血が見たいだけだった。誰の血でもかまわない。そして、彼自身の血でないかぎり、できるだけたくさん流れるほうがいい。退屈が人間をそうさせる。一晩でビールをたったの一缶すすっただけだが、わたしは酔ったふりをした。人数で圧倒的に負けていたからだ。この先どうなるのだろう。パットはわたしの胸ぐらをつかんでいた。ジェフはアンダースを抱えていた。もっと興奮させてくれといわんばかりにアンダースをそそのかしていたスティーヴは部屋の片隅に座って、手榴弾をもてあそんでいた。またた。わたしが酔っているのならもっとやってもうまく逃れられるかもしれないと彼らは考えるだろうか。この連中といるあいだ、わたしはあまり飲まなかった。いつ何が起きても不思議はないから。

わたしを後ろ向きに廊下のほうへ押し出しながら、パットは頭突きを試みた。お得意のやり方だ。イギリス人は頭突きを「ナッティング」と呼んでいた。パットが以前、生意気な口答えをしたクロアチア人にこれをやっているのを見たことがあった。だが、わたしはかまえていた。頭突きがくると思った瞬間に膝を曲げてかがみ込み、パットの顔がちょうど自分の頭の上にあたるようにしたのだ。見事な逆頭突きだった。パットの右頬が裂けた。わたしはパットの拘束から逃れた。わたしたちふたりは隣のわたしの部屋で折り合いをつけたが、そのあいだアンダースはもう一方の部屋をめちゃめちゃに破壊した。パットはわたしにアンダースを撃たせたがっていた。つまるところ、彼らの友情などそんなものだった。

　わたしはパットに告げた。たとえどんな負け犬が相手でも、わたしは仲間の外国人志願兵に武器を向けることはない。必要にかられて殺すことがあっても、それは正当防衛のときだけだ。司法機関がのろのろと審議を進めるあいだ、クロアチアの拘置所に収監されることなど想像するのも嫌だった。あのろくでなしを撃ち殺せば、雇われの職業軍人という狭い世界でもう終わりだということもわかっていた。どんなに挑発されても、ひとたび自分の部隊の一員を殺害してしまえば、評判には一生傷がついたままだ。そうなれば、もうどこの軍隊も入隊させてはくれないだろう。それに一般的な法則からいえば、いつか誰かが自分の背中に弾丸を撃ち込むことになる公算が大きくなる。（そうでなくても撃たれるのかもしれないが）。

　後日、アンダースがデンマークでふたりの老人を残酷に殺害した罪で指名手配されているといううわさを耳にした。その話は殴り合いの一件から数カ月後にラトヴィアにあるコマンドー部隊の基地でデンマーク特殊部隊の下士官《NCO》ふたりから聞いたのだが、アンダースは老夫婦の住居に侵入したのち、こん棒でふたりを殴り殺したらしい。しかもその前に老婦人に対して拷問、強姦、逸脱した性行為に及んだという。当時この話を知っていたなら、最初の機会に迷わずやつを射殺していただろう。心の底から本気でそう思う。もしかすると、いつかまたチャンスがあるかもしれない。それに今でも、もし街でやつに出会ったなら、向こうも必ずこちらに銃口を向けていると確信して撃てる。あとは笑うだけだ。

　パットが立ち去ってからは、酔っ払ってわけのわからなくなったアンダースが、隣室の窓から桟の上に這い出して、仲間に引っ張り込まれるまでわたしの部屋の窓をバンバン叩いた。足を滑らせて三階からまっすぐに落ちればいいと思った。わたしはベッドからシーツをはぎ取って毛布を床に放り投げ、手榴弾が投げ込まれてもかわせるようにマットレスを窓辺に立てかけ、カラシニコフの薬室に弾丸を一発送って銃を手元に置くと、やけに長く落ち着かない夜を過ごすべく横になった。それがちょうど、ボスニアの戦争にかかわることになった状況について、そしてまだ三〇歳にもならないうちに傭兵部隊の指揮官に「たどり着いた」ことについて、あれこれ思いを馳せる時間を与えてくれた。

　わたしはペンシルヴェニア州マッキーン郡にある小さな田舎町で育った。いや村といったほうがいいだろう。ニューヨーク州バッファローから南に一六〇キロほど下った州境の近くだ。子どもにとってはすばらしい環境で、今から思えば牧歌的な幼少時代だった。豊かな広葉樹の森と鱒の泳ぐ小川が流れるアレゲーニー山脈の奥深くで、狩猟、わな猟、クロスカントリースキー、そして魚釣りをして過ごした。早朝、暖かい太陽の光が差し込んで山々にかかった霧が晴れていくときに秘境の谷間に下りていけば、それはまるで一〇〇年に一度だけよみがえる幻の村のような失われた大地を発見したかのようだった。このニューヨーク州境にかけての丘陵地帯が神秘の山々と呼ばれるのもそのためかもしれない。

　一七歳の誕生日を過ぎたばかりの一九八〇年、まだ高校三年在学中だったわたしは、歩兵の兵卒としてペンシルヴェニアの陸軍州兵に入隊した。まずは、ジョージア州のフォート・ベニングに赴いて歩兵訓練を受けたのち、高校四年の初日に地元に戻った。カーキ色をしたB階級の軍服を脱いでジーンズとTシャツに着替えたわたしは高校へ復学したが、妙に現実離れしていた。

　一九八三年、二〇歳の誕生日のすぐあと、わたしは州兵予備役将校訓練課程の早期研修士官として歩兵少尉に任命された。一九八五年にはセント・ボナヴェンチャー大学を卒業、歴史の分野で学士の学位を得た。通常より半年早く必要な単位を取得し終えていたため、卒業を前に実際の任務に就くことになった（卒業証書は郵送されてきた）。続いて歩兵隊と特殊部隊の任務に三年。そのときは南北朝鮮間の非武装地帯《DMZ》も巡回し、戦闘偵察と待ち伏せ任務ではライフル小隊を率いた。楽しい任務だった。実戦もあり、部隊を率いるのがうれしかった。もっともこの朝鮮半島における歩兵将校任務がおそらく、アメリカ本国における平和時の軍隊というわたしの本来の仕事に対するやる気を失わせたのだろう。

作戦ならびに情報参謀将校としてマサチューセッツ州のフォート・デヴェンズに配属されていたときには、陸軍が費用を負担する教育制度を利用してハーヴァード大学の大学院で三学期間、計一年半にわたって授業を受けた。いい機会だった。そこでは文化人類学を学び、共学制について専門に研究したが、どちらもフォート・デヴェンズのつまらない参謀任務より断然おもしろかった。三年間の志願兵役が終わったとき、わたしは退役した。二五歳、過度に高学歴、無職。六日後、わたしはグアテマラのパラシュート部隊とともに航空機から降下し、バリー・サドラーと酒を飲んでいた。彼のヒット曲『悲しき戦場』は一九六六年のナンバーワンヒットだ。

グアテマラのひと月後、今度はケニアにいた。わたしはハーヴァード大学の大学院に戻り、四学期目を履修していた。このときはトゥルカナ湖でリチャード・リーキーのクービ・フォラ古人類学研究プロジェクトに参加した。化石の原人や人類の起源を探求するのは楽しかったが、ジャリゴレ近辺の発掘現場の地面に掘られた埃まみれの穴のなかで一時間ほど過ごしているうちに、じつは考古学はそれほど好きでもないことがわかり、やはり文化人類学一筋でいこうと決めた。その後、マサイ族の流れをくむ北部のサムブール族に部族の一員として認めてもらい、おもに北部国境地帯の未開地域を歩きまわって、すっかり原住民になりきった。あれは人生のなかで最高の経験のひとつだった。

ケニアをあとにしたわたしは、フランス外人部隊に入隊しようとパリに立ち寄ったが、目が悪いのでパラシュート連隊は無理、おそらく工作兵としてマダガスカルで森林の伐採をやることになるのではないかと告げられた。そんな話はこちらから願い下げだった。イギリスのウルヴァーハンプトンで四人の女子大生と一緒に暮らし、しばらくパブめぐりをしてからアメリカに戻ると、フォート・デヴェンズへ出頭するよう要請がきていた。第一〇特殊部隊グループ（空挺）の短期現役予備役任務だった。おっと。次の軽飛行機便に間に合うようにと若干あわてて書類を記入していたら大へマをやらかした。すぐに散髪をして新しいグリーンベレーを買わなければ。

その翌年はまさに宙ぶらりんだった。ハーヴァードの単位は取得したが、学位論文は書かなかった。フルタイムの軍人でもなければ月一度の予備役でもない、いわばパートタイムの州兵「ガード・バム」である。州兵の給料で暮らしながら、しょっちゅう酒を飲んでは騒ぎ、レーシングカー仕様のＶ６ポンティアック・フィエロＧＴでペンシルヴェニア森林地帯の田舎道を突っ走った。一般市民としての生活をするのが心底嫌だった。平時の軍人もまた一般市民としての生活に適応障害を抱えるとは聞いたことがなかった。今思えば、あのとき近くの新兵募集に足を運んで、軍曹（階級Ｅ５）でも何でもどんな階級でもいいからもう一度兵役登録すべきだった。

ＰＦＣ――立派なくそ市民《プラウド・ファッキング・シヴィリアン》――になって一周年を迎えたわたしは、まったく申し分のない軍用航空機から降下してビールを飲むために、グアテマラにまいもどり、その後はエルサルバドル、さらにドミニカ共和国へと移動した。一般市民になって二周年、わたしは現実の世界ではなおも実質無職だったが、テキサスのフォート・フッドでめっぽう楽しんでいた。また現役任務に就いたのだ。このときは第二機甲師団の旅団作戦将校補佐だった。また、州の任務で、ペンシルヴェニア州薬物禁止プログラムの地方調査チームの一員も務めた。このプログラムは「特殊技能」をもった州兵を雇用するために設けられたもので、なかなか刺激的で、本当におもしろかった。くわえて、現役任務は収入もよく、リゾートホテルに滞在できて、自分のスポーツカーの運転もできた。

二七歳の誕生日から一週間後、どういうわけか大尉に昇進を果たして、一〇年前に兵卒として入隊したのと同じペンシルヴェニア陸軍州兵軽歩兵中隊を指揮することになった。だが残念ながら、予定より一週間早く指揮官をやめた。まあ、大尉ごときが少将に向かってくたばれといえばそうなる。自分の指揮官ぶりが世に知られることはこれでなくなった。

だが正直、あまり気にならなかった。現役任務のためにジョージア州フォート・ベニングの歩兵将校上級課程《IOAC》に出向くよう命令が届いたのだ。それに、フォート・フッドから戻ったときに、連邦看守として司法省に採用されてもいた。（じつは司法省内の麻薬取締局《DEA》で準軍事要員として南米のスノーキャップ作戦にくわわることをもくろんでいたのだが、面接はうまくいったものの視力検査で落とされた）。歩兵将校上級課程は紳士講座とはいかないまでも、旅団司令官はちょっと立ち止まって「バラの香りをかぐ」時間だとよく口にした。その開始から二週間後、サダム・フサインの軍隊がクウェートに侵攻した。しょせんバラの香りなんてそんなものでしかない。

ベニングには六カ月いて、戦闘経験のない人間から戦法を学び、資格を得て、家に帰った。それからペルシャ湾への派遣命令を待ったがだめだった。湾岸戦争に参加できなかったことは非常に残念だったが、のちに戻ってきた兵士が湾岸戦争症候群に苦しみだしてからは、行けなくてよかったのかもしれないと思ったりもした。

その翌年は最悪だった。看守の仕事からは満足感を得られなかった。ジョージア州グリンコにある連邦法執行訓練センターは優秀な成績で修了したし、「管理者としての素質がある」ともいわれたが、ハーヴァード大学院で四四単位も取得したのだから、そんなことはさほど難しくもない。ペンシルヴェニア州兵とアメリカ陸軍予備役のあいだにある忘却の彼方で不必要な歩兵将校として行き詰まっていたわたしは、湾岸戦争の砂漠の嵐作戦を逃したばかりか、ふつうの世界にも辟易していた。

何でもいいから何かやらなければ気が狂うのではないかと思った。そんなとき、クロアチアに行こうと思い立ったのだ。ちょうど小さな紛争が主要ニュースに取り上げられはじめたころだった。

第2章　千差万別

「いつの時代にも傭兵はいる。男たちが傭兵になる理由は千差万別だ（中略）金、理想、退屈、冒険への渇望。契約を結ぶ傭兵の心の内をいいあてることができると思うのは愚かだ」

――イギリス国会議員、レジナルド・モードリング

本当ならラオスの蒸し暑いジャングルにあるゲリラキャンプにいるはずだった。だが、かなり涼しい春の晩、わたしたちは独立したばかりのスロヴェニアから、南の隣国クロアチアの首都ザグレブに向かってカタコトと電車に揺られていた。

リチャード・ヴィアルパンドに出会ったのはラスベガスにあるサハラホテルのプールサイドで、一九九一年に行なわれた『ソルジャー・オヴ・フォーチュン』誌の年次総会のときだった。ベトナム戦争で第五特殊部隊グループにいたという彼は、中央アメリカにあるわたしの古巣の近くで過ごしたこともあった。どうやらおたがいに危険な場所が好みのようだ。ヴィアルパンドもまたふつうの生活には飽き飽きしていて、ふたたび戦闘に出たがっていた。

わたしたちはラオスのモンタニャール《山地民》であるモン族に力を貸したいと思っていた。モン族のチャオ・ファ《空の戦士》は生き残りをかけて低地の共産主義者ラオ族と戦っていた。ラオ族はこの山地の「小さな人々」を大量虐殺しようとしていた。理由は、モン族は、ラオスでＣＩＡが進めていた「ひそかな戦い」でアメリカの肩を持つという戦略的に大きな過ちを犯したからだ。それだけではない。こともあろうか、アメリカ政府を信用している、と。

経験豊富な衛生兵六名、医師の資格を持つ元特殊部隊将校二名、安全確保のための支援部隊五名で組織された医療訓練チームが組まれたが、チャオ・ファ側の連絡役からは事実上の無視とも思われる冷たいあしらいを受けた。実際にはすべてが誤解で、その後はうまくいったのだが、当時計画されていたラオス行きはどうみても中止だった。そこで「クロアチアはどう?」とパンドに持ちかけてみた。答えは「よさそうだな。いつにする?」だ。すぐに大慌てで装備を詰め込み、地図を検分して、言葉を覚えた。

バスク地方出身のスペイン系アメリカ人一世であるパンドは、会話の役目はわたしにまかせると決めたようだった。「おい、クロット。おまえはドイツ語が話せるんだから、クロアチア語だってできるようになるさ」。どういう論理なのかはわからない。わたしはえせスペイン語でまちがっても礼儀正しいとはいえない返事をしておいた。このひと月のあいだに、わたしは仕事場の連邦刑務所に収監されているユーゴスラヴィア人から、生きていくためのセルビア・クロアチア語を学び取った。さらに、カードに重要ないいまわしも書いた。そしてわたしたちは最近のニュースや機密扱いになっていない公開情報からすばやく地域を調べ上げた。

パンドもわたしも必要な装備以外に何をもっていけばよいのかで迷った。母親にはいつもパーティーには手ぶらで行くなといわれていたので、戦地に赴くときには必ず部隊のために何かを詰めることにしていた。土産を持参すれば仲間を作りやすい。誰もがさかんに小火器で風穴をあけ合っている場所では、仲間がいることは常に大きな利点になる。わたしたちはふたりとも中央アメリカ諸国の軍事作戦には慣れていた。最下級の兵士は履きくたびれた靴下をめぐってさえ喧嘩になる。余った野戦服やジャングル用の軍靴を渡せば生涯の友人が作れる。だが今回は、過去に共産主義者チトーの支配下にあったとはいえ西側諸国のひとつであり、エルサルバドルなどと比べれば裕福だ。わたしたちがくわわろうとしていた国際旅団やクロアチアの正規軍で何が必要とされているのかがわからないので、いくらあってもかまわないものを取り上げることにした。医療品と武器のクリーニングキット。のちに、どちらもまったくまとはずれだということが判明した。

わたしは刑務所局を辞し、ニューメキシコ州アルバカーキの少年犯罪カウンセラーであるパンドは長期休暇を延長し、一九九二年三月にそろってカナダのトロントからクロアチアの戦争に向けて出発した。もうすぐ長年の夢がかなうのだと思った。ヨーロッパの地上戦で外国の部隊を率いることができる。

ミュンヘンで飛行機から降り、そこからザグレブまでの列車の旅は比較的静かだった。道中はベトナム戦争についての「うそじゃない、そこにいたのだから」調のペーパーバックを読み、オーストリアのアルプスを眺め（初めて見た本格的な山々だ）、ハイカー用のスナックをぽりぽり食べていた。スロヴェニアとの国境ではしばしば緊張が流れた。スロヴェニア人は国境にはうるさかった。ちっぽけな国だが、パスポートチェックとビザの発行では大げさに騒ぎ立てる。ＥＣ（欧州共同体）内でいまだにこんなことをやっている国はどこにもない。さらに滑稽なのは、スロヴェニアではほとんど誰も列車から降りないことだった。ドイツからザグレブまでの経路に過ぎないのである。旅のハイライトは、自国の親善大使になって、かわいらしい六歳のクロアチア人少女を楽しませることだった。食事をともにした母親によれば、わたしたちはその少女が出会った最初のアメリカ人だということだった。あの親子がわたしたちに出会う前と同じまなざしで、古きよきアメリカを見つめることはたぶんもうないだろう。おそらくアメリカ人はみな頭がいかれていると思っているにちがいない。

　雨が降り注ぐ土曜日の夜八時ごろ、列車はザグレブに到着した。プラットフォームに降り立ったわたしは、スリヴォヴィッツというブランデーですっかり酔っぱらったクロアチア兵がよろけたために、あやうくひっくり返るところだった。「スリヴォったた」。数日後にはわたしたちはその状態をそう呼ぶようになる。泥酔している以外にも、その男は体を清潔にすることに何の注意も払ってないようだった。彼の腐食した黒とも緑ともいえそうな歯で、きのこが培養できそうだ。旧共産主義圏にある多くの東側諸国同様、クロアチアでは健康管理が十分ではなく、旧体制時代にはほとんど歯科治療が行なわれていなかった。したがって二〇代前半で歯が抜けてしまっている人が多い。しかしながら、この男は平均的な水準をはるかに超えていた。きっと歯ブラシなど見たこともないだろう。

　国際旅団司令部への行き方を尋ねてみたが、そちらも一向にらちがあかない。『ソルジャー・オヴ・フォーチュン』誌の発行者であるアメリカ陸軍予備役ロバート・Ｋ・ブラウン中佐（退役）が、一九九二年四月号で「プロの傭兵」向けに執筆した文章にはこうある。「ザグレブへ行ったなら、最初に出会った兵士に国際旅団入隊所の場所をたずねること」。ふむふむ、なるほど。これがその後何度も繰り返すわたしたちふたりの「モチベーション・チェック」になった。いくらか緊迫した状態になったり、いらついたりしたときに、たがいに顔を見合わせてこの文言を繰り返すのである。ボブおじさんのせいではない。どうせ彼も誰かから情報を仕入れたのだ。それに平日の通常勤務時間内に到着していれば、きっと（しらふの）ちゃんとしたクロアチア兵が道を教えてくれただろう。あの男にしたって、国際旅団司令部の場所はまちがいなく知っていたはずである。まもなくわかったのだが、なにしろ国際旅団はクロアチア人にとって厄介者で有名だったのだ。旅団の兵は問題ばかり起こし、ときに人目を引く形でクロアチア人の女性を追いかけまわす。しかも多くは四六時中酔っぱらっていた。そんな彼らに好感を抱く人などいなかった。基本的に全員が嫌なやつらだと思われていたのである。

「グディエ　ミ　モイェモ　ダ　ナディエモ　インテルナツィオナルヌ　ブリガドゥ？」何人ものタクシー運転手と苦労して会話をしたあげく、ようやくふたりの運転手がわたしたちの目的地を知っていると答えた。彼らは米ドル紙幣を喜んだ。クロアチア経済はひどいありさまで、しかも状況は日々悪化していたのだ。車は政府の建物の前で止まった。のちにそこが正しい場所だとわかるのだが、国際旅団司令部はオペラティヴナ・ゾナ・ザグレブ、ウリツァ二九二、カガルナ一という住所にあった。しかし建物にはがっちりとカギがかかっていた。あたりまえだ。土曜日の晩なのだから誰もいない。みなパーティーに出かけているか、細君と自宅で過ごしているのだろう。

アメリカの陸軍部隊とは異なり、週末の当直を務める軍曹は詰めていなかった。そこでタクシー運転手は街の郊外にある基地へわたしたちを連れて行った。ゲートにはスプレーで「クロ——陸軍」と書かれた看板があり、守衛は映画『特攻大作戦』から出てきたような格好だ。迷彩色の野戦服に、くるぶしまである革製の白いバスケットボールシューズのヒモを結ばずに履いて、やや無頓着なようすで守衛の任務をこなしていた。見た目からいうと、もしもアメリカに住んでいたなら、ファーストネームはまずジョー・ボブか、ババか、あるいは「アー」と伸ばす音で終わる名前だろう。いわゆるクーター《カメ》、グーバー《まぬけ》、スキーター《チビ》のたぐいだ。タクシー運転手がわたしたちの身元と目的を説明すると、守衛は散漫な動きで手を振って通した。ＩＤチェックなし。車両チェックなし。何もない。素通りだ。

この基地にいる短いあいだに幾人かの幕僚タイプが姿を現した。雑嚢によく目立つカナダ航空のタグがついていたので、当初わたしたちはカナダ人だと思われていた。さしあたって不都合はない。むしろ都合がよかった。そこでそれ以来、わたしはことあるごとに、語尾の母音を舌を巻かずに伸ばして発音したり、出生地はバッファローの北一六〇キロと述べたりした。ロシアのホッケーチームを除けば、世界にカナダ人を嫌う人はいないはずだ。

たくさんの電話とコーヒー、そしてときどき指さしや大声をおりまぜた結果、幕僚タイプはようやく何かを理解した。わたしたちはまた車でザグレブに戻り、数時間前にいた国際旅団から二ブロック離れたところにある兵舎《カゼルネ》に向かった。そこで明朝シカゴ出身の人物が面会に応じると告げられ、その晩は当直士官の小屋に宿泊させられた。クロアチアに滞在中、洋式便座があったのはこれが最後だった。

翌朝目覚めたわたしたちは、これで国際旅団に入隊できると楽観的に考え、アメリカ人に状況を説明してもらうのを心待ちにしていた。ヘイ、ヨー、シカゴ出身だって？　ウィンディ・シティ《シカゴ》とはこれまた最高にアメリカらしい場所じゃないか。非常に気持ちのよいシャワーとひげ剃りを終えて、ヴィアルパンドとわたしは戦闘服《BDU》に着替え、軍靴とベレーを身につけて外をぶらついた。ジーンズとスキージャケットでは目立ってしまうが、これならアメリカ軍調の森林用迷彩服を着用している人々のなかに溶け込める。わたしたちは食堂に案内され、パン、チーズ、パテ、紅茶の朝食をとった。少しばかりあたりを見てまわり、煙草を数本吸った。クロアチア軍は誰も彼も野戦用ジャケットのボタンの掛け方を知らないように見えた。みな軍服に身を包んだ農民か都会育ちの肉体労働者集団に見えた。無理もない。実際、彼らはそうだったのだから。

クロアチア陸軍（Hrvatska Vojska）は慌ただしく組織された民兵組織の国家防衛隊（Zbor Narodne

Garde）が発展したものである。国家防衛隊《ZNG》はゼンジーとも呼ばれ、右派政党であるクロアチア権利党の準軍事組織ＨＯＳ（ホス）とともに、セルビア民族主義者の民兵組織やユーゴスラヴィア軍からクロアチアを守っていた。

　ゲートの人間に教えられたとおり、わたしたちは装備品をかついで二ブロック先の、昨夜タクシーが停まったのとまさに同じ建物を目指した。なぜ雑嚢を当直士官のいるところに鍵をかけてしまっておいてくれないのかはわからない。クロアチア陸軍はほかの多くの軍隊よりも常識に欠けているのではないかと感じたのはこれが最初だった。一時間ほどたっただろうか。国際旅団のある一〇二旅団司令部の入り口で長いあいだ待たされたあと、幕僚タイプが現れて、階上へ案内された。「前線」からはほど遠い首都であるにもかかわらず、全員がピストルを携帯している。誰もが身につけているサホヴニツァ——クロアチア独立国の紅白市松模様をしたエナメルバッジと同じくらいありふれた光景だった。わたしたちはそのどちらももっていなかったので、なんだか学校のダンスパーティーにいる不細工な女の子になった気分だった。上階では廊下のイスに座り、英語で、ときどき内密な話にスペイン語を使いながらふたりで話をした。電話では大慌ての会話が行なわれていた。クロアチアのために戦いたいと志願するアメリカ人がふたりも日曜日に現れたことは、クロアチア陸軍の手に余ったようだった。

　そうしているあいだ、ちぐはぐな迷彩服を着て外国の認識表をつけ、いくつもの十字架をぶら下げた人物が近寄ってきた。二〇歳そこそこの元ハンガリー軍兵士、スザレイ・アッティラだ。パンドもわたしも笑い転げてイスから落ちないようにするのが精一杯だった。クロアチアで最初に出会った外国籍の兵士がフン族のアッティラ王とは！　クロアチア国際旅団へようこそ。アッティラは最近ヴィンコヴツィ近辺の前線に赴いたばかりで、まさにクロアチア陸軍と国際旅団の状態にかんする情報の宝庫だった。彼曰く、

「クロアチア兵（は）くそ野郎。酔っ払い。コニャック飲む、ラキヤ飲む、ビール飲む。汚い。洗わない。いつもAKもってる。げえええええっぷ！　バカヤロウ」。続いて彼は三点バーストの正しい撃ち方を披露した。少なくともこの男は武器の扱いを知っているように見える。自動火器を使うやつはばかだ。第二次世界大戦で戦った老兵がいうように、「無駄弾ばっかりだ」

けれどもアッティラは残留しないという。「金、要る。車、トラビにベンゼン買う。故郷帰る。ハンガリー。マタコヴィッチ、いい将校、金払う」。アッティラの家族はブダペストで飲食店を経営していた。元パラシュート部隊だろうが何だろうが、彼はもうクロアチアにはうんざりで、帰郷して両親のために店を手伝う心づもりができていたのだ。

ようやく英語の話せる将校がやってきて、わたしたちはルッソ将軍に会うためにクロアチア国防省へと連れて行かれた。なんてこった。実際のところ町中の人間が面倒（わたしたち）を上官へと押しつけている。

パンドもわたしもクロアチア国防省の警備にはややショックを受けた。入り口にAKを携帯した守衛がぽつんとひとり、受付にはピストルを身につけたニキビ面のティーンエージャーがひとり。それだけだったのだ。入り口の男は見事なビール腹、あるいは肉体労働者がいうところの「一生の大仕事」といった体つきをしていたのだが、かたわらを通り過ぎるスカートを履いた人間すべてにせっせと声をかけていた。受付のガキは漫画を読んでいた。いやはや。国家の防衛を担う部署をまかされて、自分はお気に入りのスーパーヒーローの読書にいそしむ。しかもヒーローはシルバーサーファーですらない。

道路の向こうは公園だった。セルビア人スパイでも、鹿撃ち用ライフルをもった特殊部隊でも、将軍のひとりやふたりは自由自在に仕留められる。武器を手に入れるのはわけない。わたしたちが駅で遭遇した輩みたいなへべれけの兵士をぶちのめせばいいだけだ。なんてことはない、そういうやつならあたりに腐るほどいた。わたしたちはただただ首を横に振りながら、ベオグラードのセルビア人も同じような状況なのだろうかと思った。国防省では一時間待ってみたがらちがあかず、結局タクシーで作戦本部に戻った。

ハンガリー人のアッティラは、まだ外でマタコヴィッチと帰郷のためのガソリン代を待っていた。血の気のない顔をして立て続けにタバコを吸う一〇代の男が一緒だ。彼はスキンヘッドで、まさに今はやりの革ジャケットにタックの入ったズボン、パンク調のモンクストラップのついたくるぶしまでの革靴。上から下までダンスクラブの装いである。アイリッシュ・レンジャーだというその男はケヴィンと名のり、きついリヴァプール訛りで話した。「友だちのボビーがここでがっぽり稼いでいるんだ」。たいへんけっこう。彼はどこで軍服を手に入れられるのかを知りたがっていた。何の装備ももってこなかったのか？「サスの上着だけなんだ。穴をあけたくないから」。SASの上着——イギリスの精鋭特殊部隊である陸軍特殊空挺部隊の装備のなかでもあこがれの一品だ。なんとまあ。これはおもしろい。でも待てよ、軍靴はないのか？　ない、靴はない。軍靴なしで戦闘地帯に向かう傭兵なんてどんな野郎だ。ケヴィンが口を開いた瞬間にそれがわかった。「売春宿はどこだろう？」　この国について二時間かそこらで売春宿だと？　そうかい。イギリスの国旗でも高く掲げておきたまえ。

わたしが偉大なるワーナーとあだ名をつけた人物が物語にくわわったのは、ちょうどこのときだった。軍服を着た人間が通りを歩いてきたのだ。バルカン半島唯一のロサンゼルス東部不良メキシコ系アメリカ人といった風情で一ブロックほど向こうをうろうろしていたパンドがまず会話をはじめた。「おい、ロブ、こいよ。こいつはアメリカ人だ」。このワーナー・「ヴェルン」・イリチこそ、わたしたちが面会しようとしていたシカゴ出身の男だった。見事な海兵隊のヘアスタイルだが、それ以上に、見るからにランボーのようなタフガイである。足には縛りつけてあるのはダイビングナイフ、首にはいくつもの十字架、クロアチアの紋章がお守りにぶらさがった片耳イヤリング、腰にはピストル、おまけに手榴弾がふたつはさまっていた。平和なザグレブの町中でこの恐ろしい、戦争を挑発するような人物の出現を一目見たケヴィンがいった。「ユーモアのセンスあるよね」。なんと。この若者にもまだ見込みがあるかもしれない。

ヴェルンからはどちらかといえば冷たい返事をもらった。国際旅団はもう誰も雇わないことになっているという。二カ月ほど前に、ふたりのイギリス兵がおもしろ半分でタクシー運転手を殺害したためだった。一九七六年にアンゴラのマケラで一一名の部下（全員イギリス人）を皆殺しにしたふたりのイギリス人傭兵、サミー・コープランドとコスタス・「カラン大佐」・ジョルジオスの影が重なる。

ふと、ケヴィンはここでは歓迎されないような気がした。不運なタクシー運転手に何が起こったのかについては、その後の二年間でさまざまな話を耳にした。一般的な説は、ふたりのイギリス人が殺したのだが、ふたりともおたがいに引き金を引いたのは自分ではないと主張しているというもの。捕まらずに国境まで逃げおおせて、イギリスへ帰国したほうの人物はイギリス警察官僚の息子らしい。刑務所に入れられたほうは無実を訴えているが、クロアチア当局は、もうひとりが出頭して自白すれば釈放すると述べている。そりゃそうだ。

ワーナーがいうところの「よそ者」である国際旅団の隊員全員を国外へ退去させることについては矛盾した命令（あるいはうわさ）が出ていた。あとでマタコヴィッチにきけばいい、とワーナーはいった。国に帰ったほうがいいと思う、ともいった。わたしには、元アメリカ海兵隊の中尉だというこの若者がふたりの元アメリカ陸軍大尉を前に、たいしてうれしそうな顔をしないことが解せなかった。声を大にしていうが、なんといっても同じアメリカ人ではないか。どうも臭い。もちろん一晩たった魚料理のことではない。

とりあえず兵舎に戻ることになった。雑嚢をかついだまま歩きまわっていたのでけっこうな運動になる。ワーナーはあれやこれやと話しはじめた。ひとつ、彼はアメリカ海兵隊に七年いた。ふたつ、イリノイ大学出身。三つ、一九九〇年に中尉の階級で海兵隊を辞した。四つ、一年間ＦＢＩで働いた。五つ、すでに一年ほどクロアチアにいる（このとき一九九二年の初めごろだった）。六つ、現在は大佐である。それほど悪くない。彼が弱冠二五歳であることを考えれば。

その略歴については、疑わしきは罰せずですませることもできたのだが、ほかにも腑に落ちない点がいくつかあった。そのひとつは、彼がアメリカ海兵隊中尉のいうべきことをいい、なすべきことをなしていなかったことだ。わたしたちは兵舎に装備を置いて、昼食に出かけた。いつくかの集団が入ってきたが、クロアチアの徴集兵というにはやけにすっきりしているように見える。そのなかのひとりが腕に昔の学校の青インク色の入れ墨をしているのが目に入った。イギリス人新兵と派手に書き立ててある。彼らがぶらぶらとテーブルにやってきたところで、ハワードというイギリス人と知り合いになった。ヴィンコヴツィの前線でアッティラとともに戦った同志だという。ハウイーについていえば、彼は最初から女王陛下の軍隊では伍長だったことを明確に示した。自分はそれでしかないと。「指揮官や立派な軍事戦術家なんて器じゃない。たんなる兵隊。それが俺の仕事」

わたしたちがワーナーのことを話して聞かせるとハウイーは笑った。ワーナー曰く、「国際旅団を受けもっているのは俺だ。中尉の階級でここへきたが、四つある部隊のうちのひとつ、五六名の兵士をまかされた。すべての作戦行動が俺の部隊に命じられた。毎回何人かを失って、とうとう六人だか八人だかになってしまった。だが俺は大佐に昇進した。いささか驚いたな」。そうか。わたしもだ。

ほかの何人かとも話をするうちに、ワーナーはＲＰＧ（ロケット推進グレネードランチャー。バズーカのようなもの）の逆発でイギリス人志願兵の聴力を失わせ、いかなる指揮もとったことはなく、誰にでもウェストポイントへ行ったと触れまわっていることがわかってきた。ウェストポイント――陸軍士官学校もか。たいした輩だ。なぜふたりの陸軍大尉にはウェストポイント出身だといわなかった？　ウェストポイント出身の海兵隊員がどんなに珍しいかということを説明すると、ハウイーたちは大笑いした。基本的に、そんなやつはいない。士官になってからの軍部間の移動や、あるいはウェストポイントにある陸軍士官学校からアメリカ海兵隊の士官に任命される可能性もないことはない。実際、一九七四年には三名の士官候補生がそうなっている。だが、きわめて珍しい。ワーナーの主張がてんででたらめであることにくわえて、彼がアメリカの軍隊についてどれほど無知であるかをこの話は示していた。

ハウイーとアッティラの話から、本質的に国際旅団などというものは存在しないということがわかった。国際旅団は形として存在する部隊ではなく、むしろ外国人集団がさまざまな部隊に割りあてられているだけで、ほとんどの場合はクロアチア陸軍の身分証明が与えられていた。つまり、外国からの志願兵を行きあたりばったりにクロアチア陸軍部隊に派遣するだけで、元職業軍人や特殊作戦部隊の外国人基幹人員を組織することには誰も興味がなかったというわけだ。もっともさまざまなクロアチア旅団のなかで独自に編成されている場合はあった。クロアチア陸軍のいわゆる特殊部隊と呼ばれているものの大半は、外国人か、あるいはフランス外人部隊を退役したクロアチア人で組織されていた。

外国人志願兵のほとんどは戦闘消耗品のように扱われていた。クロアチア軍はとんだまちがいをしでかしていた。適切に組織していれば、あたりにごろごろしている諸外国の人材からきちんとした基礎訓練プログラムを作り上げることもできただろうに。くだらない連中やヨーロッパ貧民街の役立たずを選り分けて送り返せば、本物のプロが仕事を始められる。すぐれた指揮系統、強いリーダーシップ、厳格な規律は必要だろうが、よい結果をもたらしたはずだ。だが実際にはクロアチアの傲慢さと昔の共産主義時代に染みついた外国人に対する不信感が羽振りをきかせていた。基本的な態度は「誰の手助けもいらない。自分たちでできる」である。その後三年たってもなおセルビア人の非正規民兵組織に国土の大部分を占拠されていた理由はそれだった。

しばらくしてわたしたちはマタコヴィッチに会いに行った。意地の悪い顔つきの気取った野郎だ。長い髪、いかつい顔。彼は種々の手榴弾が転がっている机の前に座っていた。半ダースほどの自動火器が部屋の一隅に立てかけられており、頭上の壁にはボウガンが飾ってあった。ランボーの映画の小道具部屋みたいだ。黒いつなぎを着て紫色のスニーカーを履いた一九歳くらいの女みたいな長髪の少年がデスクのかたわらに立っていた。ハウイーがのちにその少年はTVというイニシャルで呼ばれていると教えてくれた。わたしたちは大笑いした。アメリカではTVはテレビの略であると同時に、服装倒錯者の略でもあるからだ。

TVとはまさにうってつけだった。彼はきっとワーナーのいい友だちだろう。なぜなら、ユーゴスラヴィア人民軍《JNA》に一年しかいなかったというのに、狙撃手だ、破壊工作の専門家だ、云々ときたからだ。二年後に出会った国際旅団の志願兵で同じくアメリカ人のエリック・ファリナに聞いたところによると、TVはほとんどいつも二匹のドーベルマンの子犬と遊んでいたらしい。たぶんマタコヴィッチの弟だろうということだった。

ワーナーがわたしたちの書類を訳してマタコヴィッチに伝えた。わたしたちはふたりともDD二一四（除隊書類）のコピーとさまざまな軍の証明書、賞、勲章の写真複写を収めたファイルを持っていた。ワーナーはきわめてまじめに訳していたように思われたが、自分の話が穴だらけであることを暴露できる人間を自分の近辺に置きたがっているかどうかは疑問だった。ワーナーはわたしたちがいうところの格好つけ野郎で、イギリス人がいうところのろくでなしだった。要するに、ほら吹きのいかさま野郎である。

ケヴィンは、申し訳ないが書類はカバンのなかに忘れてきたと述べた。あとでわかったことだが、彼は懲戒除隊になっていた。マタコヴィッチの顔から察するに、パンドとわたしはあまり楽観視してはいけないようだった。マタコヴィッチは、外国からの志願兵はもう受けつけないようにという明確な命令がきていると説明する一方で、国際旅団の業務日誌にわたしたちの名前とパスポート番号を書き写した。わたしの記憶が正しければ、わたしの番号は一四六だ。戦争が始まってから彼のオフィスを通して入隊した正式な外国志願兵の総数なのかどうかはわからない。ともかく翌朝一〇時にまたくるようにと告げられた。

オフィスを引き揚げてから、ケヴィンは幾度となく「帰国したほうがましかも」と繰り返した。パンドとわたしはそんな甘い考えに浮かれたりはしなかった。ただ顔を見合わせて肩をすくめた。このガキは何を期待してるんだ？　音楽隊か？　いっそ帰ってしまおうかとも考えた。でも、もしかしたらこれはヨーロッパ大陸で正真正銘撃ち合いの戦争に参加できる一生に一度のチャンスかもしれない。それを逃すわけにはいかないじゃないか、こんちくしょう。結局わたしたちは、事態がさらに悪化した場合、クロアチア防衛軍《HOS》という右派の準軍事集団を探しに行けばよいと判断した。クロアチア防衛軍《HOS》はある程度独立した軍事組織として活動している武装した民族主義のグループである。外国人中隊があると耳にしたことがあった。

兵舎に戻ったわたしたちはまた別の外国人と知り合った。ボスニア系オーストリア人であるミロは、ハウイーやアッティラと戦闘に出たという。ハウイーが偉大なるワーナーの最新発言を話して聞かせると、彼は爆笑した。どうやらワーナーがうまく丸め込めたのは彼がごまをすっているクロアチア人将校だけらしい。わたしたちはハウイー、ミロ、アッティラとほかの外国人兵がパトロールをしているところや、ヴィンコヴツィ周辺の防備を固めた家や掩蔽壕《バンカー》に集まっている写真を眺めた。それからおきまりの話題になった。銃、戦争、女、自国の軍隊、女、ビール、そして女。外国人兵によくあることだが、ハウイーはクロアチア人の女と恋愛関係にあった。

ようやく食べ物の話になったとき、アメリカ人ふたり、イギリス人ふたり、オーストリア人とハンガリー人がひとりずつの総勢六名は、隣接する食堂が閉まっていたため、通りの向こう側に行くことにした。その直前、ハウイーはユーゴスラヴィア製のトカレフピストルの撃鉄を起こし、シャツの下にすべり込ませた。すると欲しそうにみとれていたケヴィンがあだこうだといいはじめた。「どこでくすねればいいんだろう」。視線を合わせたパンドとわたしは同じことを考えていた。「こいつがぶらぶらしているところに貴重品を置いておくのはやめておこう」。着装武器はもっているかとハウイーがきいてきた。いや、ピストルはない。だがラッキーなことにふたりとも鞘つきの大型戦闘用ボウイナイフがあった。ほかの連中はみなそのナイフに感心して感触を確かめた。彼らは銃剣やハンティングナイフをもっていた。近接戦では、ナイフはピストルと同じくらい有効だし、格段に静かだ。それにソーセージも切れる。

こうして、グループにトカレフ一挺と少なくともひとり一本ずつのナイフをたずさえてわたしたちは通りを横切ったのだが、その食堂も閉まっていることがわかっただけで、結局付近のバーに落ち着くことになった。あるいは、いずれにせよ初めからそれが目的だったのかもしれない。冷えたビールはまさにもってこいだった。

ケヴィンは手持ちの金があまりなく、数ポンドだけしかもっていなかった。ほとんどドイツで使ってしまったのだという。そう、お察しのとおり、売春宿だ。しかも所持金はポンドだけでディナールはなかった。だがそこは大丈夫。親切なハウイーが喜んでディナールをポンドに替えて、この若者を助けてやった。パンドとわたしはウィンクを交わした。ハワード伍長の為替交換所でケヴィンはどれくらい巻き上げられたのだろう。みなが一杯目のカルロヴァッコビールを注文して夕食代わりに飲みはじめた。最初からそれが目的だったのだろう。パンドとわたしはコカ・コーラに決めた。

まもなくわたしたちは、外国パラシュート兵の記章をつけたえび茶色のベレーをかぶっている年配の紳士に気がついた。彼とその連れはわたしたちが英語で話しているのを聞きつけ、声をかけてきた。やった。やっとだ。まさに職業軍人の将校らしい姿と、歩き方と、話し方をする人物が現れた。ヴィム・「ヴィリ」・ファン・ノールト大佐。そして同席していたふたりのオランダ人は、ダウヴェ・ファン・デ・ボスと、若干変わり者のヨハン・ステリング、またの名をクレイジー・ジョー。

ファン・ノールト大佐の軍歴は、一九四三年にオーストリアから同盟国イタリアへと国境を越えようとしたときにドイツ軍に捕らえられ、ナチの武装親衛隊に入れられたことから始まったという。「じゃがいもの皮むき係」として強制的に入隊されられた彼は、その後フランスのイギリス軍前線に逃げ込んだ。そして一九四四年にオランダ・コマンドー部隊先遣隊の一員としてイギリス陸軍に採用され、一九五〇年までインドに派遣された。さらにヴィリは朝鮮戦争でも戦闘に参加し、しばらくのあいだ中東の油田で工兵として仕事をしたらしい。それからオーストラリアに移動し、一九六〇年代初頭にはベトナムでオーストラリアＳＡＳ（特殊空挺部隊）の顧問を務めたと語った。もっともあとで調べたところ、オーストラリア陸軍訓練チームベトナム《AATTV》の名簿に彼の名前は見あたらなかった。たとえ彼が語った内容の半分しか正しくなかったとしても、これはみごとな軍歴だった。ヴィリは一九九一年一一月以来、断続的にクロアチアを訪れていた。

ダウヴェはなかなかのやり手だという印象を受けた。驚くまでもない。彼は元オランダ陸軍二等軍曹だった。世界中のプロの下士官《NCO》にありがちな自信をにじませており、わたしがそれまでに出会った優秀な作戦（S3）軍曹たちを思わせた。ヴィリは「書類手続きのことなら何でも知っているわたしの事務官だ」と彼を紹介した。状況からみて、おおかたそれがダウヴェの役割だろう。戦闘部隊の兵士には見えないし、本人もそれを隠そうとはしなかった。外国人傭兵のなかでは非常にめずらしい、自他ともに認める後方支援タイプだ。ヴィリの管理下にあるクロアチア人部隊にいつどこでも十分な装備が整えられているように、てきぱきと資金や装備を集める。しかも、ありがたいことに腕は一流だった。ジョーは軍隊の経験はなかったが、ヴィンコヴツィ近郊の前線でほかのオランダ人やアッティラとともにクロアチア陸軍部隊で戦闘にくわわっていた。

この三人のオランダ人は、第一オランダ志願兵部隊という大きな集団の残留者だった。その部隊にはモルッカ諸島出身のオランダ人下士官がいて、彼の浅黒い肌の色がスラブ系一色のクロアチア人のなかで大騒ぎになったという。第一オランダ志願兵部隊はおそらく、バルカン半島へ派遣された最初の組織立った外国人兵集団である。元オランダ軍パラシュート部隊兵のエルヴィン・ファン・デル・マストは、到着から二週間もたたないうちにクロアチアで戦死した。彼の死は、わたしがクロアチアから帰国してまもなく『ソルジャー・オヴ・フォーチュン』誌に掲載された。三人のオランダ人の話からわかったことは、一四〇名ほどの外国兵にクロアチア人の血を引く四〇名を加えた国際旅団が一カ所に集まったなら、それこそ不適格者と傭兵気取りというごろつきの展示場みたいになってしまうだろうということだった。しかし、ところどころに本物のプロもいた。なかには、くつろげる場所が軍隊用簡易ベッドと雑嚢をしまうスペースだけという男たちもいた。

　ヴィリとダウヴェはわたしたちの素性を確認した。それからヴィリが、一緒に部隊を訓練する仕事をしてみないかともちかけてきた。南へ下った前線近くに彼のコマンドー・グループがあるという。政治家に国外退去を命じられるまでザグレブでぶらぶらするよりよさそうだ。わざわざクロアチアの南東国境にあるヴィンコヴツィまで移動してバンカーのなかでじっとしているよりはなおのことといい。パンドとわたしは翌朝一〇時のマタコヴィッチとの面会を見送ることに決めた。おおかたドイツへ向かう列車に乗せられるだけだろう。マタコヴィッチがわたしたちのことを忘れてくれるか、勝手にクロアチアから出て行ったと思ってくれることを願った。このさいヴィリに同行して、期待半分、疑念半分、どちらが先に満たされるのか見てみようではないか。

　こうしてザグレブから南下することになったパンド、ヴィリ、ジョー、ダウヴェ、わたしの五人全員は、それぞれの装備を携えてくたびれたオペルの小型車にすし詰めになった。楽な芸当ではない。真夜中になろうかというころ、セルビアの民族主義者グループ、チェトニクの支配地域にある、ペトリニャから数キロ離れたジャジナの旧ユーゴスラヴィア人民軍《JNA》ミサイル基地に着いた。兵舎にある指導教官の部屋へ案内されたわたしたちは、オンタリオ州バーリントン出身の一九歳、ジョン・ライコヴィッチと出会った。ジョンは戦争が始まってすぐ父親とともにやってきて、父親がカナダに帰ったあとも残ることを選んだのだった。シサクにあるジョニーの三〇ミリ対空砲列はセルビアの飛行機六機を撃墜した。当時クロアチアには空軍がなかったので、これは快挙だった。

　ジョンはヴィリの通訳をまかされていた。ダーティハリー風のショルダーホルスターに入れられたスミス&ウェッソンモデル696、六インチバレル、357マグナム「ホグレグ」を片時も離さなかった。戦争開始当初、機械工場を所有していた彼の父親イヴァンは雑嚢いっぱいに武器を詰め込み、息子の彼には着替えを詰めろと指示した。祖国に帰るぞ。ところが武器類の書類はすべてきちんと整っていたにもかかわらず、ドイツで空港《フルークハーフェン》の連邦警察《ブンデスポリツァイ》に押収され、ライコヴィッチは罰金を払わされてしまった。大の男がいざ戦争地帯へ向かうというときになって武器を海外に持ち出せないとはなんという屈辱。結局あとになって、357マグナムは自動車のダッシュボード内にテープでとめて持ち込まれた。

滞在中は、軍務と軽歩兵戦術についてできるかぎりのことをジョニーに教えようと努力したつもりだ。軍隊経験をもたない彼にとって、組織立った軍隊や、とりわけ長距離パトロールや戦略的偵察などの話は驚きだったらしい。何もかも初めて知ることだらけだったのだ。「すげえ、俺なんか一年前はまだ高校で勉強してましたよ」。わたしはこの若者をうらやましく思った。彼の若さと、クロアチア語を操る能力と、民族の故郷で軍務につける機会があることと、歴史が動く瞬間に生きていること。チェトニクがクロアチアに侵攻したときにアメリカがさっさと事態を把握して行動を起こし、ジョニー・ライコヴィッチのような男たちをフォート・ベニングの歩兵訓練所やフォート・ブラッグの特殊戦センターの集中訓練に送り込んでいたなら、バルカン紛争も異なる方向へ向かって、あのように長引かず、数え切れないほどの一般市民がひどい目にあうような結果にはならなかったのかもしれない。

その晩遅く、パンドがいった。「ＢＧＭが聞こえないか？」一定の間隔でドン、ドンと近くに砲弾が落ちる音をそれまで意識していなかったことに気づいた。子守唄というわけにはいかないが、早晩慣れてしまうだろう。

朝になるとジョンがわたしたちを部隊に引き合わせた。わたしは手短に、一九人の部隊を率いて訓練を受けている二二歳の中隊長ペドラグ・マトノヴィッチと話をした。ペドラグは得意げに彼の五・五六ミリ

SAR80を見せてくれた。コルト・インダストリーズとのライセンス契約でM16を生産するようになったチャータード・インダストリーズ・オヴ・シンガポールが製造したシンガポール・アサルトライフル80だ。M16の弾倉を用い、アーマライトのAR18によく似ている。小火器マニアはSAR80をあまり高く評価していない。M16の弾倉一〇個とアメリカ軍の専用クリーニングキットを手渡すと、ペドラグは喜んだ。こういうこともあろうかと、はるばるもってきたのだ。彼がいったいどこで十分な数の五・五六ミリ弾薬を調達しているのかはわからなかった。

ざっと兵舎のなかを案内されると、コマンドーは三〇八口径アルゼンチン製モデロⅢ折りたたみ式銃床FN FAL、三〇八口径ドイツ製G3、七・六二×三九ミリ、ユーゴスラヴィア製M70カラシニコフのほか、なかなか興味深い雑多なピストルやナイフを装備していることがわかった。ここの男たちは本当にピストルとナイフが好きだ。自分の仕事は心得ているといわんばかりにわたしたちが武器の点検を始めると、ペドラグの言葉を皮切りに矢継ぎ早に質問がぶつけられた。「アメリカはいつになったらM16を送ってくれるんだ?」「Mシェスナエストはいつ手に入る?」彼らはハリウッドのランボー映画の見過ぎだ。M16だけが武器だと思っている。自分たちが今もっているM70カラシニコフのほうが上だ、あるいは少なくともコルトのM16と同じくらいすぐれている、と口を酸っぱくして説明しても納得しなかった。ここの若者には根性とやる気があった。彼らが必要としていたのはピカピカの真新しいアメリカ製ライフルなんかじゃない。まともな軍靴と六週間の歩兵訓練だった。

しかしながら、いちばん大きな問いは「アメリカはなぜクロアチアを国家として認めないのか?」だった。ありがたいことに、わたしたちが到着して二週間目に、アメリカ国務省がようやく重い腰をあげてクロアチアを承認した。わたしたちはそれを兵舎のラジオで聞いた。クロアチア人はみな歓声を上げて喜びはじめた。まるでアメリカ軍の軍勢が突如として、バルカン半島で起きている彼らの小さな都市間のけんか騒ぎに手を貸してくれるかのように。わたしたちはポンポンと背中をたたかれ、冷えたビールを手渡された。そしてまた質問だ。「なぜこんなに長いあいだ待ったのか？　なぜクウェートを支援したように我々を支援してくれないのか？　油田がないからか？」「そう、そのとおりだ」という以外にわたしたちに何がいえただろう。クロアチアがナチ・ドイツと同盟を組んだ結果、一九四一年にアメリカに宣戦布告したことになり、その後和平協定を結ぶことなど考えもしなかったという事実については黙っておいた。厳密な法解釈に従えば、わたしたちはこの男たちといまだに戦争状態にあった。あくまでも厳密な法解釈だが。

午前中はランニングをするために部隊を狭い基地の外へ連れ出し、ジャジナ郊外のローマカトリック教会の隣にある小さな野原でゲリラ戦の教練を行なった。墓地にある真新しい墓石に気づかないわけにはいかなかった。このときはまだボスニア中に戦争行為が勃発する数週間前だったが、ここの人間はすでに自由を守るためにおそろしいほどの犠牲を払っていた。身体訓練《PT》のとき、他のメンバーは全員がセーターを着用しているのに、わたしたちふたりがGIのTシャツしか着ていないことを指摘する声が上がった。ヴィアルパンドとわたしはにやにやした。すぐに暑くなるさ。

ゲートを通り過ぎるときになってパンドが声をあげた。「ロブ、道路からはみ出すなよ」

「え？」

「出発間際に大佐にいわれたんだ。境界線には地雷が埋まっている」

おやおや、それはどうもご親切に。助かるよ。

腕立て伏せをやってみると、隊員に上半身の力があまりない。凍るような朝の寒さで息を白く曇らせながら、わたしたちは、踏みつけられた地面がどろどろになるまでゲリラ戦訓練用原っぱの周囲をぐるぐるまわった。行進やランニングのときは必ず、歩調をとるために歌を歌った。コマンドーたちは行進のときのドン・ホーのヒット曲「タイニー・バブルス」が本当に好きだった。ジャジナで売り出せばきっと売り切れになっただろう。

午後は、標準的なアメリカ陸軍射撃班の傘型隊形について、黒板《チョーク・トーク》を使って講義をした。それからまた訓練フィールドに戻った。フィールドは牧歌的なジャジナの村の外、クパ川沿いのクロアチア田園風景のなかにある古くて趣のある小さなカトリック教会の近くだ。あとはひたすら練習、練習、練習だった。縦列を除けば、彼らにとってはこれが初めての移動隊形だった。元ユーゴスラヴィア人民軍《JNA》将校が用心深く見守るなか、わたしはアメリカ軍がいうところの「主戦闘地域の前縁《FEBA》」、つまりクロアチアほかアメリカ以外の世界中の人がいうところの「前線」を離脱するテクニック、それから「レンジャー縦隊」すなわち単列縦隊から、すばやく葉巻のような形を作り、安全確保のために停止して耳を澄ます方法を説明した。

兵たちは実戦の戦術を知りたがったので、パトロールの動きをいくつか練習してからすぐに、待ち伏せ場所を作るための正しいテクニックに移った。待ち伏せをする部隊の左側、右側、後方の安全を確保するという考え方は彼らには初耳だった。しかし、ひとたび安全確保《シグルノスト》と敵の攻撃を遮断するグループという考え方がわかると、その背後にある常識的な論理をすばやく理解した。わたしは、「首尾よく実行される待ち伏せは殺人だ。さあ殺人を犯しに行こう」とか、「待ち伏せは殺しだ。殺しは楽しいぞ」などということをうまくクロアチア語に直せるだけの言葉を知らなかった。だがそれはそれでよかった。フォート・ベニングの教官から指導を受けていたときも、そうやってきゃーきゃー盛り上がることにあまりよい印象は受けなかったからだ。すでに血を流す戦闘を経験した者にとってはさらに意味のないことにちがいない。

説明を終えて実際に何度か歩かせてみたあとは、各部隊のリーダーが自分の兵に教え込む。基本的なアメリカ陸軍特殊部隊の教範にしたがって、わたしたちは指導者を育てるのだ。コマンドーたちはいくつかの待ち伏せ教練を行なって、どうだというようにこちらを見た。わたしはただうなずいて「よし、もう一度」という。繰り返すことによって動きが体にたたき込まれ、戦闘時に自然に反応できるようになる。

その日の午後遅く、ヴィリから真新しいルーマニア製ＡＫＭライフルを二挺手渡された。まだプラスチックフィルムで包まれている。ものすごくうれしかった。武器がないまま、セルビア人の地域からほんの数クリック《キロ》のところにいるのがどうも気に食わなかったからだ。ただ、ピストルはなかった。ピストルを手に入れるためには、戦死したセルビア人から抜き取らなければならない。わたしたちが訓練していた一〇代の若者たちはみな戦闘経験があったので、トカレフ、ＣＺ52、ＣＺ50や、ときにはスペイン陸軍余剰品のスター九ミリなどをもっていた。わたしはトカレフを手に入れるのにほぼ二週間もかかってしまった。

わたしたちのピカピカ光る工場直送ルーマニア製「農具」の試供品は、弾倉は四つずつあったものの弾丸が六〇発しかなかった。部隊への割りあてはもう少し多く、緑色の光を放つ共産圏の曳光弾や、うれしい徹甲弾もあった。パンドは飛び上がって喜んだ。いうまでもなく、わたしたちはふたりとも一〇〇発以上ほしかったのだが、クロアチア軍には景気よくばらまくだけの弾丸がなかった。

わたしたちはライフルから錆び止めのコスモリンを拭き取って分解した。部隊員によれば、ルーマニア製ＡＫＭの唯一の欠点は、弾倉数個分を続けて撃つとバレルが「溶ける」傾向があるということだった。経験からいって、ルーマニア製のカラシニコフ・アサルトライフルに特有の垂直フォアグリップは、すばやい弾倉交換の妨げになる。それまでずっとルーマニア製カラシニコフのフォアグリップを気に入っていたのだが、実際に長時間もって歩いて、交戦中に弾倉の脱着を行なわなければならなくなったときに考えが変わった。バルカン半島での三度の勤務期間には、ルーマニア製ＡＫＭの垂直フォアグリップを切り取って、ハンド・ガードの残りの部分にヤスリをかけて滑らかにし、上塗りをしたものをよくみかけた。

　クロアチア軍がルーマニア製のライフルばかりなのは、ザグレブで行なわれた不正取引のせいだとされている。作り話の可能性はあるが、以下のような話だった。クロアチアは軍隊を武装するのに十分な数のアルゼンチン製ＦＮ　ＦＡＬ三〇八口径アサルトライフルを国際兵器市場で調達した。ところが船荷のほとんどがベイルートで複数のレバノンの党派に売却されてしまった。仲介人となったザグレブの将軍や政治家がその金を懐へ入れた。彼らはＦＮを売って、そのアルゼンチン製ライフルの何分の一かの値段で手に入るルーマニアのＡＫにすり替えたのだという。この話にどれほどの信憑性があるのかはわからないが、戦争のあいだずっと、バルカン半島の兵器市場では二束三文でかなりの数の不正な兵器取引が行なわれていた。国連による武器の禁輸が実施されてからは特にそうだった。

　一日目の身体訓練《PT》後、ダウヴェが装備品を調達するためにザグレブへと出かけた。ヴィリによれば、ダウヴェは軍から備品を吐き出させたり、ザグレブの実業家や国際団体にしぶしぶ特別な品や金銭を出させたりするのがたいそううまいらしい。ジョーの役割についてはよくわからなかった。ヴィリがいうには、サバイバルの専門家でサバイバル技術を教えるという。けっこう。それだけで訓練スケジュールの一日分になる。まあスケジュールなどというものがあればの話ではある。実際、サバイバルはさして問題にならないように思われた。家族経営の農場や果樹園が点在する土地では、兵が食糧を探さなければならない状況になっても食べるものには困らないからだ。ジョーは、キッチンで働いている美人でスタイルのいい黒髪のソーニャに英語を教えることにほとんどの時間を費やしているようだった。戦争は修羅場だ。

　翌朝の火曜日は小さなバスに乗り、クパ川沿いにある地元の村ジャジナを通って前線のほうへ向かった。

実弾を用いた射撃訓練を行なうためだが、状況によっては、実戦が先になるかもしれなかった。家々には銃や砲弾の破片であばたのように穴があいていた。飛んでくる砲弾の振動であちらこちらの窓が吹き飛ばされている。そのときは、戦争が終わればこの地域の建設会社は景気がいいだろうなくらいに思った。川にかかった浮き橋は主要攻撃対象になっていた。高速道路一一-一を六キロほど南下して、蛇行するクパ川を渡ったところに、ペトリニャという名の知られた小さな町がある。ヴィリはこの町であった戦いの話をしてくれた。わたしは今でもそれを「ペトリニャ水泳チームの冒険談」と呼んでいる。

一九九一年の秋、ペトリニャは市街戦の激戦地となった。木々の葉が落ちはじめた一〇月、セルビアの装甲部隊がこの小さな農村を侵略した。RPGのように肩に担いで発射する軽対戦車砲では、ソヴィエトのT72戦車のユーゴスラヴィア版であるT84には歯が立たなかった。不慣れなアメリカ陸軍のおあまりの真新しい戦闘服や旧式のスチールヘルメットに身を包んだクロアチア守備隊の多くはボルトアクション式の狩猟用ライフルしかなく、戦車に対してはまるで無力で、装甲にあたる弾丸のパチンパチンという音で戦車隊員をいらいらさせただけだった。

クパの南で作戦にあたっていたクロアチア軍の大隊は川のほうに押し戻され、泳ぐ以外に手がなくなった。多くの兵が水に入る途中で撃たれた。泳げない者と、泳ごうとしたけれども引き返した者は捕虜になり、のちに殺害された。生存者はいまでも「泳いだ者たち」と呼ばれている。クロアチアの将軍は、彼らをどうしたものかとヴィリに尋ねた。ヴィリは肩をすくめて答えた。「家に帰したまえ。用済みだ」

ペトリニャで急ごしらえの防御陣地を受けもっていたクロアチア部隊のビデオがある。多くは慌ただしく組織されたシサク歩兵部隊からやってきていた。わたしが教えている男たちの友人、近所の人、そして兄弟までもがそのなかにいた。アメリカ陸軍余剰品の戦闘服と、野戦用ジャケットと、旧式のスチールポットヘルメットが支給されていた。こうした軍事装備の身につけ方を見ただけで、戦闘員の大半が一般市民であることは容易に見てとれた。

黒いフェルト製の中折れ帽をかぶった男がひとり、走りまわっていた。ＦＮ ＦＡＬを手にしたクロアチア人もいたが、大部分は戦利品のカラシニコフやさまざまなスポーツ用の銃を使っているようだった。ビデオのなかで、彼らはボトルの詰まったビールケースを積み重ねてバリケードを作り、いかにも経験不足の部隊らしく、遮蔽物の陰から撃つのではなくバリケードの上からひょいと顔を出しては数発撃っていた。セルビアとユーゴスラヴィア人民軍《JNA》のＴ72が長い列を作って町に入ってくるところでビデオは終わっていた。戦車もまともな対戦車兵器もたないクロアチア軍に勝ち目はなかっただろう。

町なかを通り抜けたバスはジャジナの南でわたしたちを降ろした。そこはまだくねくねと曲がるクパ川の流れで築かれた内陸部だったが、無人地帯とクロアチアのセルビア人占領地帯には少し近かった。聞くところによると、ある外国人兵がほとんど無防備な前線の切れ目をすり抜けて歩きまわっていると、クロアチア人が必死になって手を振って、戻れと合図してきたという。ここクライナ国境付近は、近隣の人同士の戦いだった。誰もが顔見知りのようなものであり、そうした地元の人は地形を熟知していた。よそ者には不利な場所だった。

わたしたちはフル装填した弾倉をしっかりとはめ込み、最初の弾を薬室に送ってから、最後にもう一度装備をチェックして、移動を開始した。少しずれて並んだ縦列に散開して、砂利敷きの田舎道をパトロールする。道路沿いの家や農場は放棄されていた。住人はセルビア軍戦車に支援されたチェトニクの襲撃者から逃れて、シサクやザグレブ、あるいは国外の安全地帯へ移ったにちがいない。クロアチア人の報復から逃げざるをえなかったセルビア人の家もあるかもしれない。わたしたちは敵の待ち伏せとチェトニクのパトロールを警戒した。この一帯では依然として激しい戦闘が行なわれていた。決まった前線がないので、小さな部隊間の戦闘が頻繁にあり、待ち伏せや急襲は日々起きていた。

仕掛け爆弾《ブービートラップ》に油断なく注意しながら辺りを見回したとたん、小さなコテージのような家屋がからっぽになっていることに気づいた。戦利品や戦争の記念になるものはもう何も残っていないようだった。部隊はパトロール隊形で進み、わたしたちは彼らのテクニックを見守った。仕掛け爆弾や仕掛け線、地雷などがあることを想定しながら家々が無人であることを確認していったが、何も起こらなかった。コマンドーたちにいくつかの注意を与えると動きがよくなった。交戦にはならなくても、この訓練はほとんど実戦のようなものだ。実弾がいつでも発射できる状態で装填してあり、激戦地域の偵察パトロールという安全確保のための掃討作戦を実行していたのだから、実際、戦闘といってもよかった。待ち伏せや狙撃、あるいは「小型地雷《トウ・ポッパー》」で足を吹き飛ばされるかもしれないという脅威はまさに現実のものだった。このその場しのぎのコマンドー部隊が受けた本物の訓練はといえば、この二日間の戦術訓練だけだ。ほとんどがユーゴスラヴィア人民軍《JNA》あがりとはいえ、徴集兵の訓練には小規模部隊の歩兵戦術にかんするものはあまり含まれていなかった。メンバーのなかには、国軍にいたときには戦車の操縦士やミサイルの砲手だった者もいた。だがカラシニコフの手入れと床掃除ならお手のものだ。

二週間のあいだ、ヴィリはなんとか形を作り上げることに専念し、どんどん距離を伸ばして長距離行軍をやらせた。可哀想なことに、隊員たちは品質の悪い靴が原因でひどい水ぶくれをつくってしまった。わたしたちはその日一日かけて周辺をパトロールして、地元のセルビア軍が侵入してきそうな道路やよく使うといわれているルートにいくつかの待ち伏せを仕掛けた。一日は経過していると思われる八～一〇名の敵パトロール隊の足跡に遭遇した以外に衝突は起こらなかったので、日暮れに荷物をまとめて回収地点へ戻った。ジャジナに戻ったわたしは、ザスイェダ、すなわち待ち伏せの原則を説明した。組織、協調、連絡、安全確保、奇襲、そして不当な戦闘行為。この「不当な戦闘行為」という言葉はクロアチア語で「ルディテ（気が狂ったよう）になる」としかいい換えられなかった。言葉の説明を受けた感じでは、ルディテはクロアチア版の「マッド・ミニット《集中射撃》」といったところだろうか。

次の日の朝食は脂ぎったソーセージだった。まただ。わけあって、隊員たちは食事時には何も飲まない。水さえもだ。わたしたちがテーブルに水筒を置いたり、食糧として配給されているＴｏｋブランドの加工オレンジジュース、ナランチャの一リットルカートンを食堂にもって入ったりすると、彼らはあきれて物もいえないという顔をした。パンドもわたしもあの飲み物が好きだった。そのころまでに、コマンドーたちにはさまざまな装備を持ち歩くためのベルトやサスペンダーといったＬＢＥ（ロード・ベアリング・エクイップメント）を着用し、駐屯地を出るときは常に背嚢を携行する習慣を身につけさせていた。作戦遂行に出かけるとき、この「コマンドー訓練生」らはみな迷彩服を着て、黒いニット帽をかぶっていた。なんというか、少なくとも見た目は特殊作戦部隊だった。ほとんどの人が見慣れた、シャツがはだけたままで帽子もかぶらず、ひげ剃りの必要なクロアチア人兵士からはほど遠い。

確かに見た目で兵士の能力が決まるわけではないが、たいていの場合はよく訓練されたプロであるかどうかを見きわめる材料になる。町なかを抜けて戦闘作戦へと移動するわたしたちの部隊と、故郷を捨てて逃げ出したジプシーみたいなほかの部隊とに向けられる村人たちの視線を見れば違いがよくわかる。わたしたちが日々パトロールの途中で通りかかると、地元の人たちは大声で挨拶をして、戸口や窓から手を振ってくれる。あるいは、一瞬仕事の手を止めて道端に立ち止まり、隊をなして通り過ぎるわたしたちを見つめる。戦闘服を着てきちんとした装備をかついだ部隊が戦闘作戦に向かうのを見ることが、彼らに自信を与える。顔に色を塗り、黒いニット帽をかぶり、戦闘用のフル装備をして、クロアチア語とドイツ語とオランダ語と英語をごちゃ混ぜにして命令を怒鳴る外国人の教官がいるコマンドーは、普通の一般市民にとってはやや近寄りがたい存在に感じられる。

　わたしとパンドもブーニー・ハットやニット帽のほうが心地よいのだが、いつもえび茶色のパラシュート兵ベレーを着用しているヴィリはわたしたちにも何かしらのベレーをかぶれという。そのほうが「目立つ」からだ。パンドもわたしも、わけてもチェトニクの狙撃手がいるこの一帯で「目立つ」ことには少々不安を覚えた。仮に待ち伏せ攻撃を受けた場合、ベレーのふたり組というのはねらわれやすいのではないか。まるで弾丸の引きつけ役だ。あるいはもともとそういう腹づもりかもしれない。わたしたちふたりはヴィリに、アメリカの軍人は戦場ではベレーを着用しないことを説明しようとした。しかし同時に、わたしたちの存在理由《レゾン・デートル》のひとつは士気を高めることであり、外国の支援があることを目に見えるように示すことでもあるということもよくわかっていた。それに、部隊の側から見れば、外国人顧問がいることで箔がつくということもある。

　わたしたちが率いたある作戦任務中、コマンドー部隊がジャジナを抜け、周辺の田園地域を通って丘へ入ったとき、何の活動もしていない予備役兵の小集団のそばを通り過ぎた。どうやら戦争開始とともに、国中の田舎者に軍服とカラシニコフが支給されたようである。パンドにはそれがやけにおもしろかったらしい。「ザグレブと同じだな、ロブ。こいつらはぶらぶらする以外に何もしないんだ」。だがそれが大問題となる。実際に戦闘に参加しないとなると、隊員を手持ち無沙汰にさせないための組織立った訓練や装備の手入れも行なわれない。訓練されていない軍隊など大砲の餌食になるだけだし、規律正しい軍編成というよりむしろまとまりのない暴徒に近い。日課として身体訓練《PT》を強制するだけでも状況は改善されるのだが。

ほとんどの人が、高脂肪食とビールの飲み過ぎを思わせる体つきをしていた。えび茶色のベレー帽集団も通り過ぎた。別に珍しくもない。当時のクロアチア陸軍では、少しでも余分な金があればなにがしかのベレーを購入して、自称特殊部隊やらレンジャーやら好きなように名のっていたからだ。この男たちはお揃いの袖章までつけていた。訳して「ホームレス」。わたしたちのくすくす笑いのせいで酔っ払いの「予備役兵」に撃たれてはいけないと、パンドもわたしもひたすら歩き続けた。たくさんの奇妙な輩がそれぞれの郷里でぶらぶらしていた。手には新品のカラシニコフと、そして、いやはや、手榴弾だ。まったく。地元の車体工場で油を売っているアジア人や、ショッピングモールのレコード店で働いているロックスター気取りが、ある日突然自動小銃と破片手榴弾を手渡されたと想像してみてほしい。恐ろしいじゃないか。

別の日には前線まで移動して、「敵との接触に対応」あるいは「狙撃への対応」など実弾を用いた即時行動訓練《IAD》を実施し、続いて説明と講評を行なった。最大の問題はコミュニケーションだった。ここの男たちは、なんと指揮官にいたるまで、たがいに怒鳴り合うのがきらいだった。もしかするとこの国の文化として、怒鳴ることが無作法だったり失礼にあたったりするのかもしれない。彼らの偵察兵テクニックはといえば、先頭に立つ兵が（もし生存していれば）走って隊に戻り、中隊長のペドラグを探すというものだった。けっこう。それも敵に撃たれているさなかに。なるほど。先頭がそのちっぽけな偉業をなしとげているあいだに、先遣隊は壊滅し、側面は身動きが取れなくなってしまうかもしれないのに。

まだ先頭兵の能力に自信がもてなかったので、こうした戦闘パトロールではパンドとわたしが前方と側面を偵察した。一九歳の兵ひとりのせいで全員がセルビア人の待ち伏せに突っ込んでしまうことだけはなんとしても避けたかった。地元のチェトニクは名を知られた無法者たちだったし、少なくとも一部は森のようすに明るいはずだと思われた。わたしたちの命はまさに偵察ひとつにかかっていたのだ。
もしも撃たれて負傷したら、脱出できるかどうかはクロアチア人訓練生の腕ひとつだ。パンドとわたしはなるべく離れないようにしていた。そうすれば状況がひっくり返ったときにおたがいに助けられるからだった。あるパトロールのとき、ほんの短いあいだだけ一軒家の農家の前で立ち止まって、じつに美しい田舎の風景を写真にとった。農夫が出てきて未舗装の泥道で一緒に写真に収まり、ラキヤを飲まないかと屋内での昼食に誘ってくれた。見たところたおやかな娘はいないようだったし、一応戦闘作戦中でもあるので言い訳をして辞退したが、もう少しで戦争のさなかにあることを忘れてしまうところだった。

その同じパトロールの最中に、ぶどうの蔓に覆われた見晴らしのすばらしい丘の頂上でコマンドーたちを止めて昼食の休憩をとった。一帯はわたしが育ったニューヨーク州西部にあるワインの産地、なかでもエンパイア・ステートともいわれるニューヨーク州にあるフィンガー湖群のひとつ、キューカ湖沿いの景色を思い起こさせた。小さなコテージを眺めながら、いつか自分もひとつ手に入れて、いい女を見つけて（悪い女かもしれないが）、ブドウを育てながら子どもを作ろうかと思いを馳せた。あるいは、一年のうちの一時期だけあそこに滞在するのもいいかもしれない。あの丘の上で、テレビも電話も、ほかのどんなわずらわしいことからも解き放たれて、ワインを飲み、本を読み、あるいは本を書いてみようか。ああ、地方の名士として悠々自適の生活。悪くない。そう考えたのは一九九二年のことだったが、わたしは今でもたびたびあの牧歌的な丘の斜面のことを思う。時がたつほどに思いはつのるようだ。

昼食後、わたしたちはパトロールを続けた。ジグザグの縦列になって進むうちに、ヴィリは身体訓練《PT》の要素に重点をおきたがる一方で、パンドとわたしは実弾による戦術訓練を進める必要があると考えていることがわかってきた。チェトニクの部隊といつ衝突してもおかしくない場所にしては、すこし移動が速すぎるのではないかとわたしは思った。安全確保はめちゃくちゃだし、見つからないように動くことなどどだい無理だった。待ち伏せに足を踏み入れたり、チェトニクのパトロール隊に遭遇したりする可能性は現実にある。二〇名を超える大人数でパトロールをしていること自体、偵察任務の隠密性を考えれば多すぎる。かといって敵の大軍を相手にするには機動力が不十分だった。さらに悪いことに、セルビア部隊の主軍に行きあたってしまった場合は、命を犠牲にするには人数が多すぎ、勝つためには人数が少なすぎた。

　尾根に沿って一クリック《キロ》かそこら進んだところで、ヴィリが一八〇度の方向転換を命じた。わたしが向きを変えると、目を吊り上げて怒っているスペインバスク系アメリカ人が目の前にいた。一体全体どうしたんだ？　ヴィリは地図をもってないぞ。「くそ、なんてこった」とわたしは思った。わたしがようやくヴィリの書類の山からジャジナとその周辺の地図を手に入れたのは、その作戦地域《AO》を離れてからのことだった。いつもこうだ。なぜヴィリがそういうものを後生大事にしまっておくのかわからない。ヴィリはコンパスの方位をまちがった丘の上で合わせてしまっていた。わたしたちはワインの産地で迷子になったのである。

　パンドは先遣隊と一緒に前方にいたので、大佐のつかのまの「方向ちがい」のせいで自分の面目がまるつぶれだと感じていた。ヴィリにとっては痛い教訓だった。パンドを怒らせてはいけない。わたしはやや心配しながら、迷ってチェトニク占領地域へ踏み込みこみすぎていなければよいがと思った。敵の領土のど真んなかで方位がわからなくなってしまうなど、あまり慰めにならない。フォート・ベニングの訓練所で鈍い頭に徹底的にたたき込まれた訓練のおかげで、わたしは定期的に方位を合わせ、万が一に備えてだいたいの歩数も数えていた。ジャジナに戻る道はわかる。それにしてもたとえ交戦地帯とはいえ、なんといい天気で美しい田園風景であることか。なんてこった。

絵のように美しい景色のなかで戦闘パトロールをしているうちに、暖かい日差しのなかで空想にふけりながら踊るようにリズムをとって歩いてしまわないように注意した。地雷を踏みつけたり、待ち伏せに突っ込んだりするにはあまりにも気持ちのいい日だった。そんなもので一日を台無しにされるのは勘弁願いたい。

　味方の前線に向かって移動しながら、しばらく行ったところで一旦停止し、周囲の安全を確保した。わたしは背嚢にもたれてどかりと座り込んだ。まだ三月とはいえ、気候は暖かく、汗をかくほどだった。辺り一帯を掃討したが敵との衝突はなかったので、わたしたちはその開けた土地で訓練をやることにした。後方には実射できる場所がなかったので、一〇分間の休憩後は即時行動訓練《ＩＡＤ》を行なった。

　その場所の安全確保のためにふたつの部隊を送り出し、未舗装道路がＬ字型に曲がったところでパンドが仮想敵《ＯＰＦＯＲ》の役を演じた。最初のＡＫの発射音が午後の静けさを打ち破ると、このときばかりは決然とペドラグが命令を出し、コマンドーたちは迅速かつ猛烈に待ち伏せに対する即時行動訓練を実行した。カラシニコフ、ＦＮ、Ｇ３の弾丸が空を切る。隊員たちの射撃と動きを見ようと道路を行ったり来たり移動していたら、連射されたＡＫの弾がわたしの頭上を飛んでいった。曳光弾の光が小さな緑色のラグビーボールのように、谷間のうえに浮いていた。教官だろうがなんだろうが、クロットもほかのやつらと一緒に泥まみれになるべし、と誰かが決めたのだ。こうなるのが本当に嫌なのだが。

　短い講評のあと、わたしは即席の砂盤でＬ字型待ち伏せの方法を説明した。クレイモア、対人地雷の使用、安全確保、キルゾーン《殺傷地帯》のチェックに重点を置いた。それから遠距離と近距離、両方の待ち伏せに対応する方法を話し合った。部隊は一〇名ずつの二グループに分かれて対戦に入った。もちろん実弾だ。戦闘用の実弾で訓練を実施することは、口ではいい切れないくらい重要だ。今回の場合、平時の軍の安全規定には縛られてはいない。だが別にそうでなくても若干の安全策をとれば、特に経験豊富な部隊なら、訓練の現実味を増すために実弾射撃を実施することは可能だ。その場合は地面、隣に立っている木、「敵」の頭上の空中などに向けて発砲する。相手が嫌なやつならぎりぎりまで近く。いや、わかっている。ジョージア州フォート・ベニングのアメリカ陸軍歩兵訓練所にいる駐屯地安全管理官がこれを聞いたらかんしゃくを起こすだろう。

双方のグループが相手方に対して待ち伏せを仕掛けて遂行したところでふたたび集まって、手短に事例研究会《AAR》を開いた。世界中の軍隊に共通することだが、兵はみな暑くて大汗をかき、気分は高揚していて、そして同時にしゃべりだす。そこでまずは落ち着かせてから、彼らが自分のまちがいを知って正しく習得できるように実際の動きを指導する。事例研究を終えたわたしたちは新しい弾倉を装填し、ふたたび移動してチェトニク占領地のパトロールを再開した。

最近になってこの地域で敵が活動したこともあって、全員銃を体の前で斜めにもつ控え銃《つつ》の姿勢で、敵との衝突の可能性に備えていた。全員、というのはジョー以外ということである。ジョーは背嚢ももたず、銃はベルトで肩にかけていた。こいつは頭がおかしいにちがいない。ここは戦闘地域だ。実際チェトニクのパトロールが通過した場所だったし、わたしたちの任務はこの一帯へ敵が侵入した形跡を偵察すると同時に、「阻止」することでもあった。（アメリカ陸軍でいうところの「待ち伏せして野郎どもをぶっ殺す」を政治的に正しい言葉に直すとこうなる）。ジャジナ作戦地域《AO》はたびたび砲撃を受けており、付近で小火器の音も聞こえていた。くわえて、わたしたちは今しがた数クリック《キロ》南で撃ちまくってきたばかりだ。「手本を示せ」と諭そうとしたが、ジョーはすねてしまった。パトロール中、パンドとわたしは沼地に生えている蒲《がま》を引き抜いてかじった。少年のころ、祖父と一緒にネズミの一種のマスクラットをワナで捕まえたときに覚えたことだった。だが今、そばを通ったのは大きなトカゲだ。おい、特殊部隊のタフな連中をあまり遠くまで連れていくのはやめようや、なあ？

ひそかに「ミスター・サバイバル」とあだ名をつけたジョーは、わたしたちが自然の恵みを堪能しているあいだに姿が見えなくなった。あのど阿呆はひとりでどこかをほっつき歩いているのか。チェトニクのパトロール隊と鉢合わせでもしたら、ひどいことになる。わたしは歩調をゆるめて、横を通り過ぎようとした相棒を捕まえて耳元でささやいた。「おいパンド。兵舎に帰ったら、やつのコーヒーメーカーは俺がもらうぞ」。パンドはわたしを見つめてから、首を横に振ったかと思うと、やおら目を輝かせてにやりと笑った。「いいだろう、ロブ。じゃあ俺はソーニャをもらうよ、アミーゴ」。くそ、またやられた。くそったれめ。

一キロほど歩いた。ジョーはどこだ？　自然と会話をしながらソーニャのことでも考えているのだろうか。それもけっこう。基本的にあの男は使い物にならない。パトロールに出るのに背嚢ももたず、ＡＫ一挺に弾倉ひとつだけとは。ああいうやつのせいで人々が命を落とすのだ。「クレイジー・ジョー」は正真正銘の気違いか、たんなる阿呆か。ひょっとすると両方かもしれない。

日暮れ間近になって人員回収用の車と落ち合い、わたしたちはジャジナに戻った。ジョーはまもなく姿を現した。自己の発見か何かをやりに行っていたにちがいなかった。部隊員は疲れ切っていた。あいにくだが、次の授業まで三〇分だ。待ち伏せとパトロールで学んだことを復習してから、戦闘パトロールのテクニックに的を絞ってさらにいくつかの戦術の講義《チョーク・トーク》を行なった。地点と地域の偵察《リーコン》、集合地点、目標集合地点《ＯＲＰ》の設定、クローバー・リーフとボックスの偵察《リーコン》テクニック、そして目標地域の監視。

その晩遅く、宿舎に戻って武器の手入れをし、オレンジドリンクをすすっていると、ジョンが入ってきて、ペドラグの決定により部隊はシサクへ発つことになったと告げた。シサクは一〇キロほど南東にあるこの地方の中心都市であり、ペドラグが属する大隊司令部があった。パンドとわたしが眉をあげて目配せしていると、ジョーが哀れっぽい声を出した。「シサクだって？　ジャジナを離れるなんて無理だよ。彼女がいるんだから！」

第3章　戦いはどこに

「作戦の詳細については触れない。なぜならそれはわたしの軍人生活のなかでもっともいらだたしい経験で、人殺しの好きな人間なら誰でも意気消沈するくらい滑稽な戦術的失敗と逸機の繰り返しだったからだ」

——ジム・モリス、『グリーン・ベレー』

旧ミサイル基地は生活環境がお粗末で食事がまずいというペドラグの一声で、わたしたちは移動することになった。彼の指摘はどちらも正しい。ペドラグの兄で二七歳のドラゴがシサクの大隊長だった。大隊司令官という後ろ盾がついていたのだから、ペドラグが命令を出せばみなそれに従った。彼の兄貴は夜も明けない《オー・ダーク・サーティー》うちに部隊を運ぶトラックを送ってきた。こちらは朝っぱらから一五分で荷詰めだ。ジョーは動かなかった。しばらくしてから起き出すと、またふらふらとどこかへ消えてしまった。わたしたちと行くつもりはないようだ。ソーニャの魅力には勝てないのだろう。ミスターコーヒーのコーヒーメーカーと別れるのが残念だ。

わたしたちは部隊と一緒に乗り込んだ。ヴィリは意気消沈していた。ジャジナには競争相手がいないので、彼はこの町が好きだったのだ。セルビア人の大砲やロケット砲にねらわれやすいとはいえ、前線まで楽に歩けて手頃な待ち伏せパトロール場所がたったの三〇分ほどしか離れていないというこのジャジナの兵舎はよかった。ここは尖った槍の先端のような場所だった。こういうところでこそ交戦が起こる。他方、ここの部隊にはセルビア軍戦車の侵攻を遅らせる役割もあった。クパ川の盆地を占領しようとセルビアの主攻撃が開始されれば、轢かれる運命にあった。しかしそうなるまでのあいだは、実質的に敵の背後で作戦行動にあたることになっていた。

ヴィリのことは好きだったし尊敬もしていたが、わたしは次第に、この大佐とはうまが合わないのではないかと思うようになっていた。ヴィリは夕食の時間だからとあまりにも唐突に訓練を止めさせる。しかも彼がやりたくないときは、ほかの誰もやってはいけないのだ。それにくわえて、部隊のシサク行きを聞いたわたしが平然としていると、彼は腹を立てた。狼狽し、文句をいい、嘆いたのである。彼は兵に向かってジャジナに残れと命じることはできないし、できたとしても命じないだろう。ならばできもしないことをなぜ嘆く？　ヴィリには本当はいかなる指揮権もないことがあからさまになったからだろうか。

わたしたち外国人は（ワーナー・イリチがいうように）「よそ者」だ。どれほどの権限を与えられようともその事実をきちんと認識しておくべきなのである。わたしは常に部隊長を通じて「アドバイス」を伝えるよう努力し、ペドラグに指揮官の役割をやらせた。指揮官としての能力を育てられるかどうかはわたしたちにかかっていた。わたしはいつか故郷に帰る。自分でもそれがわかっている。だが、ここの兵に人員交代による本国への帰還や休養回復はない。戦争が終わるまでかかわり続けなければならないのだ。ここは彼らの祖国であり、これは彼らの戦争だ。友人や親族が日々命を落としているのである。

わたしがペドラグの命令にしたがって移動すると知って、ヴィリは怒った。部隊がシサクに配備されるということにかんして、わたしは抗議するつもりはなかった。勝算のない戦いなどしない。ペドラクの手腕には一目おいていたしコマンドーたちにも見込みがあると考えていたので、のちに出会うジプシーみたいな傭兵たちのように部隊から部隊へとクロアチア中を渡り歩くようなことはせずに彼らと一緒に行くつもりだった。

ヴィアルパンドも同意見だった。わたしたちふたりは可能な選択肢について話し合い、ペドラグと行くことに決めた。パンドのように誠実で信頼できる友人がいることがどれほど大切で、どれほど貴重なことなのかは言葉ではいい尽くせない。わたしたちはいつもたがいの安全に気を配っていた。シサクへの移動に反対したヴィリに対しては、なんだよ、悪あがきはやめろよ、という気持ちだった。わたしが荷造りを始めるのを見たヴィリが突っかかってきたので、こう答えた。「しかし、大佐。部隊を訓練したいなら、部隊のいる場所へ行かなきゃ仕方がないでしょう。ここでじっとしてソーニャに色目を使う気はありませんよ」。まさにそういったとき、ジョーがそこにいた。わたしをギッとにらみつけたが、何もいわなかった。ああ、またやってしまった。行く先々で友だちを作り、人を感化するミスター気配り。やはりいつか『人を動かす』か何かデール・カーネギーの本を読むべきだな。

もっといいところに住みたい、家族の近くに行きたいという部隊員の気持ちを責めることはできない。彼らは山中のパトロールや前線のバンカーなど危険な任務をこなしていた。「訓練」という活動休止期間があるのなら、少しばかりの休みというものもあってしかるべきだろう。シサクの問題点は、実弾訓練にふさわしい場所がどこにもないことだった。だが、部隊員たちは大隊司令部のあるシサクのほうがいいと思っていた。なにしろ三階建ての兵舎《カゼルネ》、ビデオつきテレビ、古い石造りの橋の向こうにある町のバーにはビールと女がそろっている。

翌日にしっかりと訓練ができるのであれば、そこのところは別に問題ない。わたしはいつもそう考えている。わたしが朝鮮半島で機械化歩兵小隊長だったとき、中隊の自動車担当軍曹が膝の悪い古参のレンジャーだった。毎晩バーボンに浸かっていたが、朝の五時半には澄んだ目をして姿勢よく車だまりに立ち、任務を待っていた。そうかと思えば、ビールを五、六本飲んだだけで、翌日には使い物にならない人間がいる。いつもしらふでいながら、同じように使えないやつもいるではないか。

ユーゴ陸軍の古いトラックの運転台に乗り、ガタガタ揺られながらシサクへ北上する旅で一番よかったのは、シネイド・オコナーのテープが聞けたことだった。隊員たちはロックンロールが好きだった。まあそれはそれで構わない。シサクに到着したわたしたちは兵舎《カゼルネ》の空き部屋に装備品をおろして、階下の武器庫を見に行った。そこは天国だった。ユーゴスラヴィア製のＳＫＳ、シュタイヤー・マンリッヒャーのスナイパーライフル、何段にも並んだユーゴ製Ｍ70カラシニコフ、古いＭＧ34、ユーゴ製のマウザー、何でもある。時代遅れや不可解な武器、そしてときには革新的な兵器類がこれだけ豊富にあれば、小火器マニアが夜な夜な持ち出すには十分だ。弾薬補給所《ＡＳＰ》へ行ってみると、ロケット砲に次ぐロケット砲だった。この弾薬置き場の二階上で寝ることを考えるとあまりうれしい気持ちはしなかった。担当下士官《ＮＣＯＩＣ》がタバコを吸っているのを見てからはなおさらだ。ともかく、そんなわけで、ここには武器も弾薬も山ほどあった。ただしピストルはない。ヴィアルパンドとわたしは依然として学校のダンスパーティーにいる不細工な女の子みたいな気持ちだった。

ペドラグはわたしたちが武器に興味をもっていることに気づき、自分の部屋の壁に作りつけられたロッカーを開けて、武器を出してきた。いつも持ち歩いているシンガポール製のＳＡＲ80にくわえて、チェコ産複製品のＡＭ180二二口径サプレッサーつき（サイレンサーと呼ぶこともある）サブマシンガン。ＳＡＲ

80を背中にかけたままにしておいて、こいつの銃口を向けて構えておき、「びっくりした」敵に銃弾を浴びせるのがいいのだという。ほかにも、さまざまな国で製造された数挺のカラシニコフと、チェコのスコーピオン・マシンピストルのユーゴ版、ザスタヴァのボルトアクション式狩猟用ライフル、ソヴィエト製SVDのユーゴスラヴィア派生型であるM76スナイパーライフルがあった。

M76ポルアトマッカ・スナイペルスカ・プスカは、ソヴィエトの七・六二×五四ミリではなく、古いドイツの七・九二×五七ミリ・マウザー弾を使用する。もっともソヴィエトの口径に対応するものやNATO仕様の七・六二×五一ミリカートリッジ（三〇八口径）に対応する型も存在する。装着されている倍率四倍のON M76スコープはソヴィエトのPSO1に似ているが、スコープを明るくするために、電池で作動するライトではなくトリチウム光源を使っている。これは六〇〇メートル以内の標的にはもってこいのライフルだ。わたしはフォート・デヴェンズで第一〇特殊部隊グループAチームとの訓練中に、ソヴィエト製のSVD（またの名をドラグノフ）を撃ったことがあった。ドラグノフは短い射程での狙撃にはよい武器だと感じたが、座った姿勢で撃たないと本当に安定した感触は得られなかった。

わたしたちはペドラグのM76を借りてシサクのダウンタウンを見まわり、何の疑いも抱いていない通行人に照準の十字線を合わせてみた。ペドラグはじつに感動的な武器コレクションをもっていたが、きっと戦争が終わっても手放すつもりはないだろう。このときはまだデイトン合意が結ばれていなかった。バルカン半島中にあまりにもたくさんの軍用兵器がばらまかれていたので、最終的に紛争が解決して新しい国境線が引かれたとしても、その先長い年月のあいだ、狂った輩や銀行強盗などが罪もない一般市民に穴をあけることになるのではないかと思われた。ともかく、万が一任務にふつうではない武器が必要になった場合を考えると、ペドラグのところに特殊兵器が隠されていることがわかっているだけで気分的に楽だった。

いくらわたしが武器が好きだといっても、実際には一度にひとつしか使えない。当面の仕事においては、手元にある旧式のルーマニア製カラシニコフで十分だった。しかしその一方で、二〇発弾倉五・五六ミリのコルト・コマンドーCAR15がほしかった。ただし、銃の妖精が奇跡的に現れでもしないかぎり、その願いはかなわない。

兵舎《カゼルネ》はれんが造りの三階建ての建物で、通りひとつはさんでクパ川に面していた。中庭があり、食堂はその向こう側の別棟にあった。自動車の出入り口脇には車の廃品置き場があった。ポンコツ車は大隊の将校らの特権だ。中尉が週に一台のアウディを積み上げることもあった。装甲車も捨てられていて、鍵のかかっていない車内には五〇口径マシンガンの弾薬がぎっしり入っていた。わたしたちは記念に弾薬ベルトをいくつか失敬した。

大隊の訓練室では、ほこりをかぶった本棚にユーゴスラヴィア人民軍《JNA》の野戦教範が山のように積み重ねられているのを見つけた。ぱらぱらとめくってみると、セルビア・クロアチア語で書かれていたが、セルビア人がキリル文字を使うのに対して、ここクロアチア人向けにはローマ文字で印刷されていた。手に取って表紙を読んでみる。この数週間でわたしのクロアチア語能力はかなり向上していた。「おい、ちょっと待てよ、これ『歩兵戦術』と書いてあるじゃないか」。広げてみた。ソヴィエト型歩兵戦術と野戦防備計画の説明と図が書いてある。なぜ将校たちはこれを使って訓練をしないのかと尋ねると、その本は「セルビア人のマニュアル」だという答えが返ってきた。だから、そんなものは見たくもないという。個人的には、どんな組織戦術と機動計画でも何もないよりはましだと思う。敵対するセルビアの市民軍はほとんど暴徒のようなものだった。多くは山から下りてきた文字もろくすっぽ読めない養豚農家か、略奪で金品を得ようとサラエヴォやベオグラードから週末だけやってくるやつらだ。装備の豊富なこのクロアチア軍軽歩兵大隊がユーゴスラヴィア人民軍《JNA》の戦術を用いれば、かなりのダメージを与えられるだろうに。

あとでじっくり読もうとマニュアル数冊を取り上げて（今日に至ってもまだ所有している）、荷をほどこうと宿舎へ戻った。個人的ないらいらのもとでありかつたまの気晴らしにもなっていたオランダ人（クレイジー・ジョー）がいないことがやけに目立った以外、大所帯だったジャジナのすきま風の入る小さな部屋と比べたら、この新しい宿舎は非常に快適だった。ヴィアルパンドとジョニーとの相部屋は広く、風通しがよく清潔で、床はきれいな寄せ木張りだった。三階にあるその部屋の窓からはクパ川の美しい景色と川向こうにあるシサクの町並みが見渡せた。市の中心街へ向かって川の両岸をつなぐ石造りの古い橋が見える。いい部屋だ。

その後、ヴィリ、ジョニー、ペドラグとともに市内を見て歩いた。ヴィリがしつこくやりたがる行進のルートを調べるためである。ヴィリは大喜びだった。いつもながらオランダのナイメーヘンでやった行進の話をしていた。わたしは、かかとの水ぶくれが治るまで少し休んでから背嚢を背負って走らせるほうがいいと思った。足腰を強化できるからだ。平坦な道をただ行進するよりも動く力を養える。それに、背筋や上半身を鍛えることにもなる。控え銃で武器をもって歩けばなおさらだ。

この国にはエンジンのついた乗り物がたくさんあるので、クロアチアを占領して作られたセルビア人のクライナ共和国へ長距離突破を行なうのでもないかぎり、兵たちが歩くことはあまりないだろう。だが、遠征ができるようになるまでにはまだ相当な訓練が必要だった。豊かな自然のなかをぶらぶら歩いていると、ニューメキシコ生まれでスペインバスク系アメリカ人一世カウボーイの相棒ヴィアルパンドが一頭の馬を見つけて歓声をあげた。だがすぐにこちらに向き直る。「この国はどうもいかれてるんじゃねえか。こんなの初めてだ。馬の首に鈴がついてる」

前にも述べたが、コマンドーたちはみな元ユーゴスラヴィア人民軍《JNA》の兵だったとはいえ、徴集兵の訓練には小規模部隊の歩兵戦術があまりなかった。そこでわたしは九日間の訓練計画を立ててから、彼らといくつかの基本を復習した。まずは実際の戦闘パトロールと組み合わせた戦術訓練を二日間、それから「軽訓練」を二日間。これは懸垂下降、ナイフを用いた戦い方を含めた素手による格闘、歩哨を排除するテクニックを教えるもので、多大な努力を必要とするパトロール実習の息抜きもかねていた。

ナイフと素手による戦闘を入れたのは、昼休みに兵舎《カゼルネ》の裏でナイフ投げを練習している姿を見かけたからだった。投擲用ナイフの代わりにカラシニコフの銃剣を使っていた彼らがひとつ残らず的にあてたのを見て、わたしは驚いた。それまでずっと、ナイフ投げなどハリウッドかサーカス団にまかせておけばいいと思っていたが、それはまちがいだった。たっぷり一〇メートルは離れた場所にある標的は、大きな木の幹に描かれた頭の大きさくらいの楕円だった。隊員たちは賭けでうまくやっていた。まぬけなわたしはポケット一杯のディナールをすった。ジプシーというあだ名のコマンドーの投げは正確無比だった。ＡＫの銃剣を立て続けに投げて、ほぼ二〇メートルという距離からでも頭大の標的にあてることができた。わたしは、これでやってみろと、自分がもっていたＳＯＧブランドのコンバットナイフを手渡した。彼はそのナイフがいたく気に入って、その場で買い取りたいと申し出たほどだった。

最初にこの国に入ったとき、いんちき野郎のワーナーが足に大きなダイビングナイフを縛りつけているのを見て、そういった大型ナイフを身につけているコマンドーはみなたんに誇示しているだけなのだろうと考えていた。だが、この国の男たちは本当にピストルとナイフが好きなのだ。ナイフだらけである。戦前のクロアチアでは合法的に拳銃を手に入れることができなかったので、着装武器としてナイフを持ち歩く兵が多かった。コマンドーたちがもっていたのはほとんどが種々のソヴィエト、ユーゴスラヴィア、ルーマニア製の銃剣だったが、巨大な自家製のボウイナイフや、世界的に潜在的反社会傾向と少年非行の象徴となっている飛び出しナイフを見たこともある。持ち主は例外なくそれで歯をほじっていた。

　隊員たちにはみなお得意のコンバットナイフ戦闘物語があるらしく、守衛任務中に昼寝をして二度と目を覚まさなかったチェトニクはひとりやふたりではないようだ。ほとんどの兵が一九〇センチ一〇〇キロというなかでもひときわ体格のよいコマンドーのボリスは、コンバットナイフのおかげで命拾いをしたと語った。市街戦のさなかに、使い古された彼のカラシニコフで使用済み薬莢がひっかかり、薬室に弾を送り込めなくなった。（もちろん、定期的にガスピストンを掃除して弾倉もきちんと手入れしておけばそうなりにくい）。詰まったものを取り除こうとしていたところ、チェトニクが建物の角を曲がって走ってきて、まさにぶつかりそうになった。ボリスは驚いているセルビア人に飛びかかると、見るからに攻撃的なボウイナイフできれいに片づけたのだという。彼は、作りは粗いが実用的なその武器を見せてくれた。戦前に働いていた国営の製鋼所で自分で作ったという。

　訓練中に若干の怪我はあったものの、コマンドーたちは素手による格闘もナイフ戦もうまくこなした。銃剣の訓練では若干及び腰だったが、教官に少し傷をつけたとはいえ基本は飲み込んだ。一方、わたしはFNで鼻柱をがつんとなぐられ、マズルの消炎器で大きな鼻にみごとな裂け目ができた。おう、上等だ、ばっちりだぜ。すでに傷だらけの顔に傷跡がもう一本。一瞬、目から火が出たが、たいした怪我ではなかった。血がだらだらと顔を伝っていたが、本当に傷ついたのはプライドだった。

　わたしは気を悪くしたのでも腹を立てたのでもない。コマンドーのひとりに近づきすぎた自分に辟易していたのだ。わたしが実際の動きを見せながら説明しているあいだ、彼はテクニックを実演してくれていた。ところが命令を誤解して、やおら振り返るとわたしの顔めがけてバレルを振り下ろしたのである。そのコマンドーはわたしに怪我をさせたことでほとんど泣きそうになり、隊員たちは血を拭き取っただけで説明を続けるわたしを見て驚いていた。おじけづいたわたしがその日の授業を打ち切れば町へ繰り出せたのに、と少しがっかりしたのではないだろうか。ふと、この一件から、エルサルバドルの軍事グループ（MILGROUP）訓練チームにいた第七特殊部隊グループの軍曹を思い出した。彼は部隊員にナイフを渡して「おい、野郎、刺してみろ」といった。隊員はいわれたとおりのことをして、面目丸つぶれとなったこの外人グリーンベレーの教官をフォート・ブラッグのウォーマック陸軍病院へと送り返したのである。

素手による格闘、銃剣訓練、ナイフによる戦闘を説明した日はジョニーがいなかった。丸一日休みをとって親戚を訪問していたのだ。わたしはなんとかドイツ語で隊員たちとコミュニケーションをとった。二、三人の兵がドイツ語を理解したので、彼らがそれをクロアチア語に通訳した。「ひそかに」英語のわかる人間もひとり見つけた。コマンドーたちからブロンディと呼ばれている男だ。彼は会話を盗み聞きするのが好きだったので、パンドとわたしはときおりスペイン語に切り替えた。クロアチア語、英語、ドイツ語と初歩的な身振り手振りがごちゃ混ぜに飛び交い、ときどき誤解が生じるなかで、非常に切れ味のよいコンバットナイフが何本もぎらぎらと輝いていた。なかなかおもしろい訓練日だった。

パンドは歩哨を排除するテクニックを実演してみせた。彼には実際に使用するワイヤーの代わりに五五〇パラシュートコードでわたしの首を絞めることまでやってもらった。実際にやってみせるにはコツがある。のど元にタオルをあてておき、「首締め役」が後ろを向いて投げを打つときにシャツの襟をつかませるのだ。誰かの首を締めるには、背中合わせになるようにくるりと向きをかえて、首を絞める道具を握った手をしっかりと引きながら背負い投げをかけるのが最良の方法である。

たんに窒息させるだけではない。背中合わせになって頭上に持ち上げることで、首の骨を折るか、気管を切る。あるいはその両方だ。力のある兵なら歩哨の首をほとんど切断してしまうこともある。

むろん戦闘では、ワイヤーや細いヒモ、あるいは数本の高品質単繊維がほしいところだ。わたしは一〇年ほど前、まだティーンエージャーだったころにフォート・ブラッグの偵察奇襲訓練《RECONDO》でこれを学んだ。兵が「戦士の精神《Warrior Ethos》のメモカードをポケットに入れてもち歩かなければならないようになる前のことだった。当時は「戦士の精神」という言葉自体には馴染みがなかったかもしれないが、そこに書いてあることは日々実行していた。わたしたちは人を殺すよう訓練され、またそうする機会を心待ちにしていた。言い訳はしない。歩兵であるよう条件づけられ、たたき込まれていたのだ。それがわたしの知っている軍隊であり、一九八〇年代以前の軍隊だった。クリントン政権が軍の力を弱め、「親切で優しい」組織へと女性化し、社会福祉実験のように変えてしまう前のことである。

隊員たちはヴィアルパンドに「パンチョ・ヴィラ」「ドクター死神」というふたつのあだ名をつけた。「パンチョ・ヴィラ」は、パンドのひげと多彩なスペイン語と隊員がヘマをやらかしたときののしり言葉のせいだった。パンドはフリトス・コーンチップスのキャラクター、フリト・バンディートの口調でよく話しかけてきた。「ワタシおおおきなナーイフすきよ、セニョール、おおおきなナーイフちょうだい、ポル・ファヴォール。ヘイ、ガイジン、ワタシアナタころさなーい、アナタともだち、だーいすき、でもガイジン。アナタたすかる、ワタシのおかげ、おかねはらーう」。必ずといっていいほどわたしは笑い転げた。もっともわたしは笑い上戸だ。ドクター死神のあだ名は肌身離さず三つか四つの鋭利な武器をもち歩いていたからだった。パンドがナイフを使った戦闘を覚えたのはフォート・ブラッグではない。裏路地や、テキサスとメキシコの入り交じった安キャバレーや、ニューメキシコ州アルバカーキの酒場だった。

その日の残りは危険地域を横切ることに費やした。訓練は何度も何度も繰り返された。夕方遅く、わたしは診療呼集で兵舎に立ち寄った。隊員たちはビデオを見ていた。『特別奇襲戦隊Z』や『戦争の犬たち』、あるいはたいへんためになるポルノ女優トレイシー・ローズの主演作品といった「訓練映画」である。彼らは戦争映画や、『ランボー』ものなら何でも好きだった。いわゆる『ランボー』症候群（わたしが命名した）はバルカン半島のいたるところに蔓延していた。デイヴィッド・リーフは戦争が始まったころの時期を綴った名著『屠殺場』のなかでそれについて述べている。

サラエヴォか、トゥズラか、モスタルか、そんなことは関係なく、ランボーのような格好の若い男たちがカフェでくつろぐ姿が見られた。（中略）『ランボー』や『マッドマックス2』などの映画に登場する人物を真似るそのようすに、サラエヴォの映画監督ハリス・パソヴィッチはある日わたしに打ち明けた。平和が戻ったら戦争犯罪者の裁判が行われることを望む、と。国連がこの問題（中略）カラジッチとムラディッチ将軍について（中略）前向きだと思わないほうがいいとわたしが告げると、彼はしきりと首を横に振った。「いやいや、ちがうんだ」。彼は笑った。「彼らじゃない。シルベスタ－・スタローンだよ。ここで起きていることの責任は彼にあるんだ」。ボスニア側からみれば、暴力的なハリウッド映画を見て育ち、まるで自分がスタローンかメル・ギブソンだと本気で思っているかのような格好をして行動する若者たちが戦争に走っている（中略）ハリウッドそのものであるかのように。むろんセルビア人とボスニアのクロアチア人の場合、映画よりもずっと過激だ。

まさに、そのとおりだった。

　ある日の夕方、『戦争の犬たち』を見た兵がいっせいにわたしを探して廊下に飛び出してくるまで、わたしは彼らが何を考えているのかを知らなかった（わたしはほとんどのセリフを一語一句まちがえずにいえるくらいこの映画を気に入っている）。ちょうどわたしは大隊の秘書と一緒にコーヒー《カヴァ》を飲んでいるところだったが、彼らはかわいい黒髪の女性との会話をさえぎって、いっせいにまくしたてた。クロアチア政府はいったいわたしにいくら支払っているのか。次に戦争に行くときは彼らを一緒に連れていくのか。どうやら彼らは映画に出てくる架空のアフリカ国家ザンガロで起こるような、一〇〇万ドルの契約を結んでクーデターを起こすだの、その地をめちゃめちゃにするだのというたわごとを信じたようだった。

　集団を率いていたのはブロンディとその友人二名だった。ブロンディはたまに生意気なことがある。彼の英語はほとんどが映画から拾ってきたアメリカの慣用句だった。ブロンディは実入りのよい（ほとんどマンハッタンとおなじくらい稼げる）スイスの配管工の仕事を捨てて、クロアチアのために戦おうと故郷に戻ってきた。スイスのアパートメントと向こうに残してきたスイス人のガールフレンドのことを話してくれたことがある。彼の友人はエンジェル・ダミアーノ、別名イタリアーノと、ツェルニ（ブラッキー）だった。わたしはこの三人のコマンドーと親しくなった。イタリアーノは部隊のなかでもっとも小柄なクロアチア人のうちのひとりだったが、大きな心でそれを補っていた。ご婦人方が大好きで、本当に金が大好きだった。この男なら戦後はおそらくトップレスダンサーの斡旋か何かでしこたま稼ぐだろう。彼は、ハリウッドが魅惑的に描く高給取りの外国人傭兵の人生にいたく感銘を受けていた。イタリアーノはまた、銃剣訓練のときにＦＮのバレルでわたしの顔をぶったたいた張本人でもある。わたしが川沿いの平地へ戦闘パトロールに出かけるときや、夜間にダウンタウンへ出張するときにはこの三人か、そうでなければイタリアーノと、ブロンディかブラッキーのどちらかを連れていくのが常だった。

ある日パンドとわたしは、クロアチア防衛軍《HOS》の隊員数人と近々実施されることになっていた作戦行動について話し合おうと、コマンドーたちが好んでたむろしているディディ・バーの屋外テラスに立ち寄った。（まあ、わたしはそのために立ち寄ったのだが、パンドは「ギンギンに冷えたビール《ウナ セルヴェーサ、ムイ フリア》」が目的だった）。右翼の民兵たちと軽い話をしていると、ふたりの若い女性を紹介された。防衛軍の隊員によると、そのうちのひとりが兵舎《カゼルネ》でわたしを見かけ、たいそう会いたがっていたのだそうだ。彼女は英語を話さないし、隊員たちは通訳の役目には興味がなさそうだったので、わたしはドイツ語に切り替えた。彼女のドイツ語はわたしと同じで文法的にはてんでめちゃめちゃだった。だが明らかに会話を続けるには十分だったようだ。あとで時計を見たら一時間もドイツ語でしゃべっていた。それ以来、それが自分の外国語能力を推し量るものさしになった。つまり、外国語でかわいい娘と一時間会話ができること、それから部隊に殺しを教えること、それさえできれば十分だということだ。チャールズ・バーリッツ（ベルリッツ）がこれを外国語習熟度の有効な測定法と考えるかどうかは不明だが、まあ、わたしとしては問題ない。

　この多言語の会話による愛の行為が続いているあいだ、パンドはわたしの相手をしているご婦人の若くて美しいお友達を楽しませていた。そのときだ、部隊の道化ブラッキーがやってきた。彼はただちにパンドの隣の娘に的を絞り、恋愛と戦争では手段を選ばずと結論を下した。パンドの実年齢を教えたのである。ヴィアルパンドは当時とても四三歳には見えなかった。それはそれでけっこうなのだが、四三歳の男とつきあう一八歳のクロアチア美人はいない。彼女はテーブルを離れた。パンドはといえば、暇つぶしに会話をしていただけだったのでそちらも問題なかった。けれどもブラッキーのしたことについては思うところがあったようで、しばらく考え込んでいた。それから立ち上がり、ブラッキーのガールフレンドのところへ行くと、こいつは既婚者だと教えたのである。ブラッキーは結婚していない。それはパンドも承知のうえだった。だがそんなことは関係なかった。いずれにせよ、彼女は飲み物をブラッキーに投げつけるとどこかへ行ってしまった。わたしはイスから転げ落ちるほど笑った。怒ったヴィアルパンドはまったく意地悪だ。妥協は一切しない。

　シサクでの課外活動はもっぱらカフェと若い娘だけだったわけではない。中心街を訪れたある日、偶然、古風で趣のある小さな画廊を見つけた。何気なく店内に入ったが、気づいたときには一枚の油絵を買っていた。戦争地域の真んなかにある画廊。薄汚れた戦闘服《BDU》姿でジャングル用軍靴の泥を落とさないように気をつけながら、設備の整った画廊を歩きまわってカプチーノを飲む。妙に現実離れした感覚だった。しゃれた服装に身を包んだ若くて美しいふたりの女性がそばから離れず、かいがいしくわたしの世話を焼く（よってカプチーノ）。まるでピカソでも買いにきた億万長者であるかのようだった。

　わたしが買ったのはイヴァン・マレコヴィッチの絵だ。一九五四年にシサク近郊のセラで生まれ、一九八〇年にザグレブの芸術アカデミーを卒業している。いくつもの初等学校や中等学校で美術を教え、一九九一年から戦争に行った。シサクに近いセラ在住。彼の絵は現在、クロアチア国内の二、三の画廊で売られている。わたしが手に入れたマレコヴィッチの作品は、川辺に引き上げられたカヌーの美しい風景だ。紫と青の色合いがその季節のクパ川を思い起こさせる。たしかクレジットカードで二〇〇ドルほど払ったように思う。戦前なら、為替相場がよかったので、一〇〇ドルで買えたのかもしれない。わたしはまた兵舎でくすねた美しいウールの毛布もアメリカにもち帰った。その一年後、その毛布も、絵も、腹を立てたガールフレンドにもっていかれた。

　ある晩、ペドラグたちと大隊の兵器庫にたむろしていたとき、スポーツ用望遠照準器が取りつけられたユーゴスラヴィア製マウザーがあるのに気がついた。ユーゴスラヴィアでは、第二次世界大戦時のドイツの98Kに若干変更を加えて複製した七・九二ミリ・マウザー・モデル1948が製造されていた。これはいいライフルだ。よく知られているように、八ミリカートリッジは九・七二グラムの弾丸を毎秒およそ七九二メートルで押し出す。アメリカの下劣な射手は、このカートリッジに七・四五二グラムの弾丸を詰めて、毎秒約九一四メートルの速度にもち上げる。それはわたしがペンシルヴェニアで育ったときに森で射撃に使っていた二七〇ウィンチェスターや、軍用の三〇八ウィンチェスターに匹敵する。反動が少なく、弾道がより平坦で、何よりもまず命中精度が高い。ドイツ軍はマウザーを狙撃用ライフルとして用いて大きな成功を収めた。オーストリア人の兵卒《ゲフライター》、マテウス・ヘッツェナウアーはドイツ国防軍《ヴェーアマハト》随一の狙撃手だった。一九四三年から終戦までのあいだに、彼は東部戦線で三四五人も射殺している。彼はＺＦ39狙撃用ライフル、すなわち六倍スコープを取りつけて精度を高めたマウザー98Ｋを使っていた。

　わたしがユーゴ製マウザーを手に取ってうっとりと眺めていると、会話が止んでペドラグが不思議そうな顔でこちらを見た。ライフルは完璧な状態だった。スコープはきちんとマウントされていた。市販品の四〜九倍倍率変動スコープだ。わたしがライフルを元に戻すと、狙撃の話になった。ペドラグは彼のＭ76ユーゴ製ドラグノフのほうが好きだという。ここで、わたしが検分していたモデル1948のほうがおそらく命中精度が高いだろうと告げてしまっては配慮が足りないというものだろう。

　わたしはカルロス・ハスコックではない。自分を狙撃手だと考えたことはない。しかし訓練は受けたし、実際にスナイパーライフルを使う事態に直面したことはあった。少年時代に祖父愛用の手で弾を込めるボルトアクション式鹿撃ちライフルをいじり、高校のライフルチームとボーイスカウトで射撃をやっていたおかげで、わりと小さいときから基本的な技能は習得していた。一応射手だといっていいだろう。Ｍ16ではいつも特級射手の得点をとり、フォート・デヴェンズにある陸軍の射撃訓練部隊でも成績がよかった。

外国軍の狙撃手を教え、ビルマのカレン族のゲリラ狙撃部隊では訓練中にアシストまでした。朝鮮戦争ではM21スナイパーライフルを装備した。これは基本的にM14ライフルにART（アジャスタブル・レンジング・テレスコープ）を取りつけたもので、レイク・シティ造兵廠のマッチグレード弾薬を使う。

バルカン半島に続く傭兵活動として、わたしはビルマのカレン民族解放軍の狙撃手訓練を手伝い、ヨーロッパで戦術チームの射撃訓練をした。スーダンの南部では敵から奪ったオープンサイトの三〇八口径G3で中距離からジャラバを着たアラブ人を数人倒した。イエメンの遊牧民のなかで、第二次世界大戦時のマウザーで射撃コンテストに優勝したこともある。だからわたしは平均的な射手よりはうまいといえるのだろうが、戦闘という状況においては、長距離射撃を本業として情熱を注いでいる人々の手に喜んでゆだねるつもりでいる。

朝鮮半島にいたとき、わたしの小隊に若い兵卒がいた。名字がキャロルで、その不運にも女っぽい名前にくわえて、彼は子どもっぽく、もの静かで、引っ込み思案だった。小隊にいたほかの一七～二〇歳の歩兵たちのようにパーティーやどんちゃん騒ぎが好きではなかった。けれども射撃の腕は確かだった。第二歩兵師団狙撃手訓練に志願するにふさわしい兵を求めるという知らせがきたとき、キャロル二等兵はそっとわたしのところへきて行かせてほしいと頼み込んだ。残念なことに彼の階級は不適格だった。だが、わたしはこの若者がいとも簡単にM16でみごとな射撃をするところを見たことがあった。そこで中隊長のもとへ出向いてキャロルの件を訴え、階級の条件を適用除外してもらえるよう訓練所の担当将校に一筆書き送った。そうして兵卒キャロルは選抜試験を受けに行き、最初の実技試験でもまた完璧な射撃を見せた数少ない志願兵のひとりとなった。それはよかったのだが、もうひとつの審査は精神医学的評価だ。当初、ほとんど意気地なしともいえるほどおとなしい一八歳が、狙撃手に求められる殺しの本能をもちあわせているのだろうかと心配だった。聞いてみると彼はもう狙撃手訓練所の精神科医と話を済ませたという。

「それで、どうだった?」

「どうして狙撃手になりたいのかときかれました」

「そうか、なんと答えたんだ?」

「はい、人の頭が吹っ飛ぶところを見たいと答えました」

キャロルは優秀な成績で訓練課程を修了し、朝鮮半島の非武装地帯《DMZ》でわたしの選任狙撃手のひとりになった。彼はわたしにとっても小隊にとっても価値ある存在だった。彼の磨きのかかったフィールドクラフトと相手に気づかれずに接近する技能はこのうえなく貴重だった。アメリカ陸軍ではこれを「部下を育てる」という。キャロルにかんしていえば、それは成功だった。だがわたしのやったことは、人のよい、いかにもアメリカ人らしい少年を迎え入れて、抜け目なく目を光らせる血に飢えた殺し屋に変えることだった。わたしはきっと地獄に堕ちるのだろう。


ペドラグとわたしは、わたしが先ほどのライフルを借り出して、兵を連れて前線のどこかにいき、実際に撃ってみるという計画を立てた。わたしはライフルと三箱の弾薬を抱えて、寝泊まりしている建物の隣にある空き兵舎へ行った。それからベッドにもぐり込むまでの数時間は、命中精度をあげるために同じ弾薬を選び出そうと、ひとつひとつのカートリッジを調べて刻印をチェックした。ヴィアルパンドは町周辺の眺めのよい場所から、川向こうの敵陣を偵察することになっていた。実際、シサク病院のてっぺんには監視場所があった。わたしの記憶が正しければ、台に据えつけられた海軍の双眼鏡がいくつかあったはずだ。ある日、ある隊員と双眼鏡をのぞいていたところ、彼がいった。「見てください。うちのばあちゃんの家に入っているセルビア人のくそったれを!　あのパプキ、窓から残飯を投げ捨てていやがる」

　夜明け前にさっさと朝食を済ませたわたしは四人の兵とともにトラックの荷台に飛び乗ると、前線のバンカーを目指した。ペタルもいた。彼のことは兵器庫にいるあいだにかなりよく知ることができた。英語も少しわかるが、わりと流暢なドイツ語を話す。ユーゴスラヴィアのスポーツ講習で射撃を学び、なかなかの腕をもっていた。ユーゴスラヴィア人民軍《JNA》にいた二年のあいだはもちろん狙撃手だった。彼が携えているのはユーゴ製ザスタヴァ狩猟用ライフルだ。ペンシルヴェニアの家にあるわたしのウィンチェスター・モデル70鹿撃ちライフルの複製品だが、彼のものは薬室が三〇八口径NATO弾用に変更されていた。ペタルはカムフラージュのためにライフルの一部を麻布とテープで巻いていた。わたしはマウザーにGIの茶色いTシャツと砂嚢用の麻布を使い、さらにバレルの一部にリップスティックのような形のカムフラージュ用スティックを塗りつけて色をつけた。前の晩に武器の手入れを済ませ、スコープは試してあった。正常なようだった。わたしはカムフラージュ戦闘服のほかに、狙撃手の顔を隠すベールとして使うイギリス陸軍のスクリムやカムフラージュ網ももっていた。顔や手にカムフラージュクリームとアメリカ陸軍カムフラージュスティックを塗ってから、自分の輪郭をさらにあいまいにするためにこれで頭と顔を覆うのである。ギリースーツはなかったので、木の葉を戦闘服や装備につけて即席で作らなければならないだろうと考えた。だが、まもなくそんなものは必要ないとわかった。

　トラックの荷台に座った一団は神経質そうに装備や武器をいじっていた。これから行く場所の状況は基本的に座ったままの戦争《ジッツクリーク》だと聞かされていた。つまり、行きあたりばったりの射撃と、無人地帯をはさんでの限られた狙撃と、ときどき起こる集中砲撃というわけだ。

　ヴィリはわたしたちが勝手に「ドカンドカン」やっている前線へ行くことは許可しないと断固たる態度をとっていた。だが、みなが好き勝手に「ドンパチ」やりに前線へ行っても行かなくても、部隊に規律と呼べるようなものを維持することはすでに十分難しかった。これはもうほとんど社会的な問題だといってもいいだろう。隊員たちは、もしも仲間のひとりが、というよりここではたいてい従兄弟や義兄弟なのだが、そういった人々が部隊の交替でバンカーへ送られたなら、自分たちに命令があろうが任務があろうが名誉をかけて彼らと一緒に行く義務があると思っている。酒を飲んでできあがった隊員がちょっと挨拶でもと出向いて数発発砲したために、あやうく攻撃が始まってしまいそうになることも珍しくなかった。

二時間ほどトラックに揺られてから、一行は小さな山の裏手で下車した。そこから先はヴラドについて歩く。彼は背が高くてブロンドの元ユーゴスラヴィア人民軍《JNA》の兵で、あごに醜い赤い傷跡がある。わたしは戦闘か喧嘩かときくことはしなかった。自動車事故や転んで溝に落ちたときにできた傷だといえなくもなかったが、おそらく爆弾の破片で負ったのだろう。

踏みしめられた小道をたどっていくと、バンカー線に出たので補給連絡用の塹壕を移動した。いくつかのバンカーはよくできていたが、丸太と泥と砂嚢を積み上げただけで戦術的な見通しがまるでない場所もあった。部分的に崩れたバンカーの内部をのぞくやいなや、腐敗したような悪臭とその光景にわたしは反射的に身を引いた。壁には乾いて黒ずんだ血の跡と大きな肉のかたまりが飛び散っているのが見えた。いくつかはかろうじて体の一部だとわかり、衣類の端切れも残っていた。ペタルがうなずいた。「砲撃だ」。こうしたバンカーの残骸は焼き払っておくべきだった。一九九二年初めごろ、創設されたばかりのクロアチア陸軍にありがちだった規律のゆるさ、戦場の衛生管理（がなされていないこと）の表れだった。

計画ではペタルとわたしがヴラドの小隊に合流することになっていた。その前の週にヴラドの友人が狙撃手にねらわれたさい、逆に、チェトニクが動きまわっているようすが垣間見えるセルビア人の居場所を突き止めたのだ。わたしたちは少しだけ持ち場についている兵の注意を引いた。綿密にカムフラージュを施した男がふたり、これまたカムフラージュしたスコープつきボルトアクション式ライフルを携えているのは珍しい光景だった。むろん、わたしがコマンドー部隊のところにいるアメリカ人のうちのひとりだといううわさが広まると、誰も彼もが一目見ようとやってきた。ちょうど午前のなかばで、コーヒーと食事のための小さな火がまだくすぶっていた。誰かが何かをしているようすはなかった。ほとんどの兵は後方にある防御を強化した家のなかで寝ていた。数人は寝場所の設けられた、比較的ましなバンカーのなかで寝ていた。ペタルがいうには、戦闘がありそうだと思ったときや、誰かが機関銃かたくさんのライフル弾を戦線に打ち込んだときにはバンカーが兵でいっぱいになるらしい。わたしは「アメリカ人コマンドー」と部隊に紹介された。

　最初にするべきことはライフルのサイトイン《零点規正》だった。ペタルが、無人地帯を越えた向こう側の木の切り株を撃てるバンカーへ案内してくれた。推定される距離は五〇〇メートル。わたしはもっと近い距離でサイトインしてから距離を修正したかった。ペタルは五〇〇メートルで合わせておいて、攻撃目標をみつけたときに近い距離に修正すべきだという。まあお好きなように。ペタルがすでにかなりいい案配にダイアル調整してあった彼のザスタヴァで撃つあいだ、わたしは自分のスコープを使って可能なかぎり彼のショットを観測した。本当は観測用のスポッティングスコープか少なくとも双眼鏡が必要だったが、ここはライフルスコープでなんとかしなければなるまい。ペタルは五発以内にオーケーとなった。切り株から木片がはがれて飛ぶのが見えたのでまちがいない。チェトニクがわたしたちの居場所を察知して、迫撃砲を撃ち込んできたり、狙撃手を送り込んだりしないかとわたしは気が気ではなかった。こんな場所でサイトインをすることにはあまり感心できない。「ただいま狙撃手が前線におります」とネオンサインを掲げているようなものだからだ。ペタルは、敵は暇を持て余した二、三人の兵がぶっ放していると思うだろうから心配いらないという。それならけっこう。

さていよいよわたしは、ペタルと背後のバンカーの陰に集まってきた七、八人の兵に、実際に自分が撃てることを示さなければならなかった。金儲けのお時間だ。わたしは一〇〇メートルほどのやや右側にある泥のかたまりを選び、ペタルの注意をそちらに向けた。そこへ照準の十字線《クロスヘア》を合わせる。かたまりの中心にだ。下へずらすことはしない。自分が弾を撃ち込みたい場所そのものにねらいを合わせる。わたしはトリガーの遊びの感触を試した。引いた感じは悪くないが、わたしが本物のスナイパーライフルに求める感触とはまるで違った。兵器庫にしまわれていたマウザーのトリガーをきちんと調整するだけの時間も道具も経験もわたしにはなかった。前の晩に考えることは考えたのだが、前線に出る直前の夜に、手に入るなかで唯一まともなライフルをばらばらにするのは得策ではないと思ったのだ。

このライフルがいいのか悪いのかどのあたりに位置するのか、またミニット・オヴ・アングル（ＭＯＡ）にしてどれくらいの命中精度が期待できるのかもまるで予想がつかなかった。わたしはＴシャツを巻いた銃床に頬をぴたりと密着させて、ライフルを砂嚢の上で安定させた。体はバンカーの壁に寄りかかり、肘は無理なく泥のなかに置かれている。よし、まずは力を抜く、呼吸は普通にしてリラックス、吐いて、吸って、トリガーを引く指に力を入れていく、吐いて、そのまま引き続けて……バン！　弾は目標に向かって飛んで行った。ペタルが低い、右と判定した。わたしのスコープは倍率が四倍だったが、さしあたってそれでいい。わたしはスコープのウィンデージとエレヴェーションに必要な調整を行なった。それから二発撃って、泥のかたまりからほこりが吹き上がったことから零点規正が完了したことを確認した。わたしは一〇〇メートルで合わせたので、あとは五〇〇メートルの距離を撃つために高さを調節すればよい。

さて、五〇〇メートルというと長い射程だと思うかもしれないが、わたしはM16の技能審査射撃場でならオープンサイトだけを使って三〇〇メートル先のシルエット標的を確実に倒すことができる。防護（ガス）マスクをかぶったり、ライフルを上腕から離した状態でも可能だ。うつ伏せの姿勢でライフルがしっかりと支えられた状態になっているかぎり造作ない。視力が落ちてきた現在でも、新しいM4ライフルで三〇〇メートル地点のポップアップ標的のほぼ同じ場所を撃ち抜くことができる。イラクでは、二五メートルゼロ標的をねらった三発の弾はいずれもまったく同じ穴を通った。すなわちそれは二五〇メートルの距離で三発のヘッドショットということになる。今手にしているライフルは二二三カートリッジを発射する使い古されたM16よりもはるかにすぐれた限界性能をもっている。そしてわたしはバンカー内から安定した状態で撃つのであり、必要があればわたしの射撃を観測して判定する人間もいる。ペタルとわたしはたがいに観測手の役目を負い、いざというときには続けてすぐに発砲することにしていた。

けれども、スコープの調整つまみが何MOA刻みで設定されているのかがわからなかった。ほとんどのライフルスコープでは、つまみの一「クリック」で一定MOAを修正するようになっている。わたしはアメリカ陸軍支給のアーミーナイフについているマイナスドライバーで調節しては撃ち、弾が切り株にあたるまでそれを続けた。紙にメモを取っていると、ペタルが不思議そうにこちらを見て、肩をすくめた。時間はたっぷりあるさ。

朝鮮半島の非武装地帯《DMZ》で丘の上にあった「警備所」（重砲陣地のこと）にいたときにARTⅡつきの三〇八口径M21スナイパーライフルを使用していたので、わたしはそのときのM118七・六二ミリNATOマッチ弾の弾道表をおぼろげに覚えていた。わたしは一〇〇メートルでゼロインした。ということは、距離が長くなれば弾は重力でさらに落下するので、五〇〇メートルならだいたい三〇センチくらい上をねらわなければならないことになる。一〇〇メートルゼロインで三〇〇メートルの射程なら、たしか三〇八マッチ弾の上げ幅は約四〇センチだった。故郷にある標準的なライフルスコープでは、三〇〇メートルゼロインで五〇〇メートルをねらうときの上げ幅はおよそ九〇センチ、つまりエレヴェーションのつまみを九クリックだ。あて推量だが、マウザーの弾薬も同じような性能だろう。少なくともそこから始めればいい。どこか後方の練習できる場所でライフルを試射して、着弾点を調べ、さまざまな射程での上げ幅を計算している暇はない。

だが一日の活動が進むうちに、そんな心配は無用であることがわかった。

わたしは三〇〇メートルでゼロインを行なって、そこから調整していくことに決めた。だいたいそれくらいの射程にある、砲弾でできた穴の隅に生えているひとかたまりの草に三発撃ち込んだ。こんなにも射撃を繰り返すことに一抹の不安を覚えたが、ペタルはどうせ前線近くで標的を探す前に移動するので心配はいらないという。射撃条件はよさそうだった。幸いなことにその日は穏やかな春の一日で、風はほとんどなかった。弾が流されることは考えなくてもいいだろう。三〇〇～五〇〇メートルのあいだで撃つことになるだろうし、運がよければヘッドショットをねらうよりもっと「大きな」攻撃目標があるかもしれない。わたしは、スコープのつまみを四倍から六倍に動かしたらどれくらいずれるのだろうか、などと考えていた。

すでにザスタヴァのサイトインが完了していたペタルは、次第にそわそわしはじめた。ここには忍耐強い兵などほとんどいない。なんといっても彼らは若いのだ。二九歳のわたしは彼らの兄貴のような気分だった。（正直にいうと、最近五年間に赴いていたイラクではさらに年の差が開いて、もはやわたしは同僚の隊員の父親といってもいいほどだった）。わたしは最後の一発を放ち、これでよしとうなずき、案内役についてペタルと一緒に塹壕に戻った。ペタルはほとんどの顔を知っているらしく、防衛線を歩きながら挨拶を交わしたり、からかったりしていた。だが次第にバンカーを離れ、庭や家さえも通り抜け出したことにわたしは驚いた。実際には、守備を強化した家の、板を打ちつけ砂嚢を積み上げた一階部分の窓と、監視用に開けられた小さな穴から撃つのだった。

そこは射界が広く、しっかりした台がふたり分あって、文句なしの場所だった。穴の手前には古い本棚があり、砂嚢がふたつとカビくさい毛布が一枚置いてある。これはいい。落ち着いてうつ伏せの姿勢がとれる。ペタルにはライフルを支えるための小さな木製のテーブルと、窓辺に壊れたソファがあった。ソファの肘掛けに横向きに座り、ライフルはテーブルの砂嚢の上に固定するつもりだろう。完璧だ。ライフルが窓から突き出ないように、ペタルは少し奥まったところに陣取った。きっとここで撃つだろうと思って、友人に準備しておいてもらったのだという。この場所から狙撃を行なったことはないのでここはまだ危険にはさらされていない。またこの家屋から重火器が発射されたことも一度もなかった。

最上階は大部分が砲火で破壊されていたが、一握りの兵がそこに陣取って監視をし、ペタルの命令でわたしたちが撃ったあとAKで追い討ちをかけられるようになっていた。どうやら責任者はいないようだった。少なくとも将校や上級下士官らしき人間は見あたらなかった。この種の戦闘は、わたしが経験してきた軍事作戦というよりむしろ寄せ集めの野球の試合みたいなものだった。射撃姿勢に入りながら、ペタルが大声で兵に向かって何かを叫び、上階の動きと話し声が静かになった。

攻撃目標になりそうな場所は、すでにいくつかつきとめてあった。四〇〇メートルも離れていない場所に、チェトニクの機関銃兵《ライトマシンガン》がライトマシンガンを設置していたのだ。ペタルが準備はできたかと声をかけてきたとき、わたしはまだスコープをいじっていた。忍耐を持ち合わせていないことだけはまちがいないこの男が正確であることを祈った。ようやく準備が整うと、マシンガンの後方にある砲弾の穴のそばに座っている兵の上体と頭がはっきりと見えた。うっすらと煙が立ち上っているところをみると、コーヒーでも湧かしているか食事の準備だろう。

戦闘を前にわたしの体がわずかに小刻みに揺れていた。そういうことはときどきある。不安とまではいかないが、ちょっとした緊張というところだろうか。最初のパン！という音で落ち着き、我に返る。素手の格闘で（ナイフとこん棒をもっていたにもかかわらず）初めてふたりの人間を殺したとき、わたしは神経が高ぶってほとんど吐きそうになった。口のなかが酸っぱく、ひどい味がした。二日間何も食べておらず、胃が空っぽだったことも災いした。しかもナイロビの中心街で背嚢を担いだまま一〇ブロックも走ったあとで、調子のいいときでも吐くこともあるほどの運動量だった。ここクロアチアでよそ者のわたしは、若干ではあるが、いいところを見せなければというプレッシャーにさらされていた。だがもちろん、興奮してガタガタ震えたあげく、射撃を台無しにしたくはなかった。うまく撃とうとして失敗することはよくある。腕利きのハンターや長距離ライフル射撃の名手にきいてみるといい。

わたしはペタルにお前が撃つかときいた。可能ならば複数の標的をねらえるようになるまで待つか、あるいは彼に先に撃たせて自分は同じ攻撃目標をフォローしたほうがいいと思ったのだ。わたしが口を開くないなや、マシンガンの持ち場を離れていたもうひとりの兵が歩いて戻ってきた。ペタルは「ロブ、リエヴォ」とだけいった。わたしがペタルの左側にいたので、すでに座り込んだ左側の男をねらえという意味だ。つまり彼は右の立っている兵を撃つことになる。標的としてはそちらのほうが大きいが、決定的な瞬間にかがんだり振り返ったりする可能性がある。わたしがトリガーの遊び部分を引いているときに、ペタルが発砲した。そうなると予想はしていたのだが、わたしはわずかにびくっとした。息を吐き出し、また吸い込む前にいったん息を止めて、標的が行動を起こすより早くわたしは残りのトリガーを引いた。長い時間に感じられたが、実際には一秒にも満たない。バン！　発射後すぐにボルトを操作して相手の動きを探る。ペンシルヴェニアのアレゲーニー山脈でオジロジカを狩っていたティーンエージャーのころに覚えた技だ。

上階で誰かがこちらに向かって叫んでいた。ふたりとも命中だとペタルがいった。上の観測手によれば、ペタルの一撃で相手が振り向き、視界から姿が消えたという。射殺が確認されたことは明らかだ。ふたり目のチェトニクは、わたしが撃ったときに左後方に倒れた。相手とほぼ真正面に向き合っていたので、弾が胸の上部にあたったことは確かだと思った。ペタルは同じ場所に向かって二発のフォローアップショットを撃ち込んだ。何を撃ったのかはわからなかったが、誰かが丸太と砂嚢の上からのぞいているのが見えたように思ったのだとあとで聞かされた。

わたしは三人目の攻撃目標を定め、スコープの視野のなかにはっきりと捕らえてから、マウザーのトリガーを引きはじめた。その男はマシンガンの右側にある塹壕で踏み台か何かに上り、たった今ふたりの機関銃兵が倒れたバンカーのほうをのぞいていた。好奇心の強い愚か者め。明らかに新兵だ。ここでの戦いに慣れていない。塹壕線がカーブしており、バンカーがその先にあるのでおそらく見えないのだろう。腰の部分から上が丸見えだった。すると彼は斜め後ろを振り返った。後ろにいる誰かに何か怒鳴っているようだった。こちらからは背中が見えた格好になったが、そんなことは気にせずわたしは撃った。その兵は背後の塹壕に落ちていった。そしてわたしはふたたび無意識にボルトを操作した。妙な気分だった。たった今、ふたりの敵兵を殺し、また次の標的を待っている。それはまるでフォート・ベニングの資格審査射撃場で次のポップアップ標的が出てくるのを待っているかのようだった。長年の条件づけによる動きだ。振り返って採点者に「今の見たかい？」とききたい衝動に駆られた。

　これまでに何人殺したのかとよくきかれる。死にいたる暴力の経験がアクション映画やテレビゲームで見るものだけに限られている民間人からよく出る質問のように思われる。実際、男はこうした質問をして盛り上がるようだ。たいていの場合は酔って攻撃的になり、わたしをけなそうとする。女はしょっちゅう聞きたがる。想像してスリルを味わうといったところだろうか。そういう人々の頭のなかがどうなっているのか、わたしには理解できない。もしかするとナイーブなだけかもしれない。わたしは質問にはけっして答えない。だが本当は「そんなものは数えていないし、なぜそんなことを知りたがるのか？」とこちらからきいてみたい。

　そしてもちろん、よくきかれるもうひとつの質問は「人を殺すのはどんな気分か？」これについては本当に、人にたずねなければならないくらいなら、答えを聞いたところでとうてい理解できないだろう。わたしは、なんとも思わない、と答える。誰かを撃つことに罪悪感を抱いたことは一度もない。わたしは非戦闘員や罪もない人々を傷つけたことはけっしてない。軍服を着てライフルを持ち歩いていれば、正当な攻撃対象だ。古くから警察に伝わる言葉を借りれば、「犠牲者などというものはいない、なるべくしてそうなった」のである。

　数にかんしては、これはもう推測するしかない。ペタルとのこの狙撃遠征から二年もたたないうちに、わたしはスーダン南部で一二・七ミリのソヴィエト製重機関銃を受けもって、二〇〇～二五〇人のムジャヒディーン《イスラム聖戦士》による人海戦術攻撃の大半を射殺していた。その日一日でひとりで何人倒したのかをいいあてるのは難しいが、あの谷間に機関銃を連射するたびに誰かを倒していた。T55戦車の車体で意図的に跳弾させて、その陰に隠れていた一二、三人ほどの男たちが崩れ落ちるところを見るのも楽しかった。その日殺した、あるいは致命的な傷を負わせた数は一〇〇～一五〇人だったと思う。

さて、ペタルとわたしが撃ってからというもの、セルビア人陣地では騒ぎが起きていた。AK、RPK、マシンガン二挺、それにRPGまで、ありったけの武器で攻撃を始めたのである。これには自分が特別であるかのような錯覚を覚えそうになった。わたしたちがいる家屋の正面にいくつかの砲弾が着弾する音が聞こえた。明らかに敵は狙撃位置が把握できておらず、だいたいの方角に向けて前線全体を攻撃しているのだとわかる。正規軍歩兵が狙撃手を嫌う理由はこれだ。狙撃手はときとして集中砲火を招くほどの騒ぎを起こし、場合によっては敵狙撃手の注意まで引きつけてしまう。そのくせその味方の狙撃手はさっさと姿を消し、あとに残ったごたごたの後始末をしなければならないのは歩兵だからだ。

ペタルとわたしは居場所を特定されなかったので、それから二時間、その居心地のよい家のなかで過ごした。ペタルは二発撃ったが、わたしは一発だけだった。わたしは自分でははずしたと思ったのだが、ペタルは命中したようだといった。ペタルの着弾を観測したわたしは、塹壕を走っている人物をねらったペタルの一発目はほぼ確実にあたったと推定、二発目は明らかにはずれたと判定した。この場所からはこれだけ撃てばもういいだろうと思ったが、ペタルは一日中そこにいたがり、もう少しで口論になるところだった。まあわたしが臆病風に吹かれただけかもしれないが、その家屋が迫撃砲や大砲に被弾しないか心配だったのである。

結局わたしたちはその家をあとにして、庭をふたつ横断し、家をひとつ通り抜けて監視用バンカーに戻った。そこから低い小山の周りを走って塹壕線に入った。塹壕を歩いている途中、ペタルの友人を交えてパンとパテの食事をとった。わたしはパンとガチョウのレバーのパテをがつがつと食べ、水筒に入れてきた兵舎《カゼルネ》の水をがぶがぶ飲んだ。ウェストポーチにオレンジジュースの一リットルカートンを入れてこなかったことが悔やまれた。

しばらくすると、ペタルが自分のスコープで反対側の前線を観察した。わたしも新たな標的を探そうかと立ち上がったとき、彼が発砲した。わたしたちの右側で誰かが何度かマシンガンを炸裂させると、すぐに反対側からも銃撃の音が聞こえてきた。こりゃまたけっこう。ランチタイムにおっぱじめやがって。わたしたちがいたバンカーの兵は騒ぎに乗りたかったらしく、それぞれの持ち場からＡＫやＦＮで発砲しはじめた。こうなるともう我々は用済みだ。別の場所へ移動することにした。

姿勢を低くしてバンカーの裏から出たわたしたちは、かがんで塹壕に戻り、小山のほうへ戻れる地点まで急いで走った。そこからまた、狙撃のできそうな有利な場所へ案内された。誰もいないバンカーの陰にしゃがみ込んでいるあいだ、ペタルは前線にいるにきび面の若者と会話をしていた。その若者はタバコを吸いながらものすごい早口でまくしたてていた。普段はタバコを吸わないわたしも一本ほしくなった。だが、ニコチンが射撃に悪影響を与えるだろうということもわかっていた（わたしはときどき戦場でタバコを吸ったり、戦況によっては噛みタバコをやったりする。葉巻が好きで、このクロアチアの傭兵任務や一年後のボスニアのときにもコロナの安物をもってきていた）。

ペタルは若者がいわんとすることの要点を伝えてくれた。反対側の前線にひときわたちの悪いチェトニクがふたりいて、バンカーのひとつから大声でののしり言葉を投げつけてくる。そのバンカーの中央にはちょうど靴箱くらいの大きさの覆いのない監視窓がある。あまりよい作りではない。にきびの若者によれば、安い日本製の双眼鏡で監視したところ、チェトニクが罵声を浴びせているときにその開口部に動きがあった。四〇〇メートル弱の距離があるので、自分たちにはそんな小さい標的は撃てない、とのこと。ルーマニア製のＡＫでは確かにそうだろう。敵のバンカー自体はなかなか頑丈そうに見えた。過去に軽機関銃による銃撃にさらされたことはあったらしいが、その傷跡があったとしても、ほとんど見えなかった。

　ペタルとわたしは、ふたりともそれぞれバンカーの窓に直接弾丸を撃ち込める位置に陣取ることにした。最低でも野郎どもをびびらせるくらいのことはやってやる。まずは、名前のわからないそのにきびの若者がチェトニクに向かってわいせつな言葉を叫ぶ。チェトニクがそれに応えようと窓に近づいたところをわたしたちが撃つ。弾丸が両方ともその小さな穴を通れば、少なくともひとり、うまくいけばふたりとも仕留められる。そう計画を立てたところで、わたしたちはフォックスホール《各個掩体》・サポーティッド射撃姿勢をとった。実際には、わたしは、左足を固定するために壕の側面を蹴って段を作り、体のトリガーを引かないほうの側は丸太の支えにぴたりと押しつけ、壕の穴の前方を掘って作った土の台に右肘を乗せた。ペタルは、ゴミと食糧缶を払いのけて地面に落とすと、背嚢を使って何も置かれていない機関銃の台座の上に射撃場所を作った。若者が前線の向こう側へ侮辱的な言葉を発すると、まもなくそれに応じる声が聞こえた。

　バン！　バン！　発砲はほぼ同時だった。近くにいた三人もカラシニコフを発砲した。これはよかった。もしかするとこの辺りにわたしたちがいることが隠せたかもしれない。手あたり次第に撃ってあてたラッキーなやつがいると、チェトニクが思ってくれる可能性があった。わたしは撃ってからスコープでそのままバンカーを監視した。動きはない。一発、もしくは二発両方ともあたったと思う。まちがいない。数秒後何やら怒鳴り合う声が聞こえた。死亡した、あるいは負傷したチェトニクが発見されたのだ。にきび面の若者が相好をくずした。彼は一杯やらないかと誘ってくれたが、わたしたちは辞退した。まだ仕事が残っている。

　それから六時間かそこら、さらなる攻撃目標を探し歩いた。たぶんふたりで三人倒したと思う。わたしがひとり、ペタルがふたりだ。ペタルはフォローアップがうまかった。セミオートマティックのM76なみに早い。わたしたちはまた、ふたりで五、六人は仕留め損なった。長居しすぎて迷惑がられていたようだが、向かい側のチェトニクを悩ませたことはまちがいない。そもそもそれが目的だ。死者数を積み上げるだけではない。わたしは数時間休んで夕暮れを待ちたかった。敵に少し動いてもらおうじゃないか。日暮れどきの薄暗がりのなかでも数人は仕留めるチャンスがある。太陽が沈みはじめればもう大丈夫だと彼らは思うだろうが、周囲の光を集めて明るく見せるスコープのおかげで、こちらはそれでも撃てる。

いやだめだ、とペタルがいった。もうじきトラックが出発する。それに乗って戻らなければならない。彼はここへくる許可を受けていなかった。わたしも、もしここで一晩明かしたら、兵舎《カゼルネ》に戻ったときにどのような受け止めかたをされるのかよくわからなかった。また戻ってきて撃つ機会はいくらでもあるだろう、とふたりとも考えた。だがそれは大きなまちがいだった。

わたしはその先に待ち受けていた予想外の展開にはこれっぽっちも気づいていなかったのだ。

翌朝は早く目が覚めた。前日のストレスと興奮で疲れ果てていた。体はすっかり消耗していたにもかかわらず、神経が高ぶっていてよく眠れなかった。くわえて、一日休みをとって英気を養っているはずの日に前線で騒動を起こしていたことがヴィリ大佐に知れたら思い切りどやされるのだろうなと、それが気がかりだった。わたしはいつもどおりに五時ごろ起きて、そそくさと冷たいシャワーを浴び、準備を整えた。訓練スケジュールではパトロール基地活動の概説をやることになっていた。まあなんということもない内容で、前日は「任務」で中心街へ出向いていたヴィアルパンドとわたしは楽な教習の一日を送った。パンドが前線で暴れられなかったことには多少負い目を感じたが、チャンスはいくらでもあるだろうと考えていた。

ある日、わたしたちがパトロール基地活動の取り組み方を教えているあいだに、ジャジナへと車を走らせたヴィリは、夜になってからジョーを連れて戻ってきた。わたしたちはそれをまったく知らなかった。その翌朝、ヴィリたちは我々には一言もなく部隊を行進に連れ出した。訓練スケジュールは打ち切りだ。廊下を歩いていたわたしに誰かがそう教えてくれた。兵舎は空だった。あとでわかったのだが、実際には、ヴィリは正式な訓練スケジュールに書かれている通常の朝礼よりも三〇分早く兵を集め、スケジュールが変更になったのでわたしは同行しないと告げていた。同行しないのはあたりまえだ。知らなかったのだから。ヴィリとジョーの二〇キロ行進に追いつくためにわたしは二クリック《キロ》も走らなければならなかった。ヴィリとジョー。そういえば、第二次世界大戦時代の歩兵を描いたビル・モールディンのイラストに出てくる「ウィリーとジョー」の話を彼らに教えたことは一度もなかったっけ。パンドは行進についてこなかった。つま先に感染症を起こして、足がひどい有様だったのだ。わたしはパンドに状況を説明してゆっくりしていろといった。どうせ舗装道路を走ったり行進を強行したりできる状態ではない。せめてパトロールには出られるようにと医療キットに入っていた局部麻酔剤を注射した。

　ヴィリとジョーが背嚢を背負っていなかったことはいうまでもない。ヴィリはくるぶしまであるスニーカーを履いていたが、隊員たちは五百円玉ほどもある水ぶくれをかばいながら、安物で使い古しのユーゴ陸軍の軍靴で小股に歩いていた。彼らは特殊作戦に適した質のよいアディダスのハイキングブーツをもっていたのだが、色が灰色で軍隊らしく見えないという理由から、ヴィリはコマンドーたちにそれを着用させなかった。ジョーは武器と弾倉ひとつ分の弾薬を携行していたが、ヴィリはいつも手ぶらだった。ステッキをもち歩きたいけれども、笑われそうなので我慢しているのだ、きっと。ジョーはきまって戦利品として手に入れた銃床が折りたたみ式のユーゴ製ＡＫを携えていた。オランダへもって帰るつもりなのだろう。ジョーは、一般的な兵がとるような訓練中の、あるいは戦闘に入る構えの姿勢で武器をもつことはなく、肩にかけていた。盗まれるのが嫌なのだ。

ヴィリは、気がふれたかのごとく始終にやついたり笑ったりしているこの男が気に入っていた。わたしは最初、ジョーは英語がへただからばかに見えるのかと思った、だが、しだいに精神に欠陥があることがわかってきた。ヴィリとダウヴェが二言三言それについて言及していたのだが、まさか本当に精神異常者を手元に置いているとは思わなかった。わたしはあとになってから、ジョーが精神的な適性検査でオランダ陸軍の入隊試験に通らなかったことを知った。いわば、風車の国の落人はチューリップのなかではまともではないとみなされたが、バルカン半島の木靴の人々はそれを大目に見て彼を受け入れたというわけだ。パンドとわたしは極力彼を避けることにした。のちにわかったことだが、バルカン紛争では本物の職業軍人はまれだった。代わりにあふれていたのは、ジョーや、ワーナーや、ケヴィンのような人間だった。

行進をしながら、ジョーはアメリカ人についてこれでもかというほどの悪口を述べた。もうたくさんだ、我慢できない。ここの若者たちのために二週間の訓練計画を立てて実行しろといったのはヴィリだ。そのくせそれを自分でやりたい放題にぶちこわした。よかろう、ヴィリは大佐だ。しかし彼のマスコットであるまぬけ野郎にはもう耐えられなかった。行進後、ジョーを部屋の隅に追いつめたわたしは爆発した。実際には何がきっかけだったのか覚えていないが、とにかく完全にキレた。わたしはジョーに食ってかかった。パンドはあっけにとられていた。というよりショックを受けていた。そんな状態のわたしを見たことがなかったのである。すっかり頭に血が上っていたわたしはジョーに向かってわめいていた。素手でもナイフでも割れたビール瓶でも好きな物をもってこい、勝負だ。

わかった、あとで兵舎で会おう、とジョーはいった。そうか。やつはまっすぐにヴィリの部屋に駆け込むつもりだ。ペットを野放しにしたあげく責任を取らない大佐にもうんざりだ。部隊におかかえ道化師など必要ない。本気でジョーを八つ裂きにしたかった。あとでだと？　ふざけるな。その場でなぐり倒してやる。わたしは隣の空き部屋へ向かって彼を押しやった。「いいか、ジョー、おまえと俺だけだ。そして部屋から出られるのはどちらかひとりだ」。彼は後ずさりをすると、バッグをつかみ、ジャジナへ戻った。ソーニャの元へ。なるほど、ひょっとするとそれほど気が狂ってはいないのかもしれない。

　翌朝はまた行進だった。パンドはふたたび局部麻酔の注射を打ち、痛みを和らげてそれに参加した。わたしはいくつかの訓練の準備を整え、ヴィリのために新たな九日間の訓練案を作るつもりだった。ポンチョラフトの作り方、背嚢の詰め方、基本的な懸垂下降テクニックで午後の計画が埋まった。懸垂下降の訓練を含めたのは、どちらかといえば自信をつけるためだ。少なくともこの先すぐにコマンドーたちがこの技能を必要とする機会はなさそうだった。パンドとわたしのふたりでまず兵舎《カゼルネ》の三階から実演してみせた。それからわたしがハーネスをゆるめてバンジージャンプのように頭から降りるオーストラリア方式の下降をやってみせた。それからコマンドーたちにスイスシート・ハーネスの結び方を教え、およそ八割の隊員が実際に兵舎《カゼルネ》の建物の側面を使って懸垂下降した。

　あいにく、コマンドーの副指揮官は尻込みした。戦闘中は恐れを知らない男だが、ビルをロープで降りる勇気は奮い起こせなかったようだ。力強いが腹がすわっていない。殺しはできるが根性がないようすは、午前中のランニングのときにもみられた。彼はクロアチア防衛軍《HOS》あがりで、今でもその地下組織の一員であると考えられていたので、隊員たちは彼を「ウスタシャ」（ナチ）と呼んでいた。実際クロアチア陸軍《HV》にはクロアチア防衛軍《HOS》のメンバーとその強硬派シンパがいたことはまちがいない。わたしはなんとか彼をなだめすかして懸垂下降をやらせようとしたが、だめだった。野戦服のズボン姿がやけに色っぽい大隊の「慰安婦」（あとからそう聞いた）は形のよい尻にスイスシートを巻きつけ、ブロンドの髪をサッと払いのけて、その日のなかで一番できのいい懸垂下降をやってみせた。うーむ、あとは料理さえできればいいのだが。

　ロープを片づけてからは、兵舎で彼らの水ぶくれの手あてをしてやり、腱や脛の炎症にとアスピリンを配った。特に水ぶくれのひどい二名については運動機能制限リストに載せた。ぼろぼろになった足でダナー・ブーツの宣伝でもできそうなくらいだ。部屋に戻ると、パンドがまた局所麻酔薬を足に打っていた。メスを取り出して、つま先を切り取ってやろうかともちかけたが、パンドは笑わなかった。

　日曜は朝から起き出して、地元の教会のミサに出かけた。パンドもわたしも不熱心なカトリック教徒だ。だが戦争地域にいるかぎり、わたしたちが指を水につけたりパンを口に入れたりしても罰はあたらないだろうと思った。「塹壕に無神論者はいない」という格言には一理あるからだ。十字架は防弾仕様ではないが、それをいうならＧＩのＴシャツも同じことだろう。教会は、共産主義支配のあいだも信仰を守り続けた小柄な老婦人《バブーシュカ》でいっぱいだった。彼女たちはたくさんのろうそくを灯し、手に手に花束をもって祭壇に供えていた。東方正教会のセルビア人砲兵はローマ・カトリック教のクロアチア教会を好んで攻撃目標地点に定めた。大砲で吹き飛ばされたため、祭壇の奥にある凝った木彫りの装飾を施した壁の一部が欠けていた。被害にあった壁の上の天井は砲弾であいた穴が木の板で塞がれている。窓はすべて板が打ちつけられていた。ふと、これだけセルビア人の無差別砲撃を受けて、何百年も昔からあるステンドグラスは無事だったのだろうかと思った。

　日曜の午後も訓練時間にあてられた。ミサから兵舎《カゼルネ》に戻り、偵察パトロール技術について講義をしながら、いくつかの基本的な軍事記号を復習した。それから時計法を用いた再編成と強化を教え、クロアチア語による状況報告様式を作った。たとえば、ＲＯＭ《行動制限》はラニティ（負傷）、オプレマ（装備）、ムニツィヤ（弾薬）。隊員たちは大笑いした。ｒｏｍはクロアチア語では「ジプシー」を指すのだ。ということでジプシー報告様式ができ上がった。フーア。戦争捕虜《POW》の報告様式については考えなかった。敵も味方も捕虜を捕ることは稀だったからだ。セルビア人は、捕らえた者の耳、鼻、指、「その他」の体の一部を切り取ってから処刑することで知られていた。期待できるなかで一番いい処刑方法は瞬時に終わる銃弾だ。少なくとも外国人志願兵のなかでは、捕まりそうになったら自害したほうがよいというのが大多数の一致した意見だった。大草原地帯のアメリカ先住民《インディアン》と戦っていたときと同じである。最後の一発は自分のためにとっておけ。

日曜の夜、兵と一緒に出かけると、いきなり、兵舎の隣にある裁縫学校へ通う女子学生たちと出くわした。兵にとってこれ以上の望みがあるだろうか。どうりで彼らがジャジナからの移動を願っていたわけだ。日頃わたしが、学校の窓からよく見える場所で部隊に腕立て伏せの前傾休めの姿勢をやらせていたのにはちゃんとした理由がある。彼らが懲りると思ったからだ。べらべらしゃべったり大きなヘマをやったりすれば、ロブに痛めつけられ、女の子の前でまったくのダメ男に見えてしまう。

クラウディアという名の少女は一年ほどカナダに住んだことがあるという。戦争が始まったときにミシソーガとケンジントンにいるふたりの伯父の元へ送られたのだった。シサクの建物の多くは大砲やロケット砲に被弾していた。ひどいありさまだ。もしわたしに娘がいたら、やはりカナダに行かせたことだろう。もうひとりミシソーガに滞在したことがある娘がいた。ミヤという名で、わたしたちが街に出たときはいつも彼女が働く食料品店に顔を出していた。彼女のボーイフレンドはクロアチア防衛軍の兵でまだ二〇歳くらいの若者だったが、膝にひどい怪我を負い、なおも回復途上にあった。ふたりとも感じのよい若者だった。突如として自分たちの住む町が戦場になってしまったのだ。わたしは彼らに同情した。彼らはもっとよい人生を送っていいはずだった。そもそも彼らがみずからこんな戦争を願ったのではない。地政学や戦争につながったバルカン半島の権力争いなど気にかけなくてもいいはずだったのに。

　ジョニーはもちろん大勢の娘のことをよく知っていて、外出時にわたしたちに紹介してくれた。ところがある晩、ライノ・バーで上品なブロンドのとても魅力的な女性と語り合っているジョニーを見つけた。さっそく「彼女の名前は?」とジョニーに聞いてみた。彼女が英語を理解しないことだけは確かだ。なぜならジョニーはその女性に腕を回して、こちらを向いてにっこりと微笑み、こういったのだ。「俺のものだ」。ときどき戦地から戻り、カムフラージュ用のフェイスクリームを落としてシャワーを浴び、ヒゲを剃ってきれいな軍服に身を包み、エスプレッソとすてきな女性を求めてダウンタウンへ繰り出すのはいいものだ。なんという戦争だろう。

　そろそろ三〇歳になろうかというわたしは、バーでこうした娘たちと会話をしながら妙な気分になっていた。そう、いくらここがヨーロッパとはいえ、彼女たちはまだ高校生。女を追いかけまわすということにかんするかぎり、もっと大人の女性が無理なら、せめて同じ年代に生まれた人と話すほうがよかった。この町でその望みにぴったりかなっていたのが、美しく洗練されたハニーブロンド、知り合ったばかりのミリヤナ・ズガイだった。二六歳くらいで英語が堪能な魅力的な女性である。彼女はわたしを気に入ってくれたが、ボーイフレンドが問題だった。彼は短い角刈りの嫌なやつで、わたしは「角刈りＭＰ」とあだ名をつけた。むろんてっぺんが平らな髪型と、それから彼のやっていることが唯一、憲兵《MP》隊の制服でふんぞり返って歩きまわることだけなのがみえみえだったからだ。彼には見た目がそっくりの相棒がいた。もちろんあだ名は「角刈り２」である。彼らはふたりとも、毎朝鏡の前でにらみつける練習をして、ハエの羽をむしり取ることが何よりの楽しみであるかのような人間に見えた。

コマンドー部隊はきまってこうした後方梯団タイプを物笑いの種にしていた。筋肉増強剤でもちあげた筋肉と添え物の弾丸をもち、権力を笠にきた無能な保安官代理バーニー・ファイフみたいな連中。角刈りMPはミリヤナがわたしを気に入ったのを知ってすっかり腹を立てた。ある晩彼は、ディディ・バーでこちらのブースのわたしの隣にドスンと腰を下ろした（すぐ後ろに角刈り2が控えていた）。彼は事実上まったく英語を話さないにもかかわらず、通訳をしようとするミリヤナを横柄に黙らせては、直接わたしと話をつけようとしていた。そしてピストルを引き抜くと、それについてとりとめもなく話しだした。威嚇するつもりだったのだろう。見た目はうまくいきそうだった。だが、テーブルの下ではコックした状態のわたしの七・六二ミリ・トカレフ・セミオートマティックピストルが（念のためにいっておくと、安全装置はついていない）、わずか六〇センチの距離から彼の股間をねらっていた。

かくも小さい標的にあたるものだろうかと考えていたとき、角刈りが話の種になりそうな興味深い代物を取り出した。一六口径のショットガンを縮めて作った自家製単発ピストルである。すばらしい。十分に距離をとれれば、パンド、イタリアーノ、ジョニー、そしてわたしを一発で撃ち殺せる。いや、まあ、全員いっぺんに倒すのは無理かもしれないが、我々の楽しい夕べをめちゃめちゃにすることは確実だった。わたしはトカレフのトリガーの遊び部分を引いた。万が一ということもある。もし彼が発砲したら、わたしの神経反射か、あるいは体がびくっとした反動で少なくとも一発はやつに撃ち込めることを願った。

その後わたしたちはどうにか角刈りを立ち去らせることには成功したが、状況は緊張状態どころかひどいことになった。ミリヤナが気の毒だった。角刈りは五年もしたらビール腹になり、今は黙れと怒鳴りつけていても、じきに何かにつけて彼女をひっぱたくようになるだろう。バーが閉まって通りを歩いていると、角刈りが歩道まで追いかけてきて、わたしたちの頭上へ向けてショットガン・ピストルを発砲した。

ヴィアルパンドとわたし、そして何人かのベテラン戦闘員はとっさに歩道に伏せた。少なくともふたりはピストルを引き抜いた。角刈りと角刈り2にとっては、それがいたくおもしろかったらしい。コマンドーの数人、クロアチア防衛軍がひとりかふたり、正規軍の歩兵とおぼしき人間が若干名、おまえが前線に行ったらすぐにこの女をいただくと予告するかのような視線を角刈りに投げつけた。

角刈りとその相棒は不必要な騒ぎを起こした。ミリヤナはたんに外国人の気を引いて英語を練習するチャンスを得たかっただけだった。それにしても、女というものはどうしてああいう男を耐えしのんでしまうのだろう。まったく理解できない。男同様、女のほうも頭がおかしいとしか思えない。そう思いながらわたしは場所を移して交際相手を見つけた。ただ自分のカラシニコフにはミリヤナという名をつけた。まあ、いわば開拓時代の英雄クロケットの「オールド・ベッツィ」みたいなものだ。

同じくシサクで知り合ったヴァレンティナもブロンドで美しいクロアチア人で、会話がはずんだ。彼女はもうすてきな女性としかいいようがない。知り合ったきっかけは、パンドがいつも彼女の親友ドゥルディツァ、別名「ジョージア」に冗談を飛ばしていたことだった。ジョージアは小柄な赤毛の娘で、パンドの娘といってもいいくらいの年齢だった。彼らの関係は純粋に精神的なものだったが、彼が彼女をからかっているのを見るのは楽しかった。

自由に過ごせる夜や、任務や訓練で疲れ切っていないとき、わたしはヴァレンティナに会いに行った。彼女はむっつりしていると思えるほど静かな娘で、カールしたブロンドの髪が肩にかかっていた。ヴァレンティナはなんとも不思議な微笑み方をする。そして引っ込み思案だ。こちらがほれこんで結婚してしまう、そんなタイプの娘だった。みなのお気に入りの行きつけの店だったディディ・バーが閉まったあとで、わたしはよく彼女をバス停まで送って行った。当時、故郷のアメリカには新しいガールフレンドがいた

（仕事もあった）のだが、そんなものはくそくらえだといってクロアチアに残り、軍人になって、結婚し、子どもを作り、ジャジナ近郊の丘陵でブドウを育てるのはどれほど簡単かと考えずにはいられなかった。バルカン半島の平和維持軍にいたアメリカ兵のなかにも、その空想を現実にした人間はきっといるだろう。わたしはときどきあの丘のブドウ園のことを思い、わたしがパトロールを命じた男たちがもうずいぶん前にこの世から去って、永遠の一九歳となったことを思い、胸を詰まらせずにはいられない。

月曜日は訓練日。わたしたちは夜も明けないうちに《オー・ダーク・サーティー》コマンドーたちをたたき起こした。身体訓練《PT》は中庭でのゲリラ訓練でそのあとはランニングだ。何人か、日曜の晩の酔いが残っている者がいるのが見てとれた。コマンドーたちにしてみれば、ふたりのアメリカ人も夜通し一緒にビールをしこたま飲んだのに、どうして朝から笑みを浮かべてこのとんでもない訓練をやらかすのか理解できなかっただろう。パンドとわたしはたがいの顔を見て笑いながら一言ささやいた。練習あるのみ。

戦術訓練は午前中のかなり遅い時間に始まった。わたしたちふたりには遅いという意味だ。八時である。ところが隊員たちを動かすより早く、ヴィリがわたしに説教を始めた。「隊員をつぶさないようにしたまえ。きみは隊員を叩きのめそうとしている」。わたしは当惑するとともに、よりによって隊員たちが目の前にいるときのこの口出しに気分を害した。何のことをいっているのかさっぱりわからない。もしかすると、急ぎ足での三・二キロ走に苦情を申し出たやつがいるのか。だが、まだ殺人的な身体訓練《PT》は始めてもいない。ヴィリは隊員の足の皮がむけるまで歩かせたではないか。一方、わたしたちはただこの一八、一九、二〇歳の兵に腕立て伏せをさせ、しかも年寄りのふたり（二九歳のわたしと四三歳のパンド）も並んで一緒にやり、それから戦術の練習で歩かせたままでだ。いったいどうしたというのだろう。たいていの場合、わたしたちはヴィリ大佐の突拍子もない言動に肩をすくめて、さっさと仕事に戻る。そしてこの立派な老軍人の世界に思いを巡らせてみるのだが、ときに扱いに困ることもあった。いわば自分の大好きなおじさんが酔っぱらっているときに我慢するようなものだ。

わたしたちは計画された時間どおりに訓練を進めようとしたが、絶えず誰かが周囲にやってきてどういうことかときくので、結果的にごちゃまぜの訓練になった。最初に三六〇度防御の態勢をとろうとしたときなど、まるでお笑いだった。『空飛ぶモンティ・パイソン』と『ランボー　最後の戦場』を合わせたような「バルカン半島どたばた新喜劇」である。リーダーはしょっちゅう立ち上がって姿をさらけ出してしまうし、隊員たちはお馴染みのクロアチア的気の短さでリーダーの肩越しに前を見ようと勝手に歩き出すしで、とうとう防御境界線には誰もいなくなってしまった。重たい石がいくつか投げられてようやく彼らは意味を理解した。それにしたって投石の距離と正確さに驚嘆するのが先だった。クロアチアでは野球はあまりやらない。こぶし大の石が近くの木にバシッとあたって頭の近くに落ちてきたときに、それがことのほかひとりの隊員の気を引いたのである。

それからパトロール基地の設営方法、待ち伏せの仕掛け方、危険地域の横断方法を練習させた。手や腕を使った信号の送り方が上達すると、次第にリーダーたちは「ジプシー報告」を受け取れるようになった。さらに練習を重ねると、コマンドーたちはやっと、事前の協議なしに三六〇度防御ができるようになった。わたしは、彼らがもっている軽機関銃を最大限有効に活用することができる「パナマ・トライアングル」パトロール基地テクニックを紹介した。分隊自動火器として彼らはＲＰＫ（実際にはソヴィエト製ＲＰＫのユーゴ版であるＭ72軽機関銃）を装備していた。これはヘビーバレルにしたカラシニコフに折りたたみ式の二脚を取りつけた程度のものでしかない。砲手で大隊の分隊長を務める兵が、ちょうどほかの隊員たちがライフルを担ぐように五キロを超える重さのこの機関銃を持ち歩いていた。彼はキックボクシングの国内チャンピオンだったという。自由な時間があるときはたまに一緒に、兵舎《カゼルネ》の横にある古い倉庫でボクシング用のパンチバッグを蹴って過ごしたりもした。

その日、しばらく時間がたってから、わたしは朝のちょっとした対峙について話をしようとヴィリの部屋に立ち寄った。ヴィリはすぐにくどくどと非難を始めた。「きみたちアメリカ人は見せびらかすためにやっているだろう」。見せびらかす？　何を？　わたしはヴィリのいわんとするところがわからず、真意を説明してもらおうとあれこれ尋ねてみた。すると、多くのヨーロッパ人と同じように、彼もアメリカ人に対して胸の奥深くではひそかに敵意を抱いていることが明らかになってきた。そういうことなら、まあ、残念だとしかいいようがない。世界中の大陸を植民地化してレイプして略奪して、ひところは世界を支配していた国々（ひとつあげるとすればまずはフランス）がここへきてむかっ腹を立てている。その理由が、無作法で鼻持ちならないうえに技術力で勝るアメリカ人集団の陰で目立たないからだ。くそくらえだ、まったく。

もうわたしは爆発寸前だった。この男は人に自分の部隊を訓練しろと命じておいて、やきもちを焼いたあげく、自分のエゴを守るために人を悪く見せようと干渉してきたのだ。まったくばかげている。わたしは装備の手入れでもしようと部屋に戻った。いっそ荷造りをして、オシエクあたりの別の部隊にでも入ろうかと考えた。だが、きちんと最後まで訓練をやり遂げれば、ここのコマンドーたちはたぶんこの地域屈指の部隊になれる。どのみち、ヴィアルパンドもわたしも少々飽きてきたし、この兵舎《カゼルネ》に長居するつもりはなかった。

翌日はまた行進だった。あいにくヴィリは虫の居所が悪かった。パンドとわたしが数日間南方の前線へ出向こうとしていたことがうまく伝わっていなかったのだ。わたしたちはすでに荷造りも終えて、まさに出かけようとしていた。その日はヴィリ大佐のにわか行進後の訓練はなく、空いた時間に「撃ち合い」ができそうなので前線へ行こうということになったのだ。わたしたちふたりは戦闘員だ。そのためにはるばるバルカン半島までやってきたのである。確かに部隊の訓練や戦闘パトロールもやっている。だが、休みのときは実戦に参加したかった。

ジャジナ近郊の戦闘パトロール以来、パンドと一緒に実戦と呼べるような状況に出たことは一度もなかった。南に数クリック《キロ》行けば、前線のバンカーのあいだで散発的に銃撃戦が起きていた。第一次世界大戦の塹壕戦に近い状態だ。ペドラグは、補給トラックで前線に乗り込み、彼の部隊と一緒にひと暴れすればいいといった。そこでわたしたちはトラックに給油し、弾薬補給所から特別に弾薬を引き出し、手榴弾をせびった。どういうわけかそれ全部がヴィリの気に障ったのである。休みのときに前線に出向いて、彼がいうところの「ドカンドカン」を見に行きたいなどたんなる目立ちたがりだという。わたしたちは本当に退屈していただけだった。最後の殺しからずいぶんと時間がたっていたから。

幸いなことに、わたしはペタルとの一日についてヴィリには一切話していなかった。ヴィリもまた大隊長のゴム印がなければ事実上わたしたちに何かを命じることは不可能だとわかっていたと思う。わたしたちはみなドラゴの命令を受ける。ドラゴの部隊だからだ。ヴィリのものではない。ヴィアルパンドもわたしも指揮系統はしっかりと把握していた。ヴィリ大佐を含む外国人はみなたんなる顧問である。そして大隊長ドラゴにとって、わたしたちが兵をつれて前線に向かうことはなんら問題ではなかった。なにしろそもそもの発案者は彼の弟だった。その日の残り、コマンドーたちはゴム製の攻撃用ボートを二艘《そう》組み立てる訓練をした。モーターがあったはずなのに、その置き場所を誰も知らない。櫂《かい》だけでもあればまだよかったのだが、それもない。まったく、櫂もなくクパ川上りとはついてない。

ダウヴェがジャジナ経由でザグレブから戻り、ジョーを連れてきた。この能無しは戦闘服に身を固めて車から降り立った。いやに気取っている。オランダ人のあいだで何かがひそかに行なわれているようだったが、パンドもわたしもそのときがくるのを待つしかなかった。兵舎《カゼルネ》では全員が軍服のみ着用し、武器や個人装備はしまってある。通常は出かける直前に装備をひきずって階段を下り、中庭に整列してそれを身につけることになっていた。ところがこのとき、ジョーはまるでGIジョーごっこをする子どもみたいに装備をつけたままふんぞり返って歩きまわっていた。彼のそんな姿を見たのは初めてだった。しかも前線ではなく後方でだ。

ジョーが弾薬袋や水筒などの装備すべてをぶら下げながら軽やかに歩きまわっていたとき、わたしたちはひとかたまりになってその日の訓練について話し合っていた。フル装備で一日中ぶらぶらしている彼を見て、誰もがおもしろがっていた。弾倉袋までもが満タンだった。ジョーがいうには、ジャジナにいる将校がジョーの訓練部隊を立ち上げないかと申し出たらしい。パンドとわたしはくるりと背を向けてくすくす笑いながら少し離れた。どうしようもなく笑いがとまらなかったのだ。わたしは背筋を伸ばしてふたたび向きを変え、できるかぎりのポーカーフェイスを作ってジョーのところへ戻り、ミスター・コーヒーのコーヒーメーカーはもってきたのかと尋ねた。パンドは笑いすぎて涙を流していた。

訓練は続く。コマンドーたちが基本的な軽歩兵戦術やパトロールテクニックではなく、懸垂下降のようないつもと違う訓練がしたいといったので、少しだけ味をつけてみた。ロープを使って橋台を計測し、橋の破壊と簡易爆薬について即席の講義を行ったのだ。そのさい、フガス地雷の作り方とそれを防衛境界線に配置する方法を教えた。また、わたしたちふたりが実戦で何度もお目にかかったクレイモアタイプの対人地雷の適切な使用方法も説明した。兵士たちは共産圏で使用されているM18A1クレイモア地雷のようなタイプを「TV地雷」と呼んでいた。四角い形状と、テレビのV字アンテナのようなスチール製の脚がそのゆえんだ。それ以来、ヴィアルパンドとわたしは待ち伏せを仕掛けることを「テレビを見る」と呼ぶようになった。

その晩遅くなってから、ザグレブの「政治家」が、シサクでアメリカ人が部隊の訓練を行なっていることに難色を示しているという話をダウヴェから聞いた。アメリカの帝国主義とCIAについてお決まりのデマが飛び交っているらしい。当初わたしは、ザグレブにいる使い回しの雇われ共産党員がお笑い芸の新しいネタでも必要としているのかと思った。だが、シサクにいるアメリカ人傭兵の情報をどこで手に入れたのだろう。ヴィリによれば、マタコヴィッチが突き止めたということだったが、むしろヴィリの入れ知恵があったと考えるほうがもっともらしい。要は、我々は出て行かなければならないということだ。またしても国外退去か。

ヴィアルパンドは二度目、わたしは三度目の国外「追放」だった。少なくとも、この件にかかわっているかどうか態度をはっきりさせないヴィリからは離れなければなるまい。実際にヴィリの説明どおりに物事が進んでいたのかどうかは、今でもわからない。恐れとねたみからわたしたちを追い出したくても、面と向かって命じる度胸がなかっただけなのかもしれない。別にどちらでもよかった。事実上膠着状態に陥っていたクパ川沿いの塹壕戦には飽きてきたし、ヴィリの活動の欠如、優柔不断、そして全般に感傷的な態度にも疲れた。ペタルと狙撃に行くチャンスは得られないし、ヴィアルパンドは恋人に恵まれなかった。そろそろ潮時だ。

オシエクか、あるいはヴィンコヴツィまで行って部隊を探そうと考えたが、何の戦闘もないか、あってもわずかだと隊員たちから聞かされてそれはやめにした。それに誰かに密告されて、正式なクロアチア陸軍IDカードや国際旅団の許可がないことを理由に逮捕されたり拘留されたりしないかと不安でもあった。オシエクに向かう列車のなかで書類をチェックされた場合、移動命令や移動許可の問題も生じる。結局、イースター休暇も近かったので、わたしたちはおおいに遊ぶことにした。もともとそれほど心配だったわけではない。ザグレブまで急行してミュンヘン行きの夜行列車に乗れば、うまい具合に出発日が航空券の日付とぴたりと合う。当初は期間を延長する計画だったが、もちろん無期限にクロアチアに滞在するつもりはなかった。休暇になれば戦争は減速するだろうと考えていたし、実際そのとおりになった。

今度はCIA工作員のイメージに合うように一般市民の服装とサングラスで、わたしたちはクパ川のボート訓練を眺めていた。隊員たちは櫂を探し出していた。大隊がペトリニャから撤退してクパ川を泳がなければならなかったときに櫂がなかったのは不運だった。パンドとわたしは一日中旅行者のように市内を歩きまわって過ごした。友だちになったイタリアーノやブロンディーと連れ立って歩き、お気に入りのフライドポテトスタンドに立ち寄って昼食を買った。マヨネーズは多めだ。歩いている途中で、国連の車が二一台並んで町に入ってくるのが見えた。そういえば以前、コマンドー用のウールのセーターに緑色のベレー帽というでたちのために、スイス陸軍から派遣された国連平和維持軍とまちがえられたことがあった。あるいはわたしの下手なドイツ語も少しは関係があったのかもしれない。両替をするために立ち寄ったインターナショナル・ホテルでは、平和維持軍とともに訪れていたナイジェリア陸軍将校に出会った。サム・フォロルンショ少佐は、わたしが前年にフォート・ベニングで歩兵将校上級課程にいたときのクラスメートでよき友人でもあるヴィンセント・アクポコロ少佐の知り合いだった。わたしたちはサム少佐のクロアチア任務成功を祈った。

兵舎《カゼルネ》に戻ったわたしたちは装備の荷造りをして、最後の最後にもう一度武器の手入れをし、駅の窓口が閉まる前に列車の切符を購入しようとふたたびダウンタウンへ足を運んだ。ディナーのときに一杯やるのもいいかもしれないと思っていたのだが、運悪くディナーにはありつけなかった。だがじつはそれがこのうえなく運がよかったことがあとでわかった。その晩宿舎で床に入ってから、窓ががたがた揺れるほどの大きな爆発があったのだ。実際には、その爆発の直後、ふたりともライフルを手にベッドから床へ転がり落ちて、「くそ、何だあれは?」のような言葉を怒鳴り合う騒ぎになった。ピーッという笛の音は聞こえなかったので、砲撃ではなさそうだった。だが手榴弾にしては爆風が大きすぎる。わたしは標識弾でないことを祈った。兵舎《カゼルネ》への「効力射」だとしたらせっかくの最後の晩が台無しになってしまう。

パンドとわたしは、掃除をして油を差したばかりのカラシニコフを手に握りしめ、窓の近くに陣取って窓枠の隅からじっと外を見た。すぐに、一ブロックほど行ったところにあるレストラン・コラブリャが、クロアチア人と町にいたセルビア人スパイの乱闘で爆発したことがわかった。そこにレストランがあることは前から知っていた。いつかそこにゆっくりと腰をおろして本物のクロアチア料理を味わいたいと考えていたのだ。クロアチアを発つ記念にそのレストランで別れの宴をやろうと、ついさっき訪れてみたが閉まっていたので、兵舎《カゼルネ》に戻って寝ることにしたのだ。なんと幸運な。

翌日は聖木曜日だった。隊員たちは休暇で、オランダ人たちはザグレブへ行っていた。ヴィリはわたしたちがヴィンコヴツィへ行くのかどうかを知りたがっていた。わたしたちは、ザグレブに我々を追い出そうする人間がいると思われるときに、書類もなく国内をほっつき歩くのは得策ではないと考えた。ヴィアルパンドとわたしはしぶしぶカラシニコフを武器庫に返し、背嚢をつかむと、駅までの車を手配した。ジョニーはフォルクスワーゲンのジェッタにたくさんの荷物を積んで別れを告げると、親戚の家へ向かった。別れの挨拶をしていると、ひとりの隊員が最新のジョークを伝えにやってきた。

問い「クライナの戦争はなぜ南（ボスニア）に広がらないのでしょう?」
答え「なぜなら、この試合が終わったらすぐにボスニアとのプレイオフになるからです」
このブラックユーモアがぞっとするほどみごとに先のことをいいあてていたとは、そのときわたしは知る由もなかった。

ドイツへ向かう列車の旅ではこれといって何も起こらなかった。ミュンヘン空港では、ヴィアルパンドが機関銃用五〇口径徹甲焼夷弾の弾薬ベルトと手土産のカラシニコフ用徹甲弾をカバンに入れていたために捕まった。わたしはX線検査を（二度も）通り抜け、念入りに調べられた。わたしは飛行機に乗ることができるのだが、そうするとドイツ語も話せず、金ももっていないヴィアルパンドを残してくことになる。そういうわけにもいかないので彼を待ってぶらぶらしていると、また係員の目に留まってしまった。ふたたびカバンのX線検査を受け、身体検査を受けた。するとヴィアルパンドのものによく似た弾薬ベルトと（なぜそんなものがここに?）、ジョニーが餞別にとくれた新品のユーゴ製手榴弾（アメリカの情報機関にいる友人に手渡された「ほしいもの」リストにあって）が見つかった。こうなるともう、なんてすごい文鎮なのだろう、としかいいようがない。

ドイツでは我々のような人間を見つけ出そうとしていた。その少し前にRPGを密輸しようとした傭兵を捕まえ、M76スナイパーライフルを本国に持ち帰ろうとしたオランダ兵も捕らえていたからだ。ドイツ税関の職員のひとりは元パラシュート兵《ファルシルムイェーガー》だった。偶然にもわたしの祖先が住んでいたモンク＝クロッテンドルフという小さな村の出身で、わたしの名前にもクロアチアで支給された第二次世界大戦ドイツ軍風のパラシュート兵ヘルメットにも身覚えがあるといった。さらに、ヘルメットは一九五〇年代の東ドイツ軍製だと教えてくれた。
あとはアメリカ陸軍の女性憲兵取調官と、女性に人気のあるドイツ人警官、連邦警察《ブンデスポリツァイ》銃マニアを巻き込んで、それだけで長くてかなりおもしろい展開が続いた。まあ一言でいえば、減額された罰金を払って、わたしたちは飛行機に乗った。ミュンヘン空港の警察署長が個人的に金を貸してくれた。自分の財布からパリッとした一〇〇ドイツマルクの新札を四枚出してくれたので、わたしはそれで罰金を支払ったのである。握手と笑顔だけの信用貸しだった。驚いたことに一九九七年にはその金が戻ってきた。四〇〇マルクの小切手と、それは保証金だと述べるドイツの裁判所の手紙が入っていた。実をいうと、為替相場が動いたためにわたしは数ドル儲かったことになる。大体において興味深い一件だった。これで履歴書には「プロの傭兵」に続いて「多国間武器密輸」と書きくわえることができるかもしれない。

隊員たちが南方への移動となる前の最後の休暇を利用して故郷へ向かったころ、わたしたちはボスニアで戦争が始まるのを目撃した。一九九二年四月六日はボスニア紛争勃発の日だと考えられている。その日、ボスニアのセルビア軍はサラエヴォの平和デモ行進に向けて発砲を開始した。わたしはテレビのニュースでそれを見た。サラエヴォテレビに姿を現したミロシェヴィッチが告げていた。「たった数人の死体だけで戦争が始まる。それこそがバルカン半島の悲劇だ」。まさにその翌日、彼のボディーガードがイスラム教徒の平和デモを銃撃、全面的なボスニア戦争が始まった。

第4章　善意が裏目に　地獄の休暇その一

「ベイルートがお気に召したのなら、モガディシオもいいでしょう」

――駐ケニア米大使スミス・ヘンプストーン。国務省副長官フランク・ウィズナー宛ての電文で

「ソマリア人がまずやることは、相手の弱点をつかむことだ。そしてそれを利用する。もう感心してしまうほどに。彼らは世界一やり手の起業家だ」

――ドイツ人救急隊員ヴィリ・フーバー。マイケル・マレン『地獄への道』より

国際旅団とシサクのクロアチア・コマンドー部隊をあとにしたわたしはニューヨーク州オーリアンに戻り、ふたたび刑務所局で連邦看守を三カ月務めた。はっきりいって、最低だった。初夏になって、友人で海兵隊のバック・スワナック大佐（退役）と話していたところ、彼の会社ＩＴＳにくるよう説き伏せられた。ＩＴＳはアメリカ国内の航空会社向けに、空港警備、手荷物の取り扱い、各種優遇サービス、航空機の清掃等を提供しており、世界中に事業を展開しようとしているところだった。ニューヨーク州北部にあ

る六空港の警備を統括する地区マネジャー、それがわたしに与えられた仕事だった。

わたしは看守長のオフィスへ出向いた。「看守長、刑務所局の二倍の給料を支払ってくれる仕事をもちかけられました。ここの仕事では満足できません。仕事は仕事ですが、わたしにとっては生涯の仕事ではありません。辞めさせていただきます」。わたしはどんな引き止め策も断わって、月曜にはデトロイトで職場内訓練が始まるので明日とあさっての二日間で退職に必要な手続きができるだろうかと尋ねた。彼がなんといおうとわたしは月曜日にここにはこない。看守長はそれを察する程度の頭はもっていた。彼らに何ができる？　出勤しなかったから逮捕するとでも？

事務方のまぬけは、悪党（囚人）を出所させることなら数時間でできるくせに、二日で手続きは無理だとぶつぶつ泣き言をいった。わたしは礼儀正しいとはとてもいえないような言葉を返しておいた。その後数カ月間はＩＴＳで仕事をした。あいにく、前任者が執行猶予になってしまったので、会社はなんとか編してわたしとすげかえようとしていた。一年か二年もすれば六桁の収入を得られる役職につけそうだったが、ちっともうれしくなかった。だから辞めた。一週間後、わたしはソマリアへ戦争に行くための装備一式を荷造りしていた。

その数週間前、同棲していた一九歳でブロンドのベリーダンサー志望だったガールフレンドが、新学期の開始とともに大学へ戻っていった。わたしはひとりでうろうろと部屋のなかを歩きまわった。仕事もなければ、ガールフレンドもいない。六カ月ものあいだネクタイを締めていたので、今度はじっくりと時間をかけていっぱしのアメリカ小説でも書こうと構想が頭に浮かんでくるのを待ってみた。うまくいかなければ、まじめに働いてみよう。あるいは、バルカン諸国へ戻ってまた戦争に首を突っ込むこともできる。

冬を過ごすにはボスニアがいいかもしれないなどと考えていたところへ、一本の電話がかかってきた。

ソマリアの仕事だ。水曜日、ブッシュ大統領が懸案となっていたソマリアへの介入を発表した。木曜日、ペンタゴンの国防総省にいる友人から情報を受けた。金曜日、ふたたび電話がなった。週末にワシントンDCへこれないかという。ひょっとしたら週明けの月曜日にはソマリアへ派遣するかもしれないとのことだった。なんと、無職だったのは一週間だけだ。

結局、それほどすぐにソマリア行きの飛行機に乗るまでもなかった。わたしは陸軍省の顧問として月に一万ドル、そしてボーナスとして四半期ごとにさらに一万ドルというかなりいい条件で、軍事請負会社BDMと契約を結んだ。一九九二年一二月当初、アメリカ軍のソマリア派遣は人道的支援活動だという話だった。ジョージ・H・W・ブッシュ大統領が命じた任務は、戦争で破壊された国の復興支援が目的だった。子どもたちに食糧を、である。

特殊部隊の経験、ハーヴァード大学院で人類学を勉強していたときのケニアやソマリアの現地滞在経験、そしてソマリア語やスワヒリ語の知識があったわたしは、アメリカ部隊の配備が開始されると同時に雇われた。仕事は、アメリカで集められたソマリア語を母国語とする一〇〇名の部隊、ソマリア語通訳チームの班長補佐だった。ふたを開けてみれば、BDMは一〇〇名のソマリア人をワシントンDC周辺でかき集めていた。ヴァージニア北部の大学生もいたが、ほとんどはタクシーの運転手、警備員、コンビニの店員など、第三世界からの移民にありがちな職業に就いていた。セブンイレブンの店員が誰もいなくなってサウスランド社が訴えるぞというのが定番のジョークだった。工兵部門の中佐ひとりを含む何人かは、アメリカで研修を受けたのちも本国に戻らなかった元ソマリア陸軍の将校だったが、大多数は大学生とアメリカで育った若者たちだ。

電話連絡を受けたわたしは着替えと、スーツと、コルト・オフィサーズ四五口径ピストルに新しい弾薬ボックス、そしてＧＩの野戦装備を車に押し込んでワシントンＤＣを目指した。正確にはヴァージニア州マクリーンである。国外へ出るときの習慣にならって、出かける前に家族を訪ねた。父方の祖母フローレンスのおじいさんは、いかさま油田主で、酒類の密輸業者で、悪名高い治安判事だった。今度の仕事について彼女に説明しようとしたところ、途中でさえぎられてしまった。「あら、傭兵なの！　まあ、気をつけてね。戻ってきたら会いにきてちょうだい」。わたしが育ったのはそんな家だ。

　六時間後、わたしは環状道路の内側にいて、面接を受けていた。仕切っていたのはモーズリーという名のずんぐりした嫌なやつだった。元潜水艦将校のこの男は、話をするときに相手の目を見ず、握手はぐにゃりとした魚みたいに弱々しく、まともな受け答えができないタイプだった。つまり、骨抜きの阿呆だ。一年に一日くらいはモーズリーみたいなやつらを気晴らしに全員ぶった切って間引きする日があればいい。そうすれば人類の遺伝子プールと地球上の生命全般にとって大きなメリットになる。もちろん獲物の数には制限なし。そんな計画があればすぐに乗る。とまあ要するに、わたしはこの男が好きではない。

　いくつかの握手と一度の面接を終えると、くそまじめな契約係の前に座らされた。契約について何か質問や不安な点はありませんかと聞かれた。失礼で生意気なわたしは（しかも二〇代のころはかなりひどかった）まじめくさった顔で質問した。「民間人軍事要員《コントラクター》のわたしはメダルはもらえないわけですね」。彼はユーモアが理解できずに困った顔をした。かわいそうに。彼が何がどうなっているのかを把握するより早く、わたしは彼のモンブランの万年筆を取り上げると、契約書をめくって署名のページを開いた。なになに、戦闘服《ＢＤＵ》を着て、東アフリカで白人のご主人様《ブワナ》に仕えて、年間一六万ドル？　問題なし。あっというまに署名した。

　現地での任務は、アメリカや国連ソマリア活動《ＵＮＩＳＯＭ》のいろいろな部隊で行なわれている希望回復作戦《オペレーション・リストア・ホープ》の地域を飛びまわって、一〇〇名のチームメンバーの個別任務を調整することだった。ヴァージニアでは、BDMが寄せ集めたソマリア人の群れを見張って、なんとかして交戦地帯へ行くための準備を整えることが仕事だ。会社が実施した通訳候補の面接にも立ち会った。不合格者はあまり出なかった。わたしが見たところ問題のありそうな人間が何人かいたが、BDMはさっさと契約人数を埋めて代金を回収したがっていた。わたしの意見には耳も貸さない。面接にやってきたのは環状道路周辺の近隣からの人間がほとんどだった。時間をかけてアメリカのほかの地域や、あるいはトロントまで行けば、もっと適任のソマリア人からも応募があるかもしれないのに、それでは遅すぎるらしい。BDMとしては一刻も早く名簿を埋めて、人員を送り込む必要があったのだ。

国務省からも職員が二、三人やってきた。この集団の身元を調べるのだという。でもいったいどうやってそんなことができるというのだろう。ソマリアは混乱のさなかだ。インフラは完全に破壊されており、たとえ記録が残っていたとしても入手することは不可能だった。彼ら（わたしたち、ではない。わたしを入れないでくれ）はこの人々が話すことを額面どおりに受け取らなければならない。うそが上手なのはソマリア人に共通する文化的特性なのだといわなかっただろうか？　そもそも彼らのほとんどは不法入国者だ。ならばどれほど信用できる？　結局、面接時に応募者に個人的なことを質問しただけで、それが個人情報として記録された。

残念なことに、わたしが異議を申し立てたにもかかわらず、彼らはソマリア人がどの氏族に属しているのかを記録しなかった。氏族ということになると、よちよち歩きのころにアメリカに渡ってきた若者は家に電話をかけて母親にきかなければならない。するとモーズリーは、通訳者や翻訳者の所属氏族を突き止める必要はない、そういう区別はしない、という。ソマリア語のネイティヴスピーカーはソマリア語のネイティヴスピーカーであって、ソマリアで使う装備一式のようにほいほいと取り替えのきくパーツか何かだと思っているらしい。この姿勢と見落としのせいでのちにひどい目にあった。現地では大問題だったのだ。

わたしがアフリカ文化に詳しいからといって、モーズリーと、大学を出てから二年しかたっていない彼の助手がわたしのアドバイスをきくと思ったらおおまちがいだ。ハーヴァードで教育を受けていようが、東アフリカに滞在経験があろうが、彼らにとってわたしはたんなる粗野で頭の悪い傭兵だった。

モーズリーはソマリアとソマリ文化や社会についてまったく何も知らなかった。だからもちろん仕方がない。そこでソマリア人と何か「約束」する場合にはわたしにきいてからにしたほうがいいと彼に忠告しておいた。彼にはソマリア人がペテンに長けていることなど想像すらできなかった。それで数週間のあいだにまんまと騙され、口をぱくぱくさせて、水から出た魚みたいに目をぎょろつかせながら「どうしてこんなことに？」と思いを巡らせていた。まったくなんという海軍将校だろう。考えるもの嫌だ。六、七人のソマリア人にどうでもいいことで難癖をつけられたときにも水から出た魚の真似をして、自分がしでかしたヘマについてわたしにぶつぶつ文句をいう。それで結局わたしが始末をつけなければならなくなる。タクシー詐欺がいい例だ。

ある日、何人かのソマリア人がモーズリーに近寄って、タクシー代の精算はしてもらえるのかと尋ねた。彼らは用心深く、わたしが別の用事で忙しいときをねらった。責任者であるモーズリーは依然として状況を理解しておらず、「もちろん、五〇ドルまでは精算するので領収書をもってきたまえ」と答えた。愚か者め。ここで雇われたソマリア人の半数は現在も、あるいは元タクシー運転手だというのに。翌朝、オフィスの玄関にタクシーが停まった。モーズリーが興味深げに見守るなか、六人のソマリア人が降りてきて、タクシーの運ちゃんに手を振った。おそらく親戚だろう。彼らはただちにモーズリーの元へいき、それぞれが一枚ずつ五〇ドルの領収書を差し出した。彼がいつものように口をぱくぱくさせて目をそらせていると、ソマリア人たちは怒り出した。モーズリーのポケットからパリパリの五〇ドル紙幣がすぐに出てこなかったからだ。五〇ドルなら精算するといったよな？　モーズリーは全員で一台に乗ってきたではないかと反論した。面の皮が厚い大うそつきのソマリア人はそろって、別々のタクシーできたといって譲らなかった。モーズリーは幻覚でも見たにちがいない、と。わたしはだいぶ前から、彼が自分で踏んだドジから救い出してやるのをやめていた。わたしが首を横に振りながら立ち去るころには、ソマリア人は自分たちの説明を半分くらいモーズリーに信じさせることに成功していた。

　ソマリアの仕事はふたりの退役軍人と一緒だった。両方とも空軍あがりだ。大佐のニールは以前にもＢＤＭの仕事を引き受けたことがあるが、アフリカは初めてだといった。彼は仕事のあいだ中ずっとなまけていた。連絡のための訪問を嫌がり、通訳との接触はどれも雑用だと考えていた。彼は社員だったので、ＢＤＭとしては支払った給料分の仕事をしてもらえればそれでいいらしかった。

　下士官《NCO》のカールも嫌なやつだった。同じくアフリカ未経験で、細長いイタチのような顔をしたごますりのこの元事務員は空軍を退役したばかりだった。この仕事を引き受けたのは、ＤＣに戻ったときにＢＤＭのデスクワークに移れるからだとあっさり認めた。戦場には全然行きたくなかったのだ。ソマリアにいるときは自分の「諜報体験」の話ばかりしていたが、これといって特別でもなく、真実だと確認できるわけでもなかった。ソマリアで一緒に仕事をした陸軍の情報部門の兵にむかってスパイ学校の「等級スキル」について自慢しはじめたところ、すぐにこき下ろされた。本当にそういうものをやった人間は、そのことについては語らないものだ。彼は紙袋から自力で脱出できないほどに非力だったが、陰で人を中傷するのは得意だった。あるときM16を手渡されたとたん、まるで手がやけどをするとでもいうようにわたしに投げてよこした。イギリス人がいうところのろくでなしである。

東アフリカの対ゲリラ作戦（戦争以外の任務《OOTW》）で支援任務にあたる民間請負の特殊作戦にとってこのふたり以上に不適任な人間はいなかった。けれどもＢＤＭのオフィスの青二才は彼らを気に入っていた。

この仕事全体のなかで希望が持てる人材はといえば、国防総省からやってきた文官だった。レイン・オルドリッチは、このプロジェクトにおける国防総省の活動責任者リプキー大佐とともに仕事にあたっていた。わたしはフォート・デヴェンズ時代からレインを知っていた。彼はそこで情報訓練所の准尉だったときに軍から離れたのだ。以前わたしは彼の末娘と交際していて、もう少しで婚約するところまでいった。わたしたちが出会ったとき、ロリはオフィサーズ・クラブと駐屯地の衣類販売店の両方で働いていた。何年もあとになってからわたしは彼女の娘の名づけ親となり、三人の子どもの説教役にもなった。

わたしがソマリアの仕事を引き受けたとき、ロシア語が堪能なレインは、陸軍省の文官として国防総省の陸軍言語教育プログラムと取り組んでいた。防衛関係の契約ではよくあることだが、請負業者のＢＤＭと依頼人の国防総省は、わずかながら敵対する関係にあった。要するに、どこの民間請負業者でもそうだが、ＢＤＭが陸軍をごまかそうとするのである。モーズリーのようなずる賢いやつが責任者になったことで、これがなかなかおもしろいことになった。レインとわたしは仲がよかったので、たがいに知らないふりをしていた。たとえ、ＢＤＭに内緒でわたしが彼の家の客間に滞在していたとしても、だ。モーズリーはどうしていつも自分のうそやごたごたがリプキー大佐に筒抜けなのか、どうしても解明できなかったようだ。ひょっとするとわたしは請負人失格かもしれない。自国の政府にうそをついたり、アメリカ陸軍を食い物にしたりすることは絶対にしないのだから。

レインに紹介されたときは「はじめまして、オルドリッチさん、お会いできて光栄です」だった。日中は一緒にプロジェクトを検討し、夜になればおいしいワインや、奥さんのリンダが作るさらにおいしいディナーを口にしながら、たがいのメモを比べ合った。わたしのような独り者にはぜいたくな暮らしだった。

さて、わたしたちはソマリア人全員をバスに乗せて、手続き、予防接種、装備品割りあてのためにアバディーン性能試験場へ連れて行った。装備の割りあてのときにはわたしが先頭に並んだ。まずは自分で装備一式を受け取って、きちんとしまっておきたかったのだ。そうすれば手順がわかって全員が正しいものを受け取っているかどうかを見張ることができ、その日の活動を順調に進めることができる。前列にいたとりわけおしゃべりなペテン師数人は、自分たちが軽くあしらわれたと思ったらしい。ばかどもめ。

次は昼食だった。ソマリア人はイスラム教徒なので、わたしはまっすぐに炊事係の軍曹のところへズカズカ歩いて行って（また一番前に行っているという不満の声がすでにもちあがっていた）、メニューに豚肉はあるかときいた。「いえ、ありません」と軍曹が答えた。わたしは後ろへ下がって、列の最後部へまわった。ソマリアの問題児は自分たちが勝ったと思ったのだろうが、わたしはただ、アメリカ陸軍歩兵将校なら誰でもやるように、部隊の隊員全員が食事を始めるのを見届けるまで待ってから列に並んだだけだ。二〇人くらい列が進んだところで、五、六人が皿を手に列のほうへ戻ってくるのに気がついた。うれしそうな顔ではない。皿にはほうれん草のようなものがのっている。ああ、いかん、メニューにあった青物野菜だ。そう、南部で古くから親しまれているコラードグリーン（伝統料理では豚の足と一緒に煮込む）、ベーコンチップ入り！　これは申し訳ない。わたしはすぐさま全員に一言告げてから、炊事係にきさまはばかだとわからせてやった。彼はこの騒動がいったい何なのかわかっていなかった。イスラム教徒は豚を食べないということ自体、初めて耳にしたのである。ここにいる黒人の多くがイスラム教徒であることはむろん知らないだろうし、ましてや豚のモツ、ポークリブのバーベキュー、豚の足、コラードグリーンなど、アメリカ南部の伝統的な黒人料理を食べないなど思いもよらなかったにちがいない。

女性ソマリア人のなかには口説きたくなるほどの娘もいた。なんといっても、スーパーモデルのイマンもソマリア出身である。二、三人は、はっとするほどいい女だった。ひとりはスアドという名で、典型的なソマリ美人だった。わたしたちが病院で注射の順番を待っていたとき、ガンマ・グロブリンは尻に打つのでついたての裏へまわってズボンを降ろすよう指示された。「スアド、その野郎にディナーをおごる約束をさせてからにしろ！」とカールが叫んだ。

予防接種前に人数を数えると、何人か足りない。接種済みのカードがなければソマリアには行けない。六人の不良が非常階段に隠れてタバコを吸っていたので、尻を蹴飛ばしてなかに入れと命じた。ああしろこうしろといわれるのは好きじゃない。彼らはそういった。それは残念だったな。ソマリアに行ったらどうなると思っているんだ？　わたしが叱りつけたとたん、彼らはなかに入ってモーズリーを取り囲んだ。装備品割りあてのときに、がなりたてていたやつらだった。

おもしろいことに、今度は最前列は嫌だという。わたしはすでに予防接種の責任者に自分の接種カードを見せて、ひとつかふたつだけでよいという指示を受けていた。以前ケニアを旅したときと、フォート・ベニングの任務で受けた注射のおかげで、まだ免疫が残っていたのである。

わたしは最前列に進んで必要な注射をすませた。割り込みだと文句をいう者はひとりもいなかった。ソマリア人はみな注射をひどく怖がっていた。彼らは知らないが、最後の人間よりも最初の数人のほうが丁寧に打ってもらえる。一〇〇人ほどぶすぶす突き刺したあとの男性内科医補佐（准尉）と看護師は疲れていて、痛くないように注射をすることなど頭にないからだ。わたしは問題児たちが最後尾になるように念を入れた。

いきな取りはからいだと思ったことだろう。

ヴァージニアにやってきてすぐ、前のガールフレンドから絶交状が届いた。彼女はロチェスターにある大学から戻ってパーティーを開き、わたしの酒をすべて空にしたあげく部屋をめちゃめちゃにして出て行った。要は、わたしたちの関係は終わったということだろう。そのひと月ほど前に空港警備会社で働いていたとき、わたしはカンザスシティにいたことがあった。ホテルの警備用車両に乗っていたとき、ユナイテッド航空の客室乗務員と出会った。たがいに惹かれ合ったわたしたちは電話番号を交換した。

アレクサンドリア出身の彼女は、わたしの滞在している場所から近いレストンに住んでいたので、電話をかけてみた。ジュディとわたしはまもなく、事実上彼女の部屋で一緒に暮らすようになった。彼女の母親はわたしがソファで寝ていると信じていた。クリスマスには彼女の家族とともにミサへ行き、家族の家に泊まった。母親が、屋根板に糞（コンビーフをのせたトースト）を朝食に出してくれた。わたしたちの関係はうまくいっていて、はっきりいってかなり本気になっていた。

ソマリアへ発つ前の晩、タイソンズ・コーナーのヒルトンホテルに泊まった。この日はちょうど出発の手続きが完了した日で、BDMはオフィスに近いこのホテルを利用していたのだ。朝になると、航空機の手配に問題があったのでいったん解散すると告げられた。行動を開始するまで数日から一週間かかるという。わたしは書類手続きのためにBDMのオフィスへ顔を出さなければならなかった。博士号をもっているという、わたしと同じくらいの年齢のうぬぼれ屋でへどが出そうなほど嫌なやつの車に乗った。たいした話はしなかった。やつはこちらを見下していて、やけに威張った態度だった。だがわたしがハーヴァードへ行ったとわかったとたんにぴたりと口を閉ざした。人の出身校はきいておいて、自分のことは何もいわないというわけか。それはそれでかまわない。だが、会社のために金を稼いでいるのは誰だと思っているんだ？　ブーニーハットをかぶって泥だらけの軍靴を履いた、俺たちみたいな第一線にいるやつらだ。社内文書やシンクタンクの分析報告を回し合っている学識者じゃない。

わたしは砂漠仕様の「チョコレートチップ」戦闘服に砂漠用軍靴という格好だった。やれやれ、オフィス内を歩きまわるわたしに向けられる視線といったら。この数週間、スーツとネクタイ姿のときには誰からも見つめられたりあれこれいわれたりすることなく仕事をしていた、その同じ場所だというのに。オフィスの女性たちは、この会社がこの契約でどんなことをやって金儲けをしているのかという実態から遠く離れたところにいるために、どう解釈していいのかわからないのだ。

結局、次の移動命令が下されるまで数週間も北部ヴァージニアにとどまることになった。それからようやく象のもとへと旅立った。アフリカ再訪である。わたしの荷物には民間用のコルト・オフィサーズ四五口径と九ミリのベレッタが入っていた。ＢＤＭの方針など知ったことか。ソマリアでは武器をもち歩いてはいけないことになっていた。わたしたちがソマリア人を撃って会社が訴えられることをＢＤＭの弁護士が恐れたためだった。わたしたちの支援にあたるアメリカ陸軍の少佐が長たらしい演説を始め、「武器は携帯しないように！」と叫んでいた。　だがじつは、彼からアメリカ陸軍の兵器を引き出すことは認められていないが、民間人軍事要員《コントラクター》や陸軍省の文官が武器を携帯することを禁ずる規定はない。元空軍大佐のニールは実際にわたしのところへやってきて、武器の調達はおまえにまかせるといった。それはどうも。わたしが銃器所持で捕まっても、自分はもっともらしいことをいって言い逃れができるというわけか。キーワードは「自分たち」ではなく「自分」である。

ドーヴァー空軍基地へ行くバスに乗るために全員が制服を着て集まったとき、またしてもモーズリーが招いた事件に遭遇した。「ビューティー・クイーン」とあだ名をつけられたソマリア人の女がスーツケースをもって現れたのだ。四人の男がそれを運んでいる。（彼女の容姿はとても魅力的とはいえない。あだ名の由来は化粧、香水、アクセサリー、そして高慢な態度である）。個人用の荷物はどれくらいもっていけるのかという問いに、モーズリーは大きさと重さを指定するのではなく「一個」と答えたのだった。どうしようもないばかだ。BDMには一人あたり数ドルの費用で、ジムバッグでも一泊用のバッグ（基礎訓練ではAWOLと呼ばれているもの）でも安いリュックでもいいから、全員に同じバッグを支給するよう助言してあった。それなのにまたこれだ。潜水艦員モーズリーは聞く耳もたず！

ニール、カール、そして二五名ほどのソマリア人は、わたしの三〇人グループより先に現地へ発っていた。わたしは第二陣を連れて行ったあと、数日以内にソマリアからドーヴァー空軍基地へ引き返して残りを拾うことになっていた。ドーヴァーでは全員に、強度の高いケブラー製ヘルメットと個人用装具の身につけ方や、緑色の森林用防弾服の上に砂漠仕様のカムフラージュカバーをかける方法を教えた。これが思ったよりたいへんなことだった。作業と呼べることとなると必ず誰かが文句をいうのだ。結局わたしは半数の装備を整えてやらなければならなかった。くわえて、軍靴を履くときにも、ひもの結び方を見せてやらなければならなかった。いつもサンダルかローファーの彼らは、これまでひも靴など履いたことがなかったのである。

ソマリア人には気が狂いそうになることがある。人にものをたずねておいて、答えにけちをつける。それが集団になるともう聞きたいことにしか耳を傾けない。あるときわたしは売店の別館で爆発した。あまりに激しく怒りすぎたために小さな脳卒中を起こしたのだと思う。耳のなかで血液の流れる音が聞こえ、頭がずきずき痛み、めまいがした。わたしは外に出て歩道の縁石に座り込んだ。強烈な痛みだった。血管が破裂したにちがいない。これからはもうソマリアだろうがアメリカだろうが、ソマリア人が何をしようとかまうのものかとわたしは決意した。

数年後、請負の仕事について国防総省の計画担当者に詳しく調べられた。ソマリア人と仕事をしてどうだったかとの問いにわたしはこう答えた。「ソマリア人は東アフリカ一のうそつきで、いかさま師で、悪党で、卑劣な殺し屋です」。面談をしていた大佐はいった。「あまり彼らを好きではないように聞こえるが」。それは誤解だ、とわたしは告げた。「いえ、勘違いしないでください。彼らには敬服しています。あの国で生き延びるためにはそうなるしかないからです。彼らが住んでいるのは世界でもっとも生きていくのがたいへんな場所なのに、自分たちの置かれた状況にみごとに適応しているでしょう？　わたしたちの文化という色めがねで彼らを見てはいけません」

わたしは今でもそう思っている。ＢＤＭは請負の仕事について明るい見通しを描いてみせた。わたしたちが実際にソマリアで遭遇したような問題、あるいはソマリア人の採用と管理の問題点については何ひとつ語らなかった。ゆえに、前もってわかっていたことなど何もなかった。だから契約の実行状況についてどう思うかということなら、わたしはＢＤＭに苦情をいいたい。わたしは書類に記されたうそを裏づけるような話をするつもりはない。個人的には納得のいく仕事をした。もっとも、ＢＤＭは任期の一週間前にわたしを呼び戻して二度と現地に派遣せず、ボーナスを払わないで済ますというごまかしをした。それからフォート・ポルクで急ぎの仕事があるからとフォート・チャフィーで面接をして、まかせたといっておきながら、あとになって不適格だと通知してきた。そうしているあいだに、ソマリアの契約を監督していた国防総省の大佐は退役直後に都合良くＢＤＭで仕事を得た。いやはや。

飛行機のなかはおおむね安泰だった。吐き気を催す人間が出はじめたので、わたしは乗り物酔いどめの薬を配った。それでどうなるというものではないが、飲めば気休めにはなる。そういうつもりだった。ひとりの男が貨物機の窓のない二階席は後ろ向きに座席が配置されていると気づいて騒ぎ出したので、落ち着くまでなだめてから静かにするよう約束させた。サウディアラビアのタイフ空軍基地を経由して飛行時間が丸一日を超え、モガディシオへの到着が近づいたころ、わたしはみなに向かってソマリア語で「ソマリアへおかえりなさい」と告げた。誰もが手をたたいて歓声を上げた。夜になって地上に降りてからもまだ全員が高揚していた。モガディシオで何が起きているのかなどまったく知りもしなかった。

その晩は古いモガディシオ国際空港ターミナルに雑魚寝をしなければならなかった。そこはひどい有様だった。アメリカ空軍が管理していたにもかかわらず、薄汚れてゴミが散らばっていた。活動全体がきちんと組織されていないのだ。山積みの簡易ベッドのところへ案内されたので、ソマリア人が自分たちの寝床を作れるようにとわたしは組み立てをやってみせた。大部分はなすすべもなく突っ立っているだけで、数人は豪華な宿泊施設がないと憤慨しているように見えた。そして全員が大きなショックを受けていた。そして、いかにもソマリア人らしく、誰もがわたしが実演用に組み立てた簡易ベッドを自分のものにしようとする。いやいや、だめだね、ぐうたらめ。これはわたしの分だ。わたしは古い免税店内で土産物を探したが、モガディシオ国際空港と書いてあるアメリカン・エキスプレス・クレジットカードの機械を見つけただけだった。

国連任務の一環としてパキスタン軍の兵士が飛行場を警備していた。ここでいう「警備」と「兵士」は広い意味でそうだということだ。彼らはなんともみじめな負け犬集団だった。一団はターミナルビル出入り口と滑走路のあいだにある屋根つきの部分に簡易ベッドを置いて寝泊まりしていた。彼らはゴミやほこりや食べ残しを、滑走路とを隔てている膝の高さぐらいの鉄格子の向こうへ掃き出していた。飛行機が着陸するたびにそのほこりと腐りかけの残飯がすべて吹き飛ばされて戻ってくる。信じがたい光景だ。すでに何カ月もそこにいるのに、いまもって屋内の宿泊所やちゃんとしたトイレもない。ターミナルビルのトイレは使い物にならず、生物にとって危険な場所《バイオハザード》になっていたので、アメリカ空軍は木製の簡易トイレを近くに設置していた。見ると、ふたりのパキスタン人がトイレのためにアメリカ軍の区域へ立ち入ろうとして空軍兵と口論になっている。自分の分は自分で建てろよ、怠け者野郎。

朝、装備と一緒に簡易ベッドも積み上げている通訳者がいた。なかなかいい物々交換材料になりそうだとは思ったが、やっぱりだ。そうこうしているうちに、最初の便に乗ってきた集団のふたりの男（どちらもアバディーンでの問題児）に会った。彼らは海兵隊つきになり、前日にはソマリアの民兵と銃撃戦になったという。火力支援として武装ヘリコプターのコブラが頭上を飛び、コブラの機首に装着された機関銃から熱い空薬莢が飛んできて彼らにあたったらしい。ふたりともM16を渡され、銃撃戦で撃ったという。

ふたりともまるで海兵隊員に見えた。数週間前と比べたら見違えるような変化を遂げていた。男らしくなった。どちらも準備段階でわたしからさまざまなことを教わったと大げさに礼を述べた。装備の手助け、戦闘や戦術の講義、そしてあれこれ怒鳴り散らしたことまでおおいに感謝された。「こんな状態だとは思いもしなかったんです。クロットさん、備えをしてくださってありがとうございました」。態度が一八〇度転換していた。わたしが同郷の人間を撃つのはどんな気持ちかと尋ねるとふたりは答えた。「え？　冗談じゃないですよ。俺たちはアメリカ人です、ソマリア人なんかじゃない！」　我が家から何千キロも離れて自動火器の銃口を向けられたとたんにこうも変わるとは。なんとも妙な気分だった。

入国してからたったの六時間しかたっておらず、しかも古いターミナルビルに缶詰にされたままのわたしのグループは、まだ自分たちが直面する状況を知らない。わたしはこのふたりの若者に彼らと話をさせ、鉄条網の外に出て仕事を始めたときに遭遇する事態について予備知識を与えておくことにした。だがたいした備えにはならなかったようだ。わたしたちは二トン半トラックに乗って、戦闘地域を抜け、アメリカ大使館のなかにあるオフィスへ向かった。わたしには自分たちが足を踏み入れようとしている場所の状況がよくわかった。だがソマリア人、とりわけ何年も帰国していなかったか、あるいは外国で生まれて一度も来たことのない者にとっては衝撃だっただろう。

ベルリンの壁が崩壊してからまもなく、ブッシュ大統領は『ワシントン・タイムズ』紙の元編集者スミス・ヘンプストーンをケニア大使に任命した。大統領がアメリカの介入を発表する数日前にヘンプストーンが国務省の上司に注意を促す（そして内密の）電文を送っていた。アメリカはソマリアに介入する前に「一度、二度、そして三度」は考え直したほうがよい。ソマリア人は「生まれながらのゲリラ兵」でアメリカ兵を待ち伏せたり奇襲をかけたりする、とも警告している。「彼らは車列を止めることはできないだろうが、どちらの側にも死傷者が出る」

不幸な結果をもたらした一九八二～八三年のアメリカによるレバノン介入で最終的に二六〇名以上の海兵隊が犠牲になったことに触れて、ヘンプストーンの電文はこうしめくくられている。「ベイルートがお気に召したのなら、モガディシオもいいでしょう」

トラックが飛行場のゲートを出るとすぐ、わたしはバッグ代わりにしているイスラエル軍パラシュート兵の地図入れからこそこそとコルト四五オートマティックを出してプレス・チェックをした。コック・アンド・ロック、コンディション一。この状況を丸腰で通過するつもりはなかった。いざ銃撃戦になったら拳銃一挺がどれほど役に立つのかはわからないが、もしものときには立ち上がって攻撃する覚悟はできていた。それに激しい撃ち合いになればなったで、ライフルのひとつやふたつはあたりに転がっているだろう。

車がモガディシオを通り抜けていくと、わたしと一緒にトラック後部に乗っていた通訳者の多くは目に見えて怖がっていた。わっと泣き出してほとんどヒステリー状態の者もいた。それが空爆で破壊されたモガディシオの風景のせいだったのか、これがお遊びではなく月額二〇〇〇ドルのれっきとした仕事であることをふいに悟ったせいだったのかは、わたしにはわからない。

モガディシオはくそだまりだった。そして一四年後の今もくそだまりだ。飛行場でC５から降りて初めてモガディシオを通ったときの日誌にはこうある。「路上にひしめき合うソマリアの人々が、荒廃したこの町を通り抜けるわたしたちを無表情に見つめ返した。その顔はみなむっつりと沈んでいたが、敵意というわけではなかった。あまりにもたくさんの不幸や苦しみを見てきたために、もはやそんなものには心を動かされないという表情だ。武装して同乗している部隊（彼らはソマリア人ゲリラに銃撃され、少年に石を投げつけられ、子どもに嫌がらせをされている）が不安げに人ごみや屋根の上に目を光らせていた。大使館に到着するまでみなあまり口を開かなかった。大使館は、破壊された建物のがれきと悪臭を放つゴミの山のまんなかで、大規模軍事作戦でごったがえし、ミディアムサイズの汎用テントや発電機や連絡用のワンボックスカーやハンヴィー（高機動多用途装輪車両）にはさまれていた。赤道に近いソマリアの灼熱の太陽の下、東アフリカ固有の野草が花開いているのを見つけて驚いた」

どこもかしこも病んでいたあの国でわたしが目にした唯一の本当に美しいものが、そのアフリカすみれの一群だった。

到着翌日、勝手にフェンスの外へ出たまぬけがふたりわたしの元へ差し出された。ゲートの見張りをすり抜けて女を追いかけたらしい。ばか者め。当然のことながらふたりは入国を禁じられ、部隊に拘留され、即座に本国送還が決定した。プル・ランクラージュマン・デゾートル――見せしめである。ニールとカールはわたしに、ふたりと話をして解雇とアメリカへの送還手続きをしてこいという。彼らは書類の整理で忙しいからと。ああ、そう、書類の整理ね、なるほど。これで、残りの任期で誰が何をするというのがほぼ決まったようなものだった。

今回の問題児ふたりはアバディーンでめそめそ泣き言をいっていた連中で、顔を見るなり泣きついてきた。「お願いです、クロットさん」。めそめそ、ぐずぐず、めそめそ。やれやれ、オトモダチになってやるか。わたしは愛想のよい顔をして、いかにも彼らを助けたいようなふりをした。「いやあ、それが打つ手がないんだ」。本当は「きさまら、とっととうせろ」である。自業自得だ。

問題はほかにもあった。ソマリア人は途方もない詐欺師だといったことを覚えているだろうか。ひとりの女、あのビューティー・クイーンが所属部隊に姿を現すなり指揮官に告げた。そろそろ休暇のはずなんですけど。ソマリアに着いてからまだ三日しかたっていない。しかし彼女を信じた担当下士官《NCOIC》はそうは考えなかった。そこで、本来なら休養回復休暇が取れるはずのアメリカ兵がそれを取り消され、女は彼の分の休暇フライトでケニアの小島、モンバサへ行った。それが発覚するまでにそう時間はかからなかった。

こうした負け犬たちとは対照的だったのが「サム・H」だった。彼は妻と一緒にBDMに雇われ、通訳チームの一員としてソマリアに派遣されていた。ふたりは二〇代の若いソマリア系アメリカ人で、そろって教養があり、礼儀正しく、努力家だった。一緒にいると楽しかった。わたしはいつどこでも、友人として喜んで彼らとつきあうことができただろう。サムはすでに特殊作戦部隊の任務ですばらしい仕事をしていた。わたしはサムの特別任務の指揮官との連絡役で、サムは北部のソマリランドへ向かうことになっていた。表向きにはそこで作戦活動は行なわれないことになっていたが、実際には活動していたのだ。サムの振る舞いと、自分で背嚢をかつげるほどの体力にはグリーンベレーも舌を巻いた。彼が望めばアメリカ陸軍特殊部隊か、あるいはＣＩＡにでも入れる能力と可能性があった。果たして情報機関や極秘任務の道へ進んだのだろうかとわたしはしばしば思いを馳せる。アメリカの政府や軍隊が人的情報《HUMINT》や特殊作戦任務で国外に人員を配備するときに、アメリカ国内に存在する少数民族社会から募集すべきなのは「サム」のような男だ。

まもなく、ヴァージニアにいる愚か者モーズリーのしつこい追跡が始まった。最初の苦情は、わたしが一〇〇ドル紙幣での支払いを拒否してソマリア人通訳に二〇ドル紙幣を渡しているということだった。彼らが一〇〇ドル紙幣で欲しがっているのは知っていた。闇市場ではそのほうが交換レートがよかったからだ。でもわたしにはどうしようもない。一〇〇ドル札で払わない理由は、アメリカ陸軍の資金調達部に一〇〇ドル札がないからだ。支払日ごとにわたしが二五万ドルを受け取る資金調達部によれば、アメリカ国務省が闇市場に一〇〇ドル紙幣が出まわることに難色を示しているということだった。一〇〇ドル紙幣は薬物売買、マネーロンダリング、そしてテロといった不正な取引の資金運びを容易にするためである。ソマリアには一〇〇ドル札はない、国務省が許可していないとどれほど説明しても、モーズリーには理解できなかった。本当に信じられないような男だ。しかも責任転嫁は得意ときている。ソマリア人に聞いたところによると、彼は一〇〇ドル札で支払えないのはわたしのせいだといったらしい。この問題だけで数日は費やした。これはわたしが対処しなければならなかった、どうでもいいことのほんの一例である。

バリ・ドグレ、バイドア、バルデラ、キスマーヨといった作戦地域とモガディシオを結ぶ飛行機を利用するわたしはモガディシオ空港への往復でいろいろな車に乗せてもらったが、それ以外にも何度かモガディシオ周辺で、『ラジョ（希望）』紙を作成していた心理作戦部隊の車に乗る機会があった。『ラジョ』はソマリア語の新聞で、それを印刷するのと同じ部隊が、そのソマリアで唯一の新聞を市内で配布する仕事も受けもっていた。ハンヴィーの運転台ではなく隊員たちとともに後部に乗ることにしたわたしがそこで出会ったのはあのビューティー・クイーンだった。彼女は『ラジョ』の配布を呼びかける仕事が天職だと悟ったようだ。心理作戦部隊の車両が町中を走りまわって、意図的か、はたまた偶然か黒人のアメリカ兵が車から降り立って山積みの新聞を配っているあいだ、クイーンは車両の後部で誇らしげに、これ見よがしに立ち上がって、マイクで「ラジョ、ラジョ、ラジョ、スバ　ワナハセヅ」と町中に声をかけていた。彼女はひとり悦に入っていた。あたしはスターだわ。

あるとき、その日の配布を半分くらい終えたところで攻撃を受けた。運転手がアクセルを踏み込み、タイヤをきしませながら角を曲がったところで、ソヴィエト製五一口径マシンガンの緑色の曳光弾が何発か頭上で光った。車両後部にいた心理作戦の下士官ふたりとわたしはとっさに身をかがめて応戦する準備を整えながら、マシンガンの位置を突き止めようと、攻撃目標を探して遠ざかっていく屋根の上を見回した。ビューティー・クイーンはいくらかあわてていた。ハンヴィーの運転台につかまっていた手が離れ、もう少しで車から投げ出されそうになったのだ。この運転手ったら、なんてことするのよ。びっくりするじゃない。

実際、彼女は振り返ってとがめるようにわたしたちを見つめた。わたしたちが明らかにしゃがみこんで機銃を発射しようとしていることなどおかまいなしだった。それから彼女は、運転手が回避行動をとって機関銃弾をぎりぎりのところでかわしているあいだも、ローズボウルのパレードクイーンのようにマイクで呼びかけ、笑顔で手を振っていた。わたしは後部にいた兵と目を合わせた。彼は肩をすくめて「なんだあいつは。おまえが何もいわないなら俺も黙っておくが」という顔をした。インチキをして哀れな兵士からせっかくの休暇を奪った罰として一発あたればいい。わたしはほとんどそう願っていた。

わたしはまた軍事情報部の車に乗ることもあった。彼らは市内で「接触」する段取りをつけたり、一般車両に機関銃などを取りつけて攻撃できるように改造した「テクニカル」や武器の隠し場所を探したりしていた。あるときは、走行不能ではあったが使用可能な旋回砲塔と九〇ミリ砲のついたパナールＡＭＬ90装甲車が見つかった。こぢんまりしたイタリア人居住区からわずか一五〇メートルほどの場所で、大使館の敷地からは数ブロックしか離れていない。装甲車の近くにあった鍵のかかったコンテナからは大量の兵器が発見された。また別のときには、近くの家屋で話し合いが行なわれているあいだ中、外でぶらぶらと膨大な時間をつぶしたことがあった。やがて子どもの一団がやってきてキャンディをくれというというので、結局わたしは彼らと遊んでやるはめになった。ただ、わたしたちがその近辺でもたついていたあいだの警備は、M16しかもたない軽武装の軍事情報部の若者がたったふたり。こういう状況では物事が急変することがあると知っていたわたしは気が気ではなかった。情報部のチームが、モガディシオで自分たちが負っているリスクの大きさや深刻な事態に陥る可能性を心得ていたとは到底思えない。

モガディシオの街路はときに人通りがまったくないかと思えば、もうもうと黒煙をあげ、やかましいソマリア人がすし詰めになったポンコツ車がびっしり並んでいるときもあった。地区や時間帯によっていろいろだ。多国籍軍の車列やパトロール隊とよくすれ違った。多国籍軍には、植民地時代の圧政者だったためソマリアではとりわけ好かれているとはいえないイタリア軍のほか、モロッコ、ボツワナ、カナダ、オーストラリアの軍隊が参加していた。その一方で、市内を三〇分走行していても軍のグの字にも出会わないこともあった。

オープンカーのハマーには問題があった。運転手とショットガンが側面から丸見えだったのだ。そこで屋根もドアもないハマーに乗るときは、ゴーグルと手袋をはめた。これは泥棒の手から身を守るためであり、投石による怪我を防ぐためでもあった。また、手榴弾を蹴り落とすことができるように車両後部の開閉板は降ろしたままになっていた。どうやらここでは誰でも標的にされるらしい。わたしが最初にソマリアの悪党どもにねらわれたときはオートマティック銃で三度短く銃撃された。撃ったやつは見つからなかった。実際、銃撃戦に発展することはほとんどない。銃撃が通り過ぎる我々を本当にねらったものであったのかどうかも定かではなかった。

おきまりの、しかもときに気まぐれとも思えるような銃撃で穴があく可能性以外に、モガディシオを車で走りまわるときに危険がなかったわけではない。石などの物体がアメリカの部隊に投げつけられることは日常茶飯事で、顔の傷口を縫わなければならなかった兵は数人どころではなかった。あるときなど、わたしは危うく二階建ての建物から投げつけられた床用のタイルにあたるところだった。タイルはドア枠にあたって粉々に砕け散り、わたしの顔と首にとがった破片をまき散らした。いくつか切り傷ができた以外、わたしは無事だった。直撃されなくて本当に幸運だった。減速や停車した車両に群がって備品を奪う泥棒が頻繁に出るため、部隊は「人をたたく道具」を備えていた。斧のもち手、自家製のこん棒やムチなど、たたいて車から人間を追い払える物なら何でもいい。まあ、要は撃つよりはましだというわけだ。一九九三年二月四日には、手榴弾とおぼしき物体を手に車両に突進してきた一三歳のソマリア人少年が、海兵隊に撃たれて死んでいる。

部隊を守り、かつ任務を達成するために、ヤンキーの才能を駆使したさまざまな工夫が施されていた。

アメリカ軍は防護対策として、非装甲のピックアップトラックやハマーの後部では調理済み糧食《MRE》の入った段ボール箱をテープやワイヤーでイスの背にしっかり固定して、手で探ったりのぞき込んだりできないようにした。何事もまじめに取り組むカナダ軍は車両の両側に蛇腹型鉄条網を取りつけた。車によっては、荷台の真んなかに木製の長椅子や砂嚢の山が置かれ、射手が外向きに背中合わせに座って、人通りを監視したり、屋根の上に狙撃手がいないかどうかを見張ったり、攻撃に応戦したりできるようになっていた。砂嚢は万が一地雷が爆発したときの保護の役目も果たしていた。射手は車両後部の高い位置に乗り、運転席の陰にまっすぐ立って、常に警戒態勢に入っていた。むろん武器はいつでも発射できるようになっている。車両同士、あるいは運転席と後部との連絡が常にとれるように、運転席との仕切りははずされていた。また多くの部隊で、ひとりひとりにモトローラの携帯無線機が支給されていた。

しかしながら、これほど警戒していても、状況が悪いことに変わりはなかった。ある日、わたしが港の近くでＣＵＣＶ（シボレー・ブレイザーの軍用車）に同乗していたとき、道路にあいた巨大な穴を避けようと速度を落とした運転手の顔からサングラスがもぎとられた。二ブロックほど進んだところで、また同じことが起こりそうになった。わたしがこん棒でテールゲートから盗人三人を振り払って追い出したところ、賊は助手席にいた兵のメガネを取ろうとしたのである。いくつかの部隊では失ったサングラスやメガネの数を数えていた。泥棒のほうも利口になり、ワイヤーフックのついた長い棒で動いている車両の運転台や荷台から物を釣り上げた。犠牲者の多くはまったくのお遊びでドライブにきた人や旅行者だった。大使館の建物内に座っているか、駐屯地でおとなしくしているべきところを、好奇心にかられてモガディシオへのこのこやってきた連中である。

そうしたくそいまいましい旅行者も厄介者になりつつあった。沖合にはいくつかの海軍の艦船が停泊しており、将校らが何かと大使館にやってくる理由をみつけては、ついでにあたりを見物して写真を撮る。おそらくここへ足を運ぶことで賞を受けるにふさわしいと認定されるか、危険任務手あてでも手に入るのだろう。あるとき、わたしがアメリカ陸軍の二・五トントラックの後部で大使館から外へ出る準備をしていると、おそろしく太ったアメリカ海軍の大佐がでかいケツを持ち上げてもらってトラックへ乗り込もうとした。彼女を持ち上げるのに兵士がふたりも必要だった。その大佐の連れもぶよぶよしたデブで、そっちは一応男だった。本当に、冗談抜きで、手助けなしにトラックの後部にのぼれないなら、しかも戦闘用装備も背嚢もないのに乗れないくらいなら、戦争地域はいうまでもなく果たして軍隊にいる意味があるだろうか。

ゲートを通過しながら直ちに行動に移れるように銃を準備していたところ、どちらの海軍将校も自分たちのベルトにぶら下がっているベレッタ92F九ミリ・ピストルを装填して安全装置をかける方法を知らなかった。わたしは海軍大佐のために弾を一発込めて、安全装置を解除したりかけたりするデコッキング・レバーを操作する方法を教え、全員が撃っているときにだけねらいを定めて撃つよう指示した。あとで港に戻ったときに、彼女がどうやって弾を取り出したのかは推測するしかない。

わたしが初めてモガディシオに着いたとき、海兵隊員のひとりが絵はがきのセットを見せてくれた。街の周辺で最近撮影されたもので、銃器を手にした人々も写っていた。撮影した写真家はダニー・エルドンといい、二〇代前半の白人ケニア人だった。エルドンの母親キャシーはアメリカ人で、ナイロビでロイターの支局長をしていた。ある日、オールド・ポートのほうまで足を伸ばしたときに、エルドンと出会った。ナイロビや共通の知人について短い会話をしてから、いつかゆっくり会おうと話した。残念なことに、一九九三年七月一二日、ダンがソマリアで過ごす最後の日、彼はほかの三名のジャーナリストとともにソマリア人の暴徒に殴り殺された。

ソマリアの契約仕事が終わってから一年後の一九九四年三月、ナイロビで彼の父親マイク・エルドンに会った。わたしはちょうど数カ月をスーダン人民解放軍のゲリラと過ごし、スーダンから国外に出たばかりだった。わたしはスーダンにいるときに、ニムレの近郊で、エルドンの友人でフリーのフォトジャーナリスト、マーク・ドミニク・カニンガム＝リードに会っていた。ダンと同じく白人ケニア人のドムはわたしに、ダンの死についてマイクに教えてやってくれといった。マイクには、暴徒の上空を飛行して状況を報告していたアメリカのヘリコプターが、なぜソマリア人に発砲してダンの命を救うことができなかったのかを説明しなければならなかった。けっして楽しい会話ではなかった。

わたしは今でもダニーがくれた彼の絵はがきのセットをもっている。それはいちばん大切な形見であるだけではない。ソマリアにいたときの唯一の記念品でもある。

ソマリアに滞在してひと月ほどたったころ、ドーヴァー空軍基地に戻って次の通訳集団を連れていくよう命じられた。モガディシオ飛行場では待機場所のテントへ案内された。夜間だったので、蛍光灯の目障りな明かりに目をしばたたきながらテントへ入ったわたしは、思わず身震いした。おそろしく寒かったのだ。いまいましい空軍がテントに空調をつけていた。ジッパー頭（髪を真んなかで分けている空軍兵《ズーミー》）が近づいてきた。髪の長さはわたしと同じ位だが、イヤリングをしている。わたしはうそはいっていない。彼の茶色いGIのTシャツはへそ上の長さにカットしてあった。なんということだ。紺色スーツの空軍へようこそ。

「よう、どうした?」と声をかけてきた彼はすぐに、デサンティスの革製ショルダーホルスターに収まったわたしのコルト・オフィサーズ45に気づいた。弾詰まりを起こしていたので、ドーヴァーにもって帰って置いてくるつもりだったのだ。きっと暑さか湿度のせいだ。アメリカで同じ弾薬を使用していたときには何の問題もなかったのだが、砂漠地帯ではどれほどきちんと手入れをしても薬莢が詰まる。それでこれをアメリカに残して、あとでソマリアに戻ってきたときにはベレッタ九ミリを使うことに決めたのだった。少なくとも九ミリなら弾薬の補給には困らないだろう。もっとも、ソマリアで四五口径弾薬を一〇〇発も使い切ってしまうようなことになったら、それはそれで深刻な問題だ。

空軍兵《ズーミー》はポップコーンをほおばっていた。なんとまあ、驚いた、それはどこで手に入るんだ? わたしが一袋買いたいというと若者は答えた。「いいよ、無料だ」。わたしは唖然とした。テーブルにつくと、テントの隅にあるワイドスクリーンのテレビに目がいった。映画だ。空軍の娯楽時間だったのだ。部屋を見回すとほぼ全員がこちらを見ていた。若くてかわいい娘もいた。Tシャツにノーブラ。空調で冷えたテントのなか。くそっ。つい、ぼうっと見とれてしまいそうだった。

アメリカ空軍には驚きだった。ジッパー頭が戻ってきて電子レンジで調理したポップコーンと一緒に水のボトルを手渡してくれたが、わたしはすんでのところでそれを落としそうになった。氷のように冷たかったのだ。信じられない。「くそ冷てえな」。彼はこちらを見た。「おいおい、どこで暮らしてたんだよ。洞窟か?」 いやまあ、そうではないが、かなりそれに近いときもあった。彼はキャンベルの缶詰スープも飲むかときいた。ちきしょう、そんなものもあるのか、もってこいよ。

ソマリアから帰る途中、飛行機はサウディアラビアのタイフに立ち寄った。というかまあ、とりあえずタイフだとわたしは思った。搭乗したときに、行き先はドーヴァー空軍基地で、給油のためにサウディアラビアのタイフに降りるといわれたのだ。離陸してすぐにわたしは眠りに落ちてしまった。わたしの下でソマリアの焼けこげた大地が遠のいていくとわかったとたん、極度の緊張状態にあった体の疲れと痛みがすうっと引いていった。これから一日か二日のあいだ防弾チョッキとヘルメットを脱げることがとにかくうれしかった。わたしは給油のために着陸するまでぐっすりと眠っていた。ふと誰かに起こされて飛行機から降りた。見ると、カーキ色の軍服を着たおきまりのアラブ人がわたしの手荷物をごそごそやって、ウィスキーやポルノがないかを探し、何もないとわかってがっかりした顔をしている。それから砂とヤシの木とかまぼこ型の兵舎があり、そこでわたしはしばらく簡易ベッドの上に横になった。目が覚めるとのどが乾いていたので、同乗していた兵にソーダを買うから一ドル分の現地通貨を貸してくれないかと頼んだ。手渡された通貨には見覚えがなかった。

「これは何だ？」

「エジプトポンドです」

「エジプト？　これは使えないだろう。ペプシを買いたいんだが」

「いえ、使えますよ」

「サウディアラビアでエジプトの金かい？」

「あのう、すみません、ここはエジプトなんですけど」

「えっ、ああ、そうか、すまん、ありがとう……」

航空機がカイロ・ウェスト空軍基地に行き先を変更していたのだ。エジプトに降りて五時間もたっていながら、そんなこともわかっていなかった。まったく、わたしにはどこも同じに見える。アラブ人、ヤシの木、砂、そして……たくさんの砂。くそくらえだ。

モガディシオを発つ前に衛星電話でジュディと話すことができた。彼女が飛行機の到着にあわせてドーヴァーまで迎えにきてくれたので、わたしたちは近くのホテルにチェックインした。わたしの軍隊のＩＤよりも彼女の航空会社のＩＤを見せるほうが割引率が高かった。有名ホテルチェーンの愛国心などそんなものか。わたしたちは一晩中ベッドのなかで過ごした。もちろん眠ってはいない。翌朝は彼女とオフィサーズ・クラブのシャンペンつきブランチをとり、空港ターミナルでさよならのキスとともに涙の別れをして、わたしはモガディシオに戻る飛行機に乗り込んだ。あまりにも楽しくてつらい再会だった。残していくものは前回と同じだった。だが今回はわたしが舞い戻ろうとしている任務がいかにひどい状態にあるかがわかっていた。希望回復作戦が失敗に終わる運命にあることは何も知らない現場の人間にさえわかった。あの国と国民はあまりにもめちゃくちゃだった。ＣＮＮの報道では万事順調に見えたが、実際には空まわりしているだけだった。完全に泥沼にはまり込んでいたのである。

夕方の早い時間にモガディシオ空港に到着したわたしは、部隊に連絡を入れて自分の居場所を伝えた。すでに暗くなりはじめていたので市街地への足がない。一晩泊まる場所を探さなければならなかった。どこかに空きベッドはないかと飛行場のターミナルビルに近い場所を歩きまわっていると、気が狂ったようにM16を装填している十数人のグリーンベレーを見かけた。くそっ。ソマリア人が金網を乗り越えてくるのか？　ふと、なぜ彼らは小型ロッカーにあらかじめ装填した弾倉を入れてもってこなかったのだろうかと考えた。指揮をとっている下士官はやや興奮したようすで、大声で命令を怒鳴り、忙しく動きまわり、弾薬箱を担いでいた。まるで『カスターの最後の抵抗』か『アラモ』かと思うほどだ。

近づいて声をかけたが無視された。おやおや、今度はだんまりか？　たいへんだ、アメリカ陸軍特殊部隊の兵士がソマリアにいるぞ！と叫んでやろうか。「自分たち」がここへ来たからには、ソマリアのごた

ライムブックス（毎月10日発売）

10月の新刊

帝政ロシアとロンドンで繰り広げられる壮大なロマンス！

眠り姫の気高き瞳に

リサ・クレイパス　琴葉かいら 訳

19 世紀ロシア。殺人罪で処刑される前夜、貴族令嬢タシアは命懸けで脱獄。ロンドンへ亡命し、侯爵ルークに身分や名前を偽って家庭教師として雇われた。美しく気品にあふれ、秘密めいたタシアに、ルークの心は……

文庫判・950 円
ISBN978-4-562-04418-4

RITA 賞受賞作家の話題作！ほろ苦い初恋の続き……

初恋の隠れ家で

ローラ・キンセイル　平林 祥 訳

伯爵令嬢カリーは男性が苦手。でも唯一、フランス亡命貴族のトレヴは例外だった。フランス語の課外レッスンで二人は冒険と親密な時間を楽しんでいた。そのトレヴが9年ぶりに突然カリーの前に戻ってきたのだが……

文庫判・980 円
ISBN978-4-562-04419-1

ハワイのヒーリングがこの一冊でわかります！

ハワイ式 幸せのつくり方

大崎百紀

ハワイの伝統的な教え、「ホ・オポノポノ」を実践し、身も心も美しくなる！ パワースポットやヒーラーの教え、アロハ・スピリット溢れるライフスタイルからビューティまで、ハワイのスピリチュアルな文化が注目されている今、必読の一冊。

A 5変型判・1575 円
ISBN978-4-562-04714-7

文豪による満鉄の小説

満鉄外史

菊池寛

明治から昭和前期、多くの日本人が夢見た新天地、満洲。現場の鉄道マンが異国で奮闘するエピソードを中心に、国策会社・満鉄（南満洲鉄道株式会社）設立から満洲国建国宣言時の様子まで、文豪菊池寛が生き生きと描いた小説。

四六判・2940 円
ISBN978-4-562-047

ごたは解決される、という態度だなと思った。わたしは移動方針について教えてやった。「おい、肩の力を抜いていいぞ。どのみち夜が明けるまではどこにもいけない。少し眠ったらどうだ」。担当下士官はわたしに丁寧な言葉でうせろといった。「自分たち」は特殊部隊だ、「自分たち」は夜のうちにモガディシオに行ける。わたしは自分がジョン・F・ケネディ特殊戦センターと第一〇特殊部隊グループにいたことと、彼らの担当将校となる人物と仲がよいことをわざわざ教えるのはやめにして、ふたたび簡易ベッドと食べ物探しに戻った。そして朝、わたしは空港を発つときになって、困惑して若干疲れも見られるようになったこの集団に向かって、大使館までこちらのトラックの後ろに乗っていくかと声を張り上げた。

　ドーヴァーに戻る数日前、大使館の敷地内を歩きまわっていたわたしは数人のボツワナ兵に出会った。彼らが自分たちの居住区へ招き入れてくれたので、昼食をごちそうになることにした。調理されていたのはイモムシだった。冗談ではなく、本当に。親指より大きなイモムシがイワシのようにオイル漬けになった缶詰が山ほどあった。料理コメントの定番「鶏肉のような味」かと思ったが、フライにすると牛肉みたいだった。調理済み糧食《MRE》が一カ月も続いたあとだったので、すばらしくおいしかった。このボツワナ人とはいい友だちになれそうだったので、ジュディと再会して通訳者を拾ってくる三六時間のアメリカへの旅に出発する前日に、何か必要なものはないかときいてみた。

「ロブさん、あります！　ポルノ雑誌！」

　あいにく、思い切りわいせつな雑誌を売っている大人の本屋が見つからなかったので、帰りがけにドーヴァー空軍基地の売店で手に入る『ペントハウス』や『プレイボーイ』などを購入した。ソマリアへ戻ると、エアブラシで修正された胸のでかいブロンドのアメリカ人が載っている光沢のあるページに、彼らは大喜びした。彼らは今度一緒に任務に出ようといい、わたしたちはその手はずを整えた。数日後、わたしは戦闘用装備すべてをもって彼らのところへ出向き、心温かいボツワナ兵の分隊と、新たに友人となった彼らの中尉とともにトラックに乗り込んだ。彼らはパトロールに出かけるところだった。これでもう退屈しない。

ボツワナ兵と一緒にソマリア人《スキニー》を撃つ。心が浮き立った。

まずはアームド・フォーシズ通りへ向かい、それからK四環状公差路へ進んだ。最初に停まったのはモガディシオ空港周辺で、次はバカラ市場だ。ここはとりわけ治安の悪い地域である。「ブラックホークの墜落」で有名になるオリンピック・ホテルからわずか数ブロックしか離れておらず、デュラントとウォルコットがそれぞれのヘリコプターをRPGの一斉射撃で撃ち落とされた場所の西側だった。わたしはAKをもち、水筒用の袋にいくつかの弾倉を入れ、さらにベレッタ九ミリをズボンの後ろに突っ込んで（防弾チョッキと個人装備を身につけていたのでいささか心地悪かったが）、ボツワナ人中尉とともにピックアップトラックの前部にすし詰めになった。大使館を出たときにはすでに全員がライフルに弾薬を装填し、機関銃兵もマシンガンを構えていた。おそらくわたしが同伴するということで、いくらか戦闘に対する勢いが増したのだと思う。モガディシオでは獲物探しはあまり難しくはない。わたしはいつでも発射できる状態のカラシニコフが自分の膝に乗っていることがとにかくうれしかった。

一度だけ狙撃されたが、市中パトロールの最初の数時間はこれといって何も起きなかった。だがそれも、ちょうど麻薬の一種であるカートもほとんど噛み終わった午後、バカラ市場に近いアイディード派のなわばりに入るまでのことだった。好都合だ。角を曲がると先のほうに即席のバリケードがあり、三、四人のソマリア人《スキニー》が建物から飛び出してきた。くそっ。

ひとりが振り向いてカラシニコフを連射したのを受けて、ボツワナ兵は一斉に射撃を開始した。熱くなった空薬莢が車両内部に飛び散る。わたしはあらかじめ耳栓をしておくことを考える余裕がなかった自分に舌打ちした。このあと何時間も耳鳴りが続くにちがいない。

先頭の車両はＵターンをするつもりですでに斜めに向きを変えていた。車両後部のボツワナ兵はすべての武器をフルオートにしてバリケードを破壊しつつあった。わたしは二台目の運転台にいた。わたしのトラックも半分ほど向きを変え、その後ろにもう一台いたが、その両方のトラックの隊員たちが散開しようとしたそのとき、ＲＰＧを担いだソマリア人《スキニー》が姿を現した。助かった、弾は入っていない。

こいつめ！　その大ばか野郎はちょうど小道を走ってわたしの目の前を横切っていた。わたしはすでにトラック前部のフェンダーに寄りかかって、ボンネット越しに格好の射撃体勢をとっていたので、そいつに照準を合わせ、思い知らせてやった。角にある建物からの射撃が続いていたので、次はそこの黒人男に三、四回連射を浴びせた。わたしは再装填するために、フロントバンパーの陰で膝をついた。たいした遮蔽物ではないが、少なくとも姿はいくらか隠せる。空になった弾倉をさっと取り出して、慌ただしく満タンの弾倉を装填した。ボルトを引いて放す。さあ再開だ。気分がいい。ストレス発散とはまさにこのことだ。

わたしはどこからか弾は飛んでこないか、標的はいないかとあたりを見まわした。ない。あっけなく終わってしまった。通りにはあとふたり、ボツワナ兵に撃たれたガンマンが転がっていた。何か証拠になる資料はないかと死体をチェックしたが、シリング硬貨が数枚と紙くずしか見つからなかった。汚い硬貨は記念に山分けし、回収した武器はトラックの後部に投げ入れた。死体はあとで誰かが引きずっていくだろう。そうでなければ腐るにまかせる。

ボツワナ陸軍にとってはモガディシオのありふれた一日。だが、退屈していた通訳チームの班長補佐にとってはすばらしく充実した一日だった。

わたしはボツワナ兵とともにわざわざもめごとを探しにいったが、ふつうソマリアではそんな必要はない。厄介ごとは頼まなくてもやってきた。ある日、三台で車列を組んで走っていると、目の前で車の単独事故が起きた。モガディシオの南一三〇キロほどの海岸線に沿った町メルカにほど近い、セエル・ジャアレにある第一〇山岳師団の駐屯地から戻る途中だった。このときの「任務」のひとつはうれしいことに海で泳ぐことだった。午後になって、タコを獲っているソマリア人少年たちに数ドル払ってマスクとシュノーケルを借り、裸になって海に潜った。戦争のことなどすっかり忘れた、ストレスのない数時間だった。大使館の敷地から出られるのもうれしかったが、靴も、戦闘服も、ヘルメットも、防弾チョッキも脱いでしまうだけですこぶる気分がよかった。もっともそのあとで車両復旧活動（要するに、盛大に悪態をつきながら、五・二五トンのピックアップトラックを砂から掘り出す作業）にもあたった。それでもこのときが、ソマリアで経験した唯一の余暇時間だった。したがって、ビキニの美女がいなかったとはいえ、わたしたちは海岸で楽しい一日を過ごして戻るところだったのだ。

日暮れまでにモガディシオの大使館に帰るには、なかなかいいペースで進んでいるなと思っていると、ドイツの国旗をはためかせたランドローバーがわたしたちを追い抜いていった。地獄から飛び出したコウモリみたいで、大ばか者が運転しているようにしか見えなかった。一キロ《クリック》ほど先で、道路左側の蛇腹型鉄条網を避けようとしてドライバーが急ハンドルを切った拍子に、ランドローバーは制御不能に陥った。ドイツ人が衝突した「検問所」を設置しようとしていたやつらは、わたしたちが砂煙をあげて近づいてくるのを見てすでに雑木林のなかへ走って逃げたあとだった。わたしはいつものように、五・二五トンのダッジのピックアップ後部に立って、運転台の前方を見ていた。すると、まさに目の前でランドローバーが横倒しになってすべり、それから逆さまになった。わたしたちが停車する間もなく、ガソリンタンクの蓋代わりになっていた油まみれのぼろ切れがすっぽ抜けて道路に転がり、何リットルものガソリンがタンクから漏れ出すのが見えた。幸い、タバコを吸っている人間はいなかった。

車からどっと降りたわたしたちはランドローバーに駆け寄って、乗っていた三名のソマリア救済支援者と運転手を事故車から助け出した。「同郷」のニューヨーク州バッファロー出身のパット・クーパー伍長がドイツ人の女性に応急手あてをしているあいだ、わたしはソマリア人の女性を肩に担いで事故現場から遠い場所へ連れていった。ランドローバーからはガソリンが流れ出ていたので、引火して爆発する前に大急ぎで動いた。

あたりが暗くなるまでにはもう一時間もなかった。なぜ蛇腹型鉄条網がそこにあったのかを知る人は誰もいなかった。夜間に動きまわる強盗が心もち早めにバリケードを築いていたとも考えられたが、そうとはかぎらない。地元民が自分たちを守るために検問所を設けていたのか、強盗が金品を脅し取ろうとしていたのか、はたまたソマリアの民兵が待ち伏せて攻撃しようとしていたのか。第五一三軍事情報旅団のダン・ドブロロウスキー大尉がすぐに防衛境界線を張りめぐらせた。

このときは情報将校だったが、じつはスキーは元歩兵だ。彼とわたしはともに、八六年当時朝鮮半島の非武装地帯《DMZ》にいた第二歩兵師団の姉妹大隊でライフル小隊長を務めていた。それで、彼はすばやく歩兵小規模部隊長モードに入った。ソマリアでスキーと一緒に仕事ができたことはものすごくうれしかった。彼は立派に仕事のできる軍人だ。本物のプロだった。急遽作られた防衛境界線用に通り過ぎる車からM60マシンガンを徴用して、彼はハイウェイの真んなかに張られた境界のなかに侵入してくる民間人の車を徹底的にチェックする態勢を整えた。

五分もしないうちに、近くの村からやってきた七〇～一〇〇人くらいの民間人が道路に並んでいた。ほとんどが男だった。群衆に紛れて武器を隠しもつのは簡単だ。彼らはこれといって友好的には見えなかった。不満のつぶやきが各国語に通訳された。これはよくない。まずねらわれるのはわたしたちだ。道路の真んなかで、周囲には林が広がり、悪いやつらが数知れず潜んでいる。カートを噛んでハイになったお調子者が何発かぶち込んでやろうと決めるまではもう時間の問題だった。改造攻撃車両が華々しく登場して、その一二・七ミリ重機関銃から発射される弾丸をまともに食らってしまうのではないかと、わたしは不安にかられた。とにかくわたしたちの小集団が攻撃されてしまう前に、この田舎者を移動させて、けが人の手あてを済ませ、救急ヘリコプターを手配して、人里離れたどこともわからない場所からさっさと引き上げなければならない。

ドイツ人の女はまったく頭痛の種だった。自然愛好家によく見られるビルケンシュトックのサンダルを見たときに嫌な予感がした。やれやれ、いまいましい環境保護論者だ。わたしは車から応急手あてキットをとってきて、彼女に包帯を巻いた。ひどい額の傷を処置するあいだ、顔の傷口にあてたガーゼを押さえているよう指示した。いちばん出血の多いところをぬぐってきれいにしてやると、女は自分のナップザック、パスポート、運転手が首になること（あたり前だ）、そして世界平和の状況についてかわるがわる心配を始めた。その女につき添っていた若いくそまじめなイギリス人のナイジェルは彼女に怒鳴られっぱなしだった。誰もがいらいらしてきた。わたしは英語と少しおかしなドイツ語で彼女を落ち着かせようとした。だが、ショックを受けているようには見えない。口にも傷があるといってガーゼを突っ込んでしまおうかと本気で考えているうちに「ブリジット」がカメラはどうなったかといいはじめた。写真を撮りたいのだという。わたしは耳を疑った。ひょっとして脳を損傷しているのか。写真はといえば、わたしはクーパーの写真を撮り、それから彼にわたしのカメラを渡してポーズをとった。あまりにもその場にそぐわなかったので、現場の深刻さとは裏腹に思わず笑ってしまった。

　現場にいた憲兵の無線は救急ヘリとうまくつながらなかったが、運よく重症者はいなかった。戦闘救命隊員が到着するまではアメリカ軍支給の車載応急手あてキットしかなかった。救命隊員はわたしがすでにはじめていた処置を一目見ると、彼のカバンをわたしに渡して、即席防衛境界線の自分の持ち場へ行った。ありがたい。少しましな道具がそろったので、わたしはブリジットの傷の手あてやそれ以外の同乗者の切り傷や擦り傷の処置に取りかかった。こういう状況になったときはいつも、母親が俺を医者にしたがってね、と冗談を飛ばすことにしている。衛生兵がやってきたが、近くで起きた別の自動車事故現場へ赴かなければならないという。事故の犠牲者が数人と、銃撃の犠牲者もひとりいるらしい。こんな人里離れた場所の一本道だというのに、にわかに物事が熱気を帯びてきた。どうやら悪党たちは別の場所で騒ぎを起こして、わたしたちほど備えの整っていなかった誰かを撃ったようだった。前方のどこか遠くのほうで散発的に小火器を発砲する音が聞こえた。ソマリアの日常である。

　救済支援者らを自力で搬送する前に、わたしはぐちゃぐちゃにつぶれたランドローバーのほうへぶらぶらと歩いていった。するとひとりの救済支援者が武器はどうすればよいのかと尋ねてきた。武器？　まったくだ。カートを噛んだソマリア人《スキニー》が始終うろついているのだからあって当然だった。逆さまになった車両下部の上に弾の入った三〇八口径Ｇ３アサルトライフルがあるのが一目でわかった。わたしはそれを勝手に自分の火力の足しにした。そう、これはライフルだ。プードルしか撃てないような二二口径のＭ16の部類とはちがう。弾倉を抜いて手で押して弾数を確認すると、何カ所か弾力を感じた。少し減っている。

六発ほど足りない。それから薬室をチェックして一発入っていることを確かめた。戦闘用ライフルが手元にあると安心できる。ところがスキーは少佐（いわゆる無能少佐）にばれるのではないかと心配する。わたしは腹が立った。どこかのばかたれが襲ってきたときに、これがあれば少なくともピストル以外の物で自分の身を守ることができるのに。

出発間近だったので、わたしは急いでライフルから弾を抜いて安全装置をかけ、ナイジェルに突きつけて、「ほらこれ、もっておけ。銃口を下に向けて肩からかけるんだ。頼むからおもちゃにしないでくれよ」と告げて自分の車に走って戻った。

ナイジェルは小便でも漏らしたような顔でライフルを見ると、すぐさますでにめそめそ泣いているソマリア人の護衛にそれを手渡して、自分はわたしのトラックに乗せてくれといってきた。どうすればいい。ノーというか？　結局わたしたちは、G３一挺と満タンではない弾倉、そして水のボトル一本だけもった「善良な」ソマリア人をひとり、ランドローバーを監視するために荒野のなかに残してきた。俺じゃなくてよかったよ、相棒。

モガディシオへ帰る道は平穏無事だった。ただし、なんとしても日暮れ前にたどり着こうと、そこら中にほこりを巻き上げながらの手に汗握る全速力ドライブだった。スウェーデン軍の病院に車を寄せると、医師や看護師が出てきて怪我人の面倒を見てくれた。看護師のひとりは、ぴったりした陸軍の緑色のＴシャツを着て、髪を後ろでくるりとまとめた四〇代の金髪、青い目で、スウェーデン訛りで話した。イェイ。熱い唇の看護師長、後ろに乗りなよ。思わずボーッとなった。残り二〇人の男たちも同様だった。きっとみな、どうやって怪我をしようかと思いをめぐらしていたに違いない。ただし重傷にはならないように。

病院で救済支援者らを降ろしてからは一路大使館を目指した。海岸での一日と救済支援者の搬送でくたくただった。わたしは事務所に入り、スキーがあとに続いた。すると部隊のど阿呆事務官デイヴィッド・デイヴィスが「ほら、受け取れよ。これいいだろう」といわんばかりに、黄燐《ウィリー・ピーター》手榴弾をスキーに投げようとする。誰も彼もが狭いドアから部屋の外に出ようとして、事務所に入ろうとしていた廊下の兵士とぶつかった。それほど深刻な事態でなければ、どたばた喜劇の警官みたいでおもしろかったにちがいない。

　そのいまいましい手榴弾の製造年は一九五四年だった。デイヴィスはレバーをテープでとめてあるので大丈夫だと弁解をしたが、彼にも危険だという認識はあったはずだ。安全レバーを下向きにテープでとめておいても何の役にも立たない。Ｍ206信管の「マウストラップ」式発火メカニズムはとうの昔に腐食しているはずで、この手榴弾は危険かつ不安定な状態にあった。起爆剤となっている化学薬品は年月を経て結晶化していて危ない。ソマリアではいかなる兵器も拾ってはいけないという一括命令が出されていた。なのに、このばか者は一般の活動手順や現行の服務規程に違反して、危険な兵器、よりによってＭ34黄燐手榴弾をひろい、十数人が集うコンクリート製の壁に囲まれた小部屋にそれを持ち込んだのだった。

　少佐はこの事務官と手榴弾の一件にはまったく注意を払わず、それでいてわたしたちが裸で水浴びをしたことを叱りつけた。優先順位がまるでめちゃめちゃになっていることがよくわかる。文化の違いに配慮すべきだとかなんとか。まったくばかげている。ビーチにいた少年たちはわたしたちの白いペニスがぶらぶらしていても気にとめもしなかった。何が文化の違いに配慮だ。大使館地上勤務の戦士たちにはもううんざりしそうだった。階級が三つも上であるにもかかわらずこのざまだ。この男のようなキャリア組が采配をふっているようでは、ソマリアの任務が大失敗に陥っても仕方がない。そしてこの少佐はもちろん、事務官が不安定で人を殺傷しかねない兵器を事務室でもてあそんでいるというわたしの申し立てをはねつけた。ときどきこのように優先順位が完全にまちがっているやつがいる。何が文化の違いに配慮だ。こんちきしょう。

手榴弾事件のあと、スキーとわたしは、スウェーデン軍病院の守衛が九ミリのスウェーデン製Ｋサブマシンガンで武装していた話で盛り上がった。アメリカの特殊部隊がそれを使用していたのはベトナム戦争のときだったので、わたしはスウェーデン軍がいまだに第二次世界大戦時代の兵器を兵器庫に保管していることに驚いた。スキーもわたしも銃マニアで、ソマリアでは楽しい時を過ごした。なぜなら国中に武器があふれていたからである。どこへ行っても、兵器部屋は地元の悪党から取り上げた雑多な小火器でいっぱいだった。ＡＫ、Ｍ16、トンプソン、ＰＰＳｈ41は比較的どこにでもあったが、ほかにもありとあらゆる武器が並んでいた。この一世紀のあいだに製造されたヨーロッパとアメリカの軍用小火器なら何でも、少なくとも一挺は含まれていた。

キスマーヨではコンテナひとつが押収した兵器で埋め尽くされていた。ひどくさびたトンプソン四五口径サブマシンガンが粉砕場送りになって置いてあるのを見つけたときは、思わず涙がこぼれそうになった。この由緒あるトンプソン《シカゴ・ピアノ》はたとえ保存状態が悪くてもコレクターの夢なのである。キスマーヨの第一〇山岳師団Ｓ2ショップのジャコ軍曹はみごとに初期の状態が保たれているＭ14を見せてくれた。たしか海兵隊作戦部隊《ＭＡＲＦＯＲ》司令部には、東南アジアで戦ってきた海兵隊の退役軍人が何人かいたはずだ。彼らならこの頑丈な兵器を喜ぶことだろう。わたしは弾薬と予備の弾倉を見つけてこの武器を持ち帰ろうかと思った。しかしそんなことをすれば大使館のなかの誰かが見とがめるにちがいない。Ｍ14などもち歩いている長髪の民間人は誰だ、と。

興味深い掘り出し物はスミス&ウェッソンの一九一七年式軍用リボルバーで、四五ロング・コルト弾を装填できるようになっているが、実際には四五ＡＣＰカートリッジと半月型クリップが使用されていた。

銃身が短いスナブノーズになっているところが珍しい。上塗りは完全な状態でグリップにも傷一つない。つい昨日工場から出荷されたかのように見えた。ここにはどんなものでも必ずひとつはありそうだった。M1ガランドの上にはSKSカービンが積まれ、それが寄りかかっているところにはジョン・F・ケネディを暗殺したのと同じマンリッヒャー＝カルカノ、両脇を囲むようにチェコ製軽機関銃とさびついたマウザー。

後日モガディシオに戻ってからは、イタリア製の軽機関銃《ライトマシンガン》ブレダ・モデル30をじっくりと手に取って見る機会があった。ブレダはすばやく銃身を交換できる初期のマシンガンのひとつでみごとなできばえだったが、設計に大きな欠陥があった。作動方式はブローバックで銃身への反動が大きく、複数のロッキングラグがついた大きなボルトを用いており、弾倉は固定式で二〇発のクリップで装填するようになっている。また、レシーバの上部に油受けとポンプがあるが、これは設計上、装填と排出に問題があり、側面装填の固定式箱型弾倉で給弾するさいに油が注入されるようになっているためだ。当然のことながら、これではエチオピアやリビアの砂漠で設計どおりに機能するはずもなく、イタリア人は機関銃より靴でも作っていろと揶揄されることにもなった。

スキーとわたしは細心の注意を払ってそれを分解した。すべての部品に製造番号が刻まれ、それがすべて一致していた。スキーはアメリカに送って博物館に保存してもらえるよう嘆願したがかなわなかった。押収された大量の兵器は大使館へと送られ、追って処分される。使い古されたカラシニコフの山とともに、十九世紀に作られた未使用のウィルキンソン製礼装用軍刀や時代物のフリントロック式銃が壊されているという話をわたしは聞いた。残念ながら、希望回復作戦に参加した海兵隊員などの兵士は本来なら手にして当然の戦争記念品を持ち帰ることを禁じられていた。またしても管理官の仕業だ。

まさに戦利品を得るにふさわしい人間といえば、アメリカ海兵隊のインド砲兵隊である第一一連隊第三大隊の海兵隊員だろう。彼らは外壁に沿って設置されたいくつもの前哨基地とアメリカ大使館敷地の正面ゲートを受けもっていた。前哨基地とはいっても、カムフラージュ用ネットをかぶせた砂嚢だけのもので、ばらばらにくだけ散ったガラスが上にかぶさっていた。わたしは少し時間をとって周辺を歩きまわり、わたしの仕事場と屋外の寝場所の安全確保を担当している海兵隊員と顔見知りになろうとした。ちなみに寝床は砂地にミディアムサイズの汎用テントだがけっこう気持ちよく眠れる。前哨基地にはそれぞれ二名の兵が配置され、夜間暗視装置とM249SAWかM60どちらかの自動火器が備えてあった。地形、距離、ルートなどを記すレンジカードが準備してある陣地もあれば、ない陣地もあった。標準処理手順、あるいは戦術的小集団のリーダーの命令による違いというよりは、機関銃兵の一存で決まるようだった。そういえば、実在しない射界《レザーネック》を記入していた例もあった。

わたしが話をした海兵隊員のほとんどは命中精度が低いことを理由にM249SAWを避けていた。自分のM16A2のほうがいいという。海兵隊は誰もがライフル銃兵だ。わたしの事務所のすぐ外にある砂嚢基地のM249も例外ではなかった。あるとき、響き渡る銃撃の音を聞いて、わたしは全力でそこへ走っていった。マシンガンは外壁の角に作られた台の上にあったので、そこへ上がる木のはしごがかけてあった。急いではしごを上ってみると、M249のところには誰もいない。わたしはマシンガンの位置につき、弾薬を装填し、攻撃目標を探した。ふとマシンガンに何か問題があるのかもしれないと思い、そこにいたライフル銃兵になぜSAWではなくM16を使っているのかと尋ねると、「そいつはくその役にも立ちません！」と答えが返ってきた。銃撃戦が途絶えると、彼らはわたしに、騒ぎが起きたときにはいつでもここへきてマシンガンを使ってくれといった。それはどうも。これでいつでも分隊の自動火器を撃てるというわけだ。わたしはどんなときでもＭ16よりＳＡＷやＭ60のほうがずっといい。

彼らがベルト給弾方式の軽機関銃を嫌うのは、歩兵任務を命じられている砲兵だからだ。歩兵隊員ほどＳＡＷの訓練や経験が豊富ではないのである。わたしは一九八四年にアバディーンで州兵の歩兵少尉として士官候補生を引き連れていたときと、一九九〇年にベニングで若き歩兵大尉を務めたときに訓練を受けていた。それくらい組扱いのフルオート兵器を扱った経験があれば、どんな標的が急に出てきても撃つことができると思う。わたしはもともとＭ60マシンガンを受けもっていたので、海兵隊員とのあいだではすぐに、外壁の上に設置されたＭ249はわたしの担当ということになった。情報部の少佐などくそくらえだ。わたしは軍人だ。一大事というときに丸腰でうろうろしたり、壁の背後に隠れることなど絶対にするものか。

わたしは海兵隊員と一緒に撃つために頻繁に監視ポストへ上がった。南西の角からはソマリアの刑務所がよく見えた。夜間の死刑執行は日常茶飯事だった。海兵隊員はそれをこの前哨基地から最前列で眺めることができた。入場料も必要ない。最初にそれを聞いたときは思わず、エルヴィス・コステロの『ウォッチング・ザ・ディテクティブズ』という歌の出だしの歌詞を「ウォッチング・ジ・エクセキューションズ《死刑を眺めて》」に置き換えて口ずさんでしまった。ある日の午後、後ろ手に縛られた男が三人連れてこられた。彼らはひざまずき、背後からピストルで頭を撃たれた。死刑執行人は口にくわえていたタバコを手に取り、こちらを向いて手を振った。そんなときは、いったいわたしたちはここで何をやっているのだろうと考えさせられる。

ある朝は、ＲＰＧで武装したひとりのソマリア人が刑務所から通りを渡っただけのところにある大使館の壁をよじ登っているのをジェシー・ヌネズ上等兵が見つけて撃った。ときおり狙撃の弾がズドンと砂嚢にあたったり、夜間に近辺でソマリア人同士の迷惑な撃ち合いが起きたりすることはあるが、日中の勤務はもっぱら退屈な決まりきった仕事と食べ物を求めて物乞いにくるソマリア人の相手だった。ソマリア人はイスラム教徒だったので、わたしたちは豚肉のメイン料理を放り投げた。冗談がわからないならそれまでだ。

境界線の安全確保と対応行動チームを指揮していたのは、こうした海兵隊と軍務支援グループ護衛部隊の人員だった。それにくわえて、敷地内のいろいろな建物の屋上や、敷地外のビルK七に狙撃場所も設けられていた。K七はその見晴らしのよい高さと、射界の広さから重要な場所だと考えられていた。海兵隊第一一連隊第三大隊に付属するエコー砲兵隊（第一二連隊第二大隊）の海兵隊砲兵隊員もまた、大使館外や飛行場で車上あるいは徒歩のパトロールを実施していた。

一月一〇日午前一時半ごろ、わたしの班の安全確保を担当していた二名の海兵隊員、ジェリミー・バートリー伍長とショーン・ヘンダーソン上等兵は、ハンヴィーに乗る一五名のパトロール隊のメンバーだった。彼らの話では、武装したソマリア人を発見したパトロール隊はK七の近くで車を降りたらしい。相手に悟られないようにそっと細い小道を壁づたいに進んでいくと、ソマリア人に銃撃された。敵の人数はわからない。パトロール隊のほとんどはとっさに地面に伏せてすばやく銃弾を撃ち込んだのだが、戦闘はあっけないほど早く終わってしまった。撃ち方やめと中尉が号令をかけたときには、まだ発砲すらしていない隊員もいた。

じつはK七の屋上にいた海兵隊の前哨狙撃兵が五〇口径のバレットかレミントン700（誰にきいてもどちらかはっきりしない）で複数の敵を攻撃、ふたりを殺害したと報告、のちにそれが確認された。パトロール隊によってもそれ以外にひとりの死亡が確認され、もうひとりが死亡したと推定された。幸運なことに味方に犠牲者は出なかった。運がいいというのは、のちに部隊が集合したときに、M60マシンガンの給弾トレーのカバーに弾痕が見つかったからだ。しかし幸運は永遠には続かなかった。わずか二日後に実施した同じようなパトロールで、海兵隊は同僚のひとりを失ったのである。

一九九三年一月一二日火曜日の夜、アメリカ海兵隊第一一連隊第三大隊の野砲隊に所属し、湾岸戦争でも戦闘を経験していたドミンゴ・アロヨ上等兵は、希望回復作戦の戦闘で海兵隊では初めての犠牲者となった。夜間パトロールで頭に致命傷を負ったのだ。アロヨはモガディシオ国際空港周辺の使われていない倉庫がある地区で、一一名からなるパトロール班の一員として夜間の安全確保のために掃討作戦を実施していた。そのときパトロール班は軽自動火器による銃撃と手榴弾の爆発に遭遇、激しい銃撃戦に突入した。五分ほどたったころパトロール隊長が退却を指示したので、部隊は急襲された場所から後退して、キルゾーン《殺傷地帯》から脱出、集合地点へと移動した。部隊が集まって人数を数えたところ、ひとりたりないことがわかった。パトロール隊は三台の装甲車に乗った即応部隊の支援を受けて、待ち伏せを受けた場所へと戻り、ふたたびソマリア人と交戦して、アロヨの遺体を回収した。敵軍との最初の接触からざっと三〇分のできごとだった。

わたしは翌日になってからその事件を知り、数人の海兵隊員と一緒に哀悼の意を表した。するとひとりの隊員がいう。「あいつとこの前話したばかりですよね」。わたしは面食らってどういうことかと尋ねた。すると死んだ男はわたしが嗅ぎタバコを一缶譲ってやった海兵隊員だったのだ。わたしは驚いて口がきけなかった。そのときになってやっと名前と顔が結びついた。知っている男だ。その彼が死んだ。このときこの戦争がとても個人的なものに感じられるようになった。

翌日、アロヨと仲のよかったリチャード・デュアルテ上等兵は、大使館敷地内の受けもち場所であるスリー・アルファ地点で友人の死を嘆き悲しんでいた。彼らは同じ小隊に配属になる以前も新兵の基礎訓練を一緒に受けていた。デュアルテは友人を殺したソマリア人を自分のM16の照準に捉えてやると繰り返してばかりいた。やはりアロヨを知る海兵隊員のブラックバーン伍長は、突き刺すような鋭い青い目でわたしのほうをちらりと見ながら、ゆっくりとしたケンタッキー特有の鼻にかかる話し方で語った。「鹿撃ち用のライフルをもってくればよかった。八ミリ・マグナムだ。そうしたらあいつらに仕返しができるのに」。「サンパー」・ペリー上等兵もそれに賛同した。アロヨの仲間にとって、仕返しの機会が訪れるまでの時間は短かった。ただし、もうひとりアメリカ兵が撃たれることにはなった。

古いサッカースタジアムに配置された海兵隊員は、その辺りは危険だと認識していた。確かにそのとおりだ。狙撃が日常生活の一部になっていて、わたしもそこへ行くたびにねらわれた。一度で済まないときもあった。よっぽど腕が悪いのか、はたまたその気がないのかのどちらかだ。ところがアロヨが殺されてから数時間後、スタジアムの南側にいたパトロール隊が狙撃手に三発撃ち込まれ、海軍の衛生兵が左肩を負傷した。これが海兵隊を本気で怒らせた。衛生兵を撃つことだけは絶対に許されない。絶対にだ。数時間後、海兵隊は愚かにも自分たちに銃を向けたソマリア人を射殺した。

アメリカ軍は交戦規定によって報復を制限されていた。そのせいで、ソマリア人に深刻な被害を与える前にまずアメリカ人が命を落とすことになる。一月二五日、月のない晩だった。二一歳のアンソニー・ボテロ上等兵はスタジアム周辺の夜間パトロールにみずから願い出た。パトロールでは掃討作戦を行なって、スタジアム敷地内にのさばっている厄介な狙撃手を見つけ出すことが目標だった。隊が出発する直前、分隊長のスコット・リチャーズ伍長に向かってボテロはいった。「今晩でケリをつけましょう。必ず帰ってきましょう」。パトロール隊は、不法居住者のあばら屋のあいだを縫うように進んだ。ボテロの班長だったビル・ラム伍長はボテロのすぐ後ろを歩いていたときに、ドアの掛けがねがはずされるときの金属が擦れるような音を聞いた。ボテロは立ち止まって、上で話し声がするとラムに告げた。その地区のパトロールでは珍しいことではない。

ラムは暗視ゴーグル《NVG》をつけていた。緑色にぼんやりと光るゴーグルを通して、ひとりの男が身振り手振りを加えながら誰かに指示を出しているのが見えた。海兵隊がパトロールをしていると、夜間に武装した人間が歩いている音を聞きつけてドアから出てくるソマリア人は多い。たいていは海兵隊だとわかるとひょいと身をかがめて屋内に戻っていく。だが今回はふたりのソマリア人が銃をコッキングした。ラムとパトロール隊員たちは武器の作動音を聞いた。交戦規定に縛られている海兵隊員たちはただちに撃つことはできない。そうこうするうちにわずか五メートルのところにいたソマリア人が片膝をつき、ライフルをボテロに向けるのをラムは見た。

ラムが四発撃った。それから全員の銃が火を吹いた。屋根の上にいたソマリア人も撃った。曳光弾二発が緑色の尾を引きながら先頭にいたアンソニー・ボテロのほうへ向かっていった。ボテロは一発を胸に受けて倒れた。弾は腕を貫通し、無防備だった脇の下から斜めに胸腔へ突き刺さった。パトロール隊に、撃たれたボテロの悲鳴が響き渡った。M60マシンガンチームによる制圧射撃を開始するために後方への退却命令が出されたが、二一歳のマイケル・ソマン上等兵と同じく二一歳のジェイムズ・アリソン一等兵がボテロを救出するために前に飛び出した。ソマンが負傷したボテロを肩に担ぎ上げて安全な場所まで運ぶあいだ、アリソンが掩護射撃をした。ボテロはスウェーデン軍病院に救急搬送されたが、一時間後に息を引き取った。

もっとも、誰もが少しずつ仕返しをしたと思う。海兵隊などの兵は毎日のように小規模戦闘や待ち伏せや狙撃で、銃をもったソマリア人を殺した。わたしは民政部隊の日常業務である挨拶まわりに同行した。一軒の家の前に二台のハンヴィーを停め、民政部隊員が通訳とともに屋内に入り、残りは外でぶらぶらしていた。わたしは後ろのハンヴィー周辺で葉巻を吸っていた。いつものようにピストルと、それから民政部隊の下士官が提供してくれたM16をもっていた。不意に大混乱が起きた。誰もが叫び声を上げて撃ちまくっている。ハンヴィーの陰に片膝をついて通りのほうを見ると、青いシャツを着たソマリア人がポンコツ車の後ろに立ってAKをバンバン撃っているのが見えた。

わたしは即座に撃ち返した。すばやく照準のなかに彼の上半身をとらえてトントンと指で二度たたくと、敵が倒れた。家の外をぶらついていた残りの者たちもそれぞれ撃っていた。あたりの安全を確保してから、わたしは、全員が発砲していたことは知っているが車の後ろの男を仕留めたのは自分だと思うと告げた。車の後ろの男？　他のメンバーは通りの向こう側のビルから撃っていたふたりのソマリア人に撃ち返したのだという。ポンコツ車に駆け寄ってみると、ソマリア人がひとりAKを手にして死んでいた。わたしの弾は胸の上部と首にあたっていた。銃撃戦では人によって状況のとらえ方がさまざまだ。わたしはたまたまポンコツ車の方向を見ていたことが幸いした。なにしろ、あの男が撃ちはじめたときにはわたし以外の誰もそちらを向いていなかったのだから。

通訳者らの状況を確認しがてら報酬を支払うために出かけて、モガディシオにある大使館内の自分の事務所に戻ると、メモが置いてあった。ＳＣＩＦで受け取りに署名して機密文書をもらってくること。「スキフ」と呼ばれるＳＣＩＦ（センシティブ・コンパートメンティッド・インテリジェンス・ファシリティ）は機密情報を閉じ込めておく場所で、たいていは金庫室だが、ここではたんに入り口にふたり用テントの防水シートがかけられた大使館内のドアのない部屋のことで、屋外用の木製折りたたみ式デスクの向こう側に退屈そうな顔をした准尉が座っていた。テーブルの上のすぐに手が届くところにベレッタ九ミリが置いてある。

わたしが名のると彼は肩越しに後ろを振り向いて声を張り上げた。「中尉、お客さんですよ」。すると中尉が出てきた。茶色い陸軍のTシャツを着た、わたしよりも五、六センチ背の低いソバカス面の若者だ。わたしはまた名のった。中尉は一緒にこいという。文書は別の軍事情報部の金庫のなかにあるらしく、わたしたちはそこまで歩いていった。わたしが書類の受け取りに署名して中尉に礼を述べていると、彼が質問してきた。「出身校はどちらですか？」　突然記憶がよみがえってきた。大学のことでも軍のことでもない。彼がたずねているのは高校だった。わたしは彼を見つめた。「よう、マイク、世界にいったい何人のロブ・クロットがいると思っているんだい？」

マイク・モリスロウはペンシルヴェニア州マッキーン郡の片田舎、わたしの家のすぐ近くで育った。わたしの両親は彼の弟の名づけ親だ。マイクもわたしもともに、一学年が八〇人ほどの小さな高校へ通い、カトリックの教区で行なわれる週に一度の教理問答《カテキスム》にも通った。そして彼はわたしの数年後にウェストポイント陸軍士官学校に入った。彼はTシャツ姿だが、わたしは名前のついた制服を着ている。しかもわたしはさっきはっきりと名のった。まちがいない。まさかこんなところで郷里の人間に会うとは思わなかった。わたしたちはたがいにこれまでの状況を知らせ合って、また会おうといって別れた。数日後、彼がわたしのもとへやってきて話がしたいという。ふたりきりになると「うちの母親に電話しました？」と切り出した。わたしは笑った。わたしは自分の両親に電話をかけて、マイクに会った、彼は元気でよくやっていると彼の母親に伝えてくれと母にいっておいたのだ。

不意にマイクにも何がどうなっているのかわかったようだ。「衛星電話が使えるんですか！」　わたしが身を寄せていた軍事情報部は衛星電話回線をもっていた。当時はまだ、イリジウムやスラーヤなどの携帯衛星電話が使えるようになる前で、海外の戦地から家に電話するなど実質不可能な時代だった。したがって衛星回線があることは秘密にしてあった。そうでもしないと、家に電話をしたい隊員たちが殺到して行列になってしまうからだ。初めてジュディに電話をしたとき、彼女はたいそう驚いていた。衛星回線は世界中どこの軍の電話にも交換台にもつながる。そこでわたしは国防総省の交換台にかけることにした。向こうでは、こちらがどこからどうやって発信しているのかわからない。わたしがたんに「外線をお願いします」というとＡＴ＆Ｔにつないでくれた。ジュディが住んでいるヴァージニア州レストンはペンタゴンから近いので、局番内通話になり、料金がかからない。家に電話をかけるときはフォート・モンマスの部隊にかけて、そこの当直下士官《CQ》に外線につないでもらい、自分のＡＴ＆Ｔコーリング・カードを使う。ニュージャージー州モンマスからの長距離電話にはなるが、モガディシオからではない。

マイク以外にも何人か、陸軍の知り合いに出会った。希望回復作戦の食堂がブラウン＆ルート社の好意で完成し、営業を開始すると聞いたときには飛び上がって喜んだ。これで調理済み糧食《MRE》ともおさらばだ！

食堂は毎日午後二時に開いて、たしか午後七時までのあいだに一度の食事を提供することになっていた。初日はチキンのトマト煮込み、さやいんげんのバター炒め、ジャガイモのオーブン焼き、カップ入りミックスフルーツ、飲み物は甘味飲料のクールエイド。二日目はチキンのトマト煮込み、さやいんげんのバター炒め……。そう、お気づきのとおり、同じ食事が一週間かそれ以上続く。ひとたび荷物が到着すると、次の便が到着するまではそれを食べ続けなければならなかった。

ある日そこで、高さが一二〇センチもあるベニヤ板のテーブルに向かって立ったまま食事をしていたとき、ダンボール製のトレーから顔をあげるとティム・マクナルティ少佐がいた。わたしはにやりと笑って「少佐、お元気ですか?」と声をかけた。彼は面食らったような顔をしていた。わたしの名札を見るまでは。わたしを覚えていないというのではない。ただ、わたしがマイク・モリスロウにすぐに気づかなかったのとまったく同じで、このような場所で出会うとは思ってもいないためわからないのだ。マクナルティはずいぶんと驚いていた。彼は輸送担当将校で、わたしは短期間フォート・デヴェンズで参謀の仕事をしていたときに彼の部下だった。わたしの名札を目に留めるやいなや、彼は正規軍後方梯団《REMF》のくそったれという目つきになった。彼らはわたしがどこかの戦場に現れるたびにそういう顔をする。「きさま、こんなところで何をやらかしているんだ? まあ知りたくもないがね。どこかで刑務所に入っていなくていいのか?」

　大使館の敷地内にある特殊部隊の事務所へ行かされたときも、誰か知っている人と鉢合わせするのではないかと思っていた。入り口に兵が立っていた。戦闘服のジャケットを着ていなかったのですぐには階級がわからなかったが、大尉だった。わたしはあらかじめ連絡をしておいたのだが、彼はどうしても番人の役目を果たしたかったようだ。男性ホルモン過多で意味もなくけんか腰。ここにはこういう輩が多すぎる。明けても暮れても敷地内にとどまり、ひたすらウェイトリフティングで、実戦がない。正直いってこいつらの相手をしている暇はなかった。わたしは彼らの命令系統には無関係で、どちらかといえば勝手に動きまわれる。それだけでも嫌われるには十分だった。給料のことなどいうまでもない。

　特殊作戦部隊ソマリアの司令官はビル・フェイステンハマー大佐だった。父親はラドウィグ・「ブルー・マックス」・フェイステンハマー大佐といって、ベトナムの特殊部隊将校として名高く、のちに第一〇特殊部隊グループの司令官となった人物だ。ラドウィグはセント・ボナヴェンチャー大学に進学、そこでオーリアン出身の娘と出会い、結婚した。ビルはオーリアンの学校を出たあとウェストポイントに進んだ。彼はわたしの名札を見てすぐ口を開いた。「懐かしいオーリアンの名前だ」。ビルとならうまくやっていける。ソマリアの特殊部隊任務を支援するためならどんなことでもしよう。

あるとき特殊部隊Aチームがラハンウェインの方言を話す人材を必要としていた。わたしの元へ特殊な要望がきたのはこれが初めてではない。特殊部隊ほかいろいろな部隊が通訳の問題に直面していた。通訳者のアクセントや、地元氏族にかんする知識がないことが原因で、地元の人に敵対する氏族だと思われてしまうのである。それでは仕事がはかどらない。モーズリーは通訳の出身氏族など知らなくてもいいと主張していたが、わたしは独自にその情報を記録していた。ラッキーなことに、手帳に早わかり表のようなものが作ってあった。カールとニールが名前も顔も知っているソマリア人はほんの数人だったが、わたしは一〇〇人全員の名前とともにメモをとっていた。小隊長として部下の兵士の家族、生い立ち、性格、特徴、能力など、自分でメモをとっておおまかな隊員ファイルを作っておくよう訓練されていたことが役立った。わたしの手帳には、それぞれの通訳の名前の横に所属する氏族や出身地域、あるいはソマリア国外で生まれた場合は家族の郷里などが書いてあった。

その週はにわかに、懐かしい顔ぶれとのモガディシオでの再会週間になってきた。数日後、いつものソマリアを飛びまわる仕事のためにモガディシオ空港で飛行機に乗ろうと列に並んでいると、誰かが肩をたたく。フォート・ベニング時代からの友人、ジャック・ホイーラーだ。第九六民政大隊C中隊チーム三に属するホイーラー大尉は、わたしがいた歩兵将校上級課程のなかでただひとり軍警察部門からきていたので怪しげに目立っていた。「こんなところで何をしている？」　わたしの話を聞いても彼は驚かなかった。『ソルジャー・オヴ・フォーチュン』誌に出したわたしの初めての特集記事を読んでいたのだ。見開きページのわたしの写真は、上半身裸で槍をもち、髪につけられたヤギの脂と黄色い土にいたるまでまるきりサムブール族の戦士の格好で、地元の戦士とともにライオン狩りをしているところだった。「このおかしな野郎は俺の知り合いだ！」と彼は仲間に教えたそうだ。ジャックは民政将校として任務にあたっていた。わたしは数日のあいだにバルデラ近郊の民政部隊を訪ねることになっていると告げた。わたしたちは握手をして、それぞれの目的地へ向かった。ホイーラーがまだびっくりするようなことを隠していたとは思いもしなかった。

海兵隊ヘリコプターの操縦士はわたしとふざけている暇はなさそうだったし、そのつもりもないらしかった。何をいっているのかはよく聞こえなかったが、大声で叫んでいるその顔は「さっさと俺のヘリコプターから降りろ」と怒鳴っているように見えた。くそったれ。彼に蹴飛ばされないうちに、わたしは飛び降り、砂の上で一回転した。起き上がって膝の砂を払いながら、飛び去っていくヘリコプターをひとり寂しく見守った。あたりを見まわすと、目に入ってくるのはアフリカのサバンナだけ。見渡すかぎりとげのある木と低木と砂だった。くそっ。持ち物は個人装備に水筒ふたつ、ケイバーナイフ、ポンチョ、一〇万ドルはあろうかというほどのドル紙幣がつまったイスラエル軍パラシュート兵用ナップザック、そして九ミリ・ピストル。

わたしは装備を調整すると、班長に指示された方向へとぼとぼ歩いた。数百メートル進むと調理済み糧食《MRE》の段ボール箱が切り開かれ、寝床の代わりに地面の上に置いてあった。頭上には日陰をつくるためにポンチョがかかっている。おやおや、バルデラ・ヒルトンかい。とりあえず、誰かいるというわけだ。さらに先へ進むと飛行場があった。未舗装の滑走路にあるのは、タイヤがパンクしたサザン・エア・

トランスポートのC130。滑走路の脇にはおんぼろの小さな汎用テントがあり、その前にはどこにでもある木製の屋外用テーブルがぽつんと置いてある。不機嫌そうな顔の薄汚れた兵が二名、そこに座っていた。無線機と看板がある。「バルデラ国際空港へようこそ」。なるほど。

海兵隊のパイロットはどうしてあんなに離れた場所にわたしを降ろしたのだろうか。C130の近くに着陸できたはずなのに。わたしはふたりの兵士のもとへ歩いていった。ふたりはつまらなそうにこちらを見ていた。死ぬほど退屈そうだったが、わたしが誰でどこからきたのかを気にするようすさえ見られない。おかしい。わたしの格好がどうみてもアメリカ兵には見えないことを考えればなおさらだ。やあ、といってわたしは壊れたC130に親指を向けた。「C130はどうしてあんなことに?」

「C130、何のことだ?」

「あそこのC130だよ……えーと、ああなるほど、了解。民政のやつらがどこにいるのか教えてくれないか」ふたりが右のほうを指さしたので、わたしはまた低木のあいだをとぼとぼ歩いた。ジプシーのキャンプとしか思えないような場所が見つかった。ポンチョとふたり用テントと防水シートが無造作にかけられただけの作戦本部だ。外に立っている下士官に名前を告げると、テントのなかから声が聞こえた。「おう、クロット、そろそろくると思っていたぞ。まだ二週間しか待っていないからな」。なかに入って驚いた。民政部隊のデニス・ケネディ大尉。大韓民国のキャンプ・ケーシーで第二歩兵師団第一七歩兵連隊第一大隊の中尉だった人物である。

デニスを彼の妻となる人に引き合わせたのはわたしだった。わたしはキャンプ・ケーシーのゲートの外にあるドンドゥチョンのクラブ五四でガールフレンドのキョンと会っていた。キョンは韓国系アメリカ人でアメリカ政府に雇用されており、GS12、すなわち大佐にあたる文官としてキャンプ・ケーシーで働いていた。彼女はひとかどの人物とはたいてい顔見知りだったが、この晩は韓国人の女友だちが同席していた。非常に魅力的な女性だったが、そのお邪魔虫はわたしの活動を妨げていた。そこへデニスが通りかかったのだ。わたしはふたりを引き合わせ、問題は解決した。ケネディは彼女と結婚した。彼女は元気かと尋ねながら、うまくいっていなかったらどうしようと心配になったが、デニスが結婚生活は幸せで三人の子どもがいると答えたのでほっとした。楽しい会話を続けていると、吸いかけのタバコが燃えていた。わたしは戦地でしか吸わないが、デニスがタバコを吸っていた記憶がなかったので「家でも吸うのですか？」ときくと、彼は笑いながらいった。「四〇キロしかない韓国人の女が怒るところを見たいか？」

用事を済ませ、通訳に金を払い、存在しないはずのＣ130に乗ってその場所をあとした。わたしは今でもサザン・エア・トランスポートのＴシャツをもっている。そこには同社のロゴとスパイの三原則があしらわれている。何も認めるな、すべて否定しろ、相手を非難しろ。

バルデラから戻ったわたしは、すぐさま今度はバリ・ドグレの通訳に金を支払うために旅立った。バリ・ドグレ空軍基地はキャンプ・アロヨに改称されていた。いいじゃないか。海兵隊が表立ってかかわったのかどうかはわからないが、そんなことは別にどうでもよかった。正面に掲げられた名前を見るだけでうれしい。その晩は、バリ・ドグレ空港ターミナルの屋根の上で寝て、凍えそうになったばかりか、風と砂とに吹き飛ばされて死にそうになった。そのときの旅でいちばん愉快だったのは、便所が燃えているのを見たことだった。隊員たちが汚物を燃やそうとしたが火がまわり、手に負えなくなっていたのだ。

別の旅では足止めをくった。いわゆる直行便がない状況で、モガディシオに帰るために、いったんケニアのモンバサへ戻るＣ130の物資補給便に乗ったときだ。モンバサで飛行機を降りると、アメリカ軍の施設内に閉じ込められ、一九八八年以来の訪問となるはずだった市内へは一切外出することができなかった。

なんということだ。キャッスルホテルにあるレストランのシーフードディナーもなし、ナイトクラブもなし、褐色のケニア女性もなし、そしてなかでも最悪だったのが、冷えたタスカービールがないことだった。

部隊の暇つぶしのために、ビデオデッキと大画面テレビが備えられた映画テントがあった。わたしがテントに入るとちょうど映画が終わったところで、隊員たちが次に何を見るかを話し合っていた。ほこりをかぶって山積みになっていたビデオテープに目をやって、わたしは『ブルーベルベット』を提案した。すぐに、すでに見たことのある二、三人の兵がそれに賛同した。そう、デイヴィッド・リンチの作品だ。驚いたことに、高校を卒業したばかりの三〇人かそこらも乗り気だった。デニス・ホッパーがイザベラ・ロッセリーニをひっぱたいて「だまれ。パパだ、ばかやろう。バーボンをもってこい！」と怒鳴り、それから膝をついて彼女の股間を見つめ、吸入器から息を吸い込みながら「ママ、ママ」とつぶやくシーンになったとき、目を大きく開いたひとりの兵がこちらを振り向いてうれしそうににやりと笑うと「いやいや、だいぶいかれてるな」といって、また映画に見入っていた。ロイ・オービソンの『イン・ドリームズ』を歌う気取ったホモ役ディーン・ストックウェルがそれをだめ押ししている。兵士らはなんといっていいものかよくわからないようだった。

さて、モガディシオの大使館に戻ったわたしは事務所に戻る途中、大使館敷地内にあるオーストラリア軍作戦司令部の前に立っていたオーストラリア兵と短い言葉を交わした。彼らは第五一三軍事情報旅団と同じ建物に入っていたので、わたしはレイナー、クリップス、レッペンズなど好感のもてる伍長たちと顔見知りになった。彼らはソマリアに到着したオーストラリアの第一次派遣部隊である。続いて、例の妙な帽子をかぶった九〇〇名を超えるオーストラリア兵が希望回復作戦支援のために派遣され、アメリカ軍が行なっていたバイドアの任務を引き継いだ。オーストラリアの部隊がこれほどの規模で派兵されたのはべトナム戦争以来のことである。将校は使い古しのブラウニング・ハイパワー九ミリ・ピストルを携行していたが、兵士は新品のシュタイヤーAUGだ。すばらしい。もうひとつすばらしいのは憲兵だった。女性、ブロンド、オーストラリア人、一名。何人かが彼女を振り返った。その明るい笑顔は、何日ものあいだモガディシオの市街地でストレスにさらされた者にとってうれしい眺めだった。わたしは隠しもっていたハーフパイントのジャックダニエル一本と地球の裏側の国の装備品とを交換した。ほかにも何度かひそかに取引をしたので、わたしの存在は何人かのオーストラリア人にはよく知られていた。

　オーストラリア軍の派遣部隊に援軍が到着した数日後、仕事があってバイドアを訪れたわたしは、そこで任務を引き継いでいた数人と出くわした。わたしのバイドアでの仕事は海兵隊民政チームに割りあてられた通訳のようすを確認することだった。仕事を終えてからは、帰りの飛行機の時間まであたりをぶらぶらしていた。目に留まったのはパトロールの準備を整えるオーストラリア軍だった。わたしは好奇心の強い兵士らについてまわって、アメリカ第一五海兵隊遠征隊がバイドアで押収した「テクニカル」車両を観察した。よく見かける銃撃で穴のあいたトヨタのトラック何台か（一台は一〇六ミリ無反動ライフル搭載）があったほか、フィアット6614装甲兵員輸送車《APC》（一二・七ミリ・マシンガン搭載）や対空砲を積んだアメリカ製トラックもあった。無反動ライフルのついたフィアット車は、張り紙によれば、二五名の一般市民を殺害するために使用されたらしい。車両側面にはソマリア語でスローガンが書かれていた。通訳のひとりはそれを「我々は殺しと略奪を行なわなければならない。我々の攻撃からは誰ひとり生き残れない」と訳した。ほかのテクニカルに書かれているスローガンには「無慈悲と黄金がわたしの信条だ」とあった。この国にやってきたばかりのオーストラリア兵はそれを見てただ首を横に振った。そうなんだよ。ソマリアへようこそ、相棒。

オーストラリア兵がわたしにヴェジマイトをすすめてくれた。これは発酵ペーストで、朝食のときにトーストに塗ると完璧に食事を台無しにしてくれる。四年ほど前にエルサルバドルで、わたしのオーストラリア人の「相棒」ジェフ・ヘンリー伍長がすでに味わわせてくれていたので、今回は辞退することにした。あと四年くらい待ってからもう一度試してみよう。彼らはわたしもパトロールについてくるかときいた。まだ別の場所で通訳の仕事ぶりを確認して金を渡す仕事が残っていたので、わたしはそれも辞退した。そして、オーストラリア兵が弾薬を抜き取り、食糧配給所へ向かうために整列するのを眺めていた。トラックの車列が出発してから数時間後、兵のひとりが誤ってトラックの後部でシュタイヤーを発射したという知らせが飛び込んできた。弾は仲間のシュタイヤーの銃身にあたって砕け、その破片で二名が負傷したらしい。これはオーストリア製シュタイヤーがかかわって起きたいくつかの事件の最初のひとつだった。ソマリアに持ち込まれたこの新しい兵器はいつまでも問題を引きずっていた。

その日しばらくしてから、わたしは海兵隊のヘリコプターでバイドアを離れた。わたしはヘリが離陸する寸前に走って息を切らせながら飛び乗った。ヘリは待っていてくれた。乗り込んで落ち着いてくると、ほかにも三人の乗客がいることに気がついた。全員がアメリカ陸軍歩兵大佐だ。なんてこった。こんなところで大目玉を食らいたくはないし、きさまは誰だ、なぜここにいる等々、いつもの尋問も願い下げだ。だがそんな心配は必要なかった。三人はわたしを見て、頭をくっつけあって何やら短い言葉を交わし、ひとりがわたしのほうに寄りかかるようにしてこういったのだ。「ロブ・クロットか？」

わたしはうなずいた。するとひとりが近くに寄ってきてこういう。「探していたぞ！」（なんだって！　俺は今度は何をしでかしたんだ？　ひょっとするとアメリカ陸軍の武器でソマリア人を撃ったことがばれたか？）　彼らは希望回復作戦の話がしたいという。実地調査のために上官の将軍に送り込まれてきたらしい。国防総省の大佐はよくおつかいに出される。この三人はみな若く、おそらく出世コースをかけ上がってきたのだろう。どうやらブリーフィングのときにわたしの名前が出たようだった。きっとソマリアに入ってから何度か耳にしたにちがいない。

　質問のひとつは「どうすればこの状況から脱却できるか？　どうやって泥沼を抜け出せばよいか？」だった。わたしは口もきけないほどびっくりした。そして簡潔に、しかし正直に答えた。「食糧は配給所に届きました。やるべきことはやったのです。これで任務は成功したと宣言して、全員を撤退させてください」。三人は目を見合わせてうなずいた。なんとも現実離れした体験だった。

　わたしはフォート・ベニングで歩兵将校上級課程を終えてからわずか二年しかたっていなかった。それなのに、軍服に数々の功労賞のバッジをつけ、近々星もつくであろう若き大佐三人がそろいもそろってソマリアの泥沼から抜け出す方法をわたしにきくとは。なんとまあ。そんなことが起きていること自体が信じられなかった。その晩日誌に記録していなければ、今ごろは幻だと思っていただろう。ヘリから降りて彼らに手を振りながら、ふと考えた。「国防総省がロブ・クロットに何をすべきかをたずねるくらいだから、相当まずい状況に陥っているにちがいない」

　バイドアのオーストラリア軍を訪ねたからには、次はキスマーヨのベルギー軍を見にいくのが筋だろう。キスマーヨはモガディシオの南にある港町で、ソマリア人の労働者が穀物の積み荷を船から降ろしていた。わたしはそこでも何人かに金を支払って、ひとりをこっぴどく叱りつける必要があった。まずはニュージーランド空軍の定期便キウイバードで現地へ飛び、あとは港まで車に乗せてもらおうと銃撃で破壊されたターミナルビルをぶらぶら歩きまわった。ターミナルビルの屋上では、第一〇山岳師団の部隊がキスマーヨ空港へ入る道路とビル内にある部隊の兵舎を監視していた。安全確保を担当するこの分隊はM16、M203、マーク19グレネードランチャー、そしてまたM24スナイパーライフルなどでしっかりと武装していた。空港からの出口には交通を規制するために、砂を詰めた二〇八リットルドラム缶のバリケードが築かれていた。車両搭載型の攻撃、つまりトラック爆弾による自爆攻撃を食い止めるためのものである。ベイルートの兵舎を爆破したたぐいの爆弾攻撃がここでは起こらないようにしてあった。

キスマーヨは緊張状態にあった。この二四時間以内に、港のベルギー軍がグレネードによる攻撃の騒ぎのさなかに犠牲者を出していた。車で町を通るとき、ハンヴィーの運転手がわたしにM16をぽんと放り投げ、エンジンをふかして、いつでも撃てるようにしておけといった。わたしはかちりと弾倉をはめ込み、装填するためのチャージングハンドルを真鍮が見えるほど後方へ引いてから放し、フォワードアシストをトンとたたいた。幸運にも港までの道中では何も起こらなかった。よかった。モガディシオで狙撃の弾を逃れるだけでもたいへんなことなのに、さらに「キスマーヨでグレネード攻撃にあったが生還」などと履歴書に書きくわえたいとは思わない。キスマーヨでは自分の仕事をかたづけてからジャック・ホイーラーの顔を見にいって、デニス・ケネディに会って懐かしい時間を過ごしたと伝えた。

キスマーヨのベルギー軍はえび茶色のベレーをかぶったパラシュート部隊で、「勇気ある者が勝つ」というイギリス陸軍特殊部隊SASの帽章をつけていた。ベルギー人はベレーが心理作戦上有効な兵器であると考えていたので、一九六〇年代にコンゴのスタンリーヴィルで戦闘降下して以来、戦場でもヘルメットではなくベレーをかぶるのが習慣となっていた。折りたたみ式銃床のカービンモデル、FNC Paraを装備し、ほかにはほとんど何ももたず、ちょうど数時間前に待ち伏せにあったところだという。なんだ、またパーティーに遅刻か。

ベルギー軍隊員のひとりがつい先ほど受けたという足の傷を見せてくれた。爆弾の破片でできた傷が赤チンで点々になっている。ベルギー人の医師は破片を取り除いてアスピリンを与えただけで、彼をパトロール報告チェックの任務に戻した。彼の上官の軍曹も近づいてきて、破片が取り出されたあとの剃られた頭のてっぺんを誇らしげに披露した。グレネードが爆発したときにはすでにうつ伏せの姿勢だったことがよくわかる。せっかくのベレーが台無しだ。

港を歩きまわっていると奇妙な光景に出くわした。丸々と太った恰幅のよい商船の船長が明るい色のサマースーツに半ズボン、ハイソックス、船長の帽子というでたちで、食糧支援の荷物を積んだスカンディナヴィアの貨物船から降り立ったのだ。首からニコンをかけたその姿はまるでまぬけな旅行者のようだ。みなの視線を集めたのは彼の腕に抱かれていた一九歳くらいとおぼしき小柄なタイ人の娘だった。ミニスカート、タンクトップ、濃い化粧、ハイヒール。彼女は船長と一緒に世界中を航海しながら、彼の欲求を満たしていた。むろん船員を残らず欲情に狂わせたことだろう。これもまた船長の特権だ。コペンハーゲンかストックホルムかどこだかわからないが、彼の故郷にいるよりもいい暮らしをしているにちがいない。

人生いろいろだ。

キスマーヨを発つときには、もう少しで大がかりな銃撃戦に足を踏み入れてしまうところだった。モーガン将軍の戦闘員と別のソマリア人民兵の党派のひとつが戦っていたのだ。キスマーヨは本当に危険だった。内戦の一方に殺されるのでなければ、もう一方に殺される。ソマリア全体がひとつの意見にまとまることがあるとすれば、唯一、アメリカ人を殺そうとするときだろう。

空港に向かう途中で狙撃された。パン、パン、パン。一発がボンネットにあたった（あとで調べたところ、後部のフェンダーにも穴があいていた）。わたしはすぐさま撃ち返した。助手席に乗っていたわたしは窓から騒ぎのなかへ撃ち込んで、運転手のM16の弾倉を半分ほど空にした。多くの戦闘はそんな風だった。確実な攻撃目標がなくてもとにかく撃つ。弾がどこかにあたったのか、誰かを殺したのかなど知る由もない。もっともそこそこの自己満足は得られる。

しかしながら、待ち伏せが日常的で氏族同士の争いが日課になっているこのキスマーヨのような場所でも、兵士は口をそろえていう。「モガディシオよりましですよ」。一九九三年一～三月当時、モガディシオの暮らしはほぼ一定のパターンにはまっていた。敷地の外へパトロールに出かける海兵隊は、武器をすぐに撃てる状態にして、「ディシュ」の貧民街を通るさいの日々の危険に備える。港のような争いの絶えない物騒な場所、多くのソマリア人や露天商が集まる場所はできるかぎり避ける。市内観光はご法度だった。したがって、一度も敷地から出たことのない部隊がある一方で、鉄条網の外で毎日パトロールなどの任務にあたっている部隊もあった。

そうはいっても、市内に見るべきものなどあまりなかった。見るものがあるとすれば、それはすべて同じだった。ディシュの典型的な景色。すなわち、街路にはがれき、がれき、さらにがれき、そして爆弾で焼き払われた建物、壊れた車、そこここにいる悲しい顔をしたたくさんのソマリア人。市内に点在する小さな貧民街には、曲がった竿に獣の皮や防水シートや穀物袋をかけた小屋が並んでいる。田舎から出てきた放浪者は、破壊された建物よりもそのほうがいいらしい。町中が破壊されている光景には打ちのめされる。ソマリア人の氏族間で争われた内戦でただちに壊されなかったものは、略奪され、アラブの商人に売り飛ばされ、国外に持ち出されてしまった。第一〇山岳師団の将校ビル・ショメント少尉の言葉を借りれば、「彼らは祖国を石器時代に売った」のである。

あるとき、ショベルで道路を掘っているソマリア人を見かけた軍事情報部の兵がそれを指さしてわたしにいった。「ほら、クロットさん、道路を直していますよ」。わたしは笑った。同じような光景はモガディシオ中で見られる。彼らは道路工事などしていない。電話線を売るために掘っているのだ。

　二名の海兵隊員の死とたえまなくアメリカ軍に向けられる暴力にからんで、海兵隊作戦部隊《MARFOR》司令官のチャールズ・E・ウィルヘルム少将が、隊員に「態度を見直す」ことを求める通知を出したことは驚きだった。彼は明らかに戦闘モードではなく、民衆の支持獲得モードだったようだ。少将は以下のことを自問せよと海兵隊に指示した。「今でもソマリアの子どもたちに手を振っているか？　答えがノーなら、作戦を実行していないことになる。ソマリア人に汚い言葉を投げかけたり、渋滞にはまったときや群衆に向かってクラクションを鳴らしたりしているか？　答えがイエスなら……。パトロール中に人が集まってきたときに、ソマリア人を押しのけたり彼らに銃口を向けたりしていないか？　答えが……」。だいたいの状況がわかるだろうか。締めくくりはこうだった。「ソマリアの人々には友人が必要なのだ。砂漠用カムフラージュの施された建物にいる次の圧政者ではない」。アメリカはいまだにこれを繰り返している。イラクでもみごとに適用された。

　不幸なことに、この板挟みの窮状をなんとかしなければならないのは一等兵や上等兵や伍長たちだった。そしてこうした、砂漠用カムフラージュの施された建物にいる圧政者たちは、ガラスを盗まれ、石を投げられ、狙撃されることに、いささかうんざりしていた。それに、目的は何なのか、賢明な行動であるのかどうかがアメリカの新聞でさかんに議論されているような危険な夜間パトロールに出かけなくてはならないし、夜間の敵の待ち伏せで仲間も失った。下士官や戦闘部隊の将校は、政治的野心のある「現実とはかけ離れた上の層」の決定に従いながら、治安活動や戦争ではなく人道支援と呼ばれている戦闘任務を実行し、石を白く塗るようなくそみたいな仕事も我慢しなくてはならないのだ。彼らは最善を尽くしていた。

あるとき日課のブリーフィングで特務曹長が告げた。「ゴミと衛生管理が優先事項だ。殺しの次にな」。続いて、モガディシオ市街地を通るときの車の速度について念を押した。こんな風に。「施設内の速度制限は時速一〇キロ、モガディシオ市内は五〇キロだ」。「しかし、特務曹長、撃たれた場合はどうするんですか?」と上級下士官。特務曹長は答えた。「弾丸より速くは走れないからな。そういう場合は速度を落として、弾がどこから飛んできたのかを確認してよし」。

モガディシオの任務を簡単にまとめるとちょうどそんな感じだった。

アメリカがソマリアに介入したとき、アメリカ軍全体にソマリア語を母国語とする人間は五名しかいなかった。ひとりは海軍の女性だったが、良心的兵役拒否で除隊を願い出た。いい知らせと悪い知らせがある、と彼女は告げられた。いい知らせは除隊願いが認められたこと。そして悪い知らせは、ソマリアの任務が終了するまでそれが効力を発しないということだった。別のソマリア語堪能者は海兵隊予備軍にいた。彼は現役任務を命じられ、ウィルヘルム個人の通訳とソマリア文化のアドバイザーとして送り込まれた。

ある日、わたしが面倒を見ている通訳者のひとりが、この海兵隊員と海兵隊作戦部隊《MARFOR》ソマリア司令官ウィルヘルム少将を指さした。少将と海兵隊員はふたりのソマリア人と話をしていた。ひとりが白いシャツ、もうひとりが青いシャツを着ている。わたしの通訳はパニックを起こしていた。ウィルヘルムが話していた相手がアイディードの息子だったのだ。通訳は子どものころモガディシオの学校で一緒だったのだという。白シャツのソマリア人か、それとも青シャツかと尋ねると、彼は取り乱しながら大声で叫んだ。「ちがう、ちがう、海兵隊員だ!」海兵隊予備役フセイン・アイディードはソマリアの権力者モハメド・ファラー・アイディードの息子だった。母親の姓で入隊していた彼はウィルヘルム少将の補佐を務めるふりをして、連絡員を通じて機密情報を残らず父親に伝えていた。フセインはいったんアメリカに送り返されたが、父アイディードとの交渉の結果、アメリカ軍のための連絡係として呼び戻された。のちに彼は、おそらく予備隊からの無断離隊だと思われるが、カリフォルニアを離れて見合い結婚のためにソマリアへ戻った。一九九六年に父親が死亡してからは、ハブル・ゲディル氏族とソマリア国民同盟を引き継いで指導者になった。

　わたしの契約の（そしてたっぷり一万ドルのボーナスが貰える条件を満たす）最初の三カ月が終わりに近づいたころ、バリ・ドグレのオーストラリア軍から連絡を受けた。通訳のひとりに問題があったのだ。その男は以前にも麻薬の一種であるカートを所持していたり、勝手に抜け出して大量のソマリアポンドを所持していたり、地元民と一緒にソマリアの車を乗りまわしたりしているのが見つかったことがあった。ところが今度は、民兵を防衛境界線の内側に招き入れて、守備、兵器の設置場所、部隊の位置などの略図を見せていたのである。彼は護衛つきでモガディシオに戻され、わたしは最優先で彼をワシントンＤＣに連れて帰るよう命じられた。命令には統合任務部隊《JTF》ソマリア司令官でのちに多国籍軍統合任務部隊《UNITAF》司令官となったＲ・Ｂ・ジョンソン中将の署名があった。わたしに手渡された通訳の帰国命令のいちばん上に一言「クロット殿、ただちに彼を連れ出してくれ！」とあり、彼の署名がついていた。

　わたしたちはその通訳を飛行場へ連れていった。名前を「エガル」と呼ぶことにする。次に出発する飛行機は医療用だった。国際法でその飛行機への武器の持ち込みは禁じられている。わたしたちはけが人ではないので乗れないといわれた。そこでわたしは自分とエガルの帰国命令と将軍閣下のメモを見せて空軍の事務官に頼んだ。「じゃあ、なんべんやつの頭を壁に打ちつけて、俺がトイレに駆け込んで喉に指を突っ込んで吐けばいい？　いいか、こいつはけが人で俺は病人だ。飛行機に乗せてくれ」

ドイツまでは退屈な旅だった。フランクフルトでは、そこから先のフライトが軍用機ではなく民間機だったため、アメリカ軍駐屯地の売店でふつうの洋服を買わなくてはならなかった。機内でエガルはわたしの一〇列ほど後方に座った。むろん、敬虔なイスラム教徒の彼はひっきりなしにビールとウィスキーを頼んだ。大西洋を半分ほど横断したころ、エガルがやや不愉快な態度をとるようになってきた。客室乗務員にはあらかじめ状況を説明してあったが、アルコールを飲み続けていることを心配する彼らにわたしはもっと飲ませろといっておいた。もし何か問題を起こしたなら、ひっくり返るほどぶんなぐってやる。喜んで。結局、酒のせいでエガルは意識をなくした。

到着したときにはこの愚か者をターミナルまでひきずっていった。そこでモーズリーほかオフィスからの若いやつらが待っていた。するとエガルが急にわめき出した。モーズリーとその連れがその場で状況を非難しはじめることがないように、わたしはエガルに礼儀正しく接していた。道中ではほとんどかかわらないようにしていたし、飛行機では近くに座らなかったので、エガルはわたしのことを偽善的だと思ったことだろう。だがそんなことはどうでもよかった。こいつなど、すぐに給料を払って解雇しても遅いくらいだ。なんともおもしろかったのは、現行犯で捕まったにもかかわらず、エガルがまだ言い逃れできると考えていたことだった。

ヴァージニアに戻っているあいだ、ＢＤＭが割のいい仕事を紹介してくれた。当時はまだアーカンソー州フォート・チャフィーにあった統合即応訓練センター（ＪＲＴＣ）の特殊戦コーディネーターだ。面接を受けるためにアーカンソーへ行ったので、中央アメリカ傭兵時代の旧友に連絡をとった。元海兵隊中尉のデイヴィッド・「ロッキー」・イールズは、オクラホマ・ハイウェイパトロールのタクティカルチームにいた。最後に会ったのは、わたしにとっては二度目のグアテマラの旅となったグアテマラ軍パラシュート部隊にいたときだったから、もうかれこれ四年たっていた。グアテマラへ行ったときは、『ソルジャー・オヴ・フォーチュン』誌のランス・モトリー、バリー・サドラー、そして経験豊かなパラシュート兵で、武器の達人で、冒険家で、二〇年来の親友ジェラルド・レグワイヤーと仲間になった。ロッキーとわたしはグアテマラで楽しい時を過ごした。空挺部隊と一緒に飛び降り、それからエルサルバドルへいって、そこの特殊部隊とともに夜明け前に安全の確保されていない地点へ降下した。その同じ年にはまた、わたしたちふたりとレグワイヤーとでドミニカ共和国へ行って、そこの部隊ともパラシュート降下を行なった。まあ要するにロッキーは犯罪の相棒だったということだ。この四年間連絡を取り続けてはいたが、会ったことはなかった。わたしは車でオクラホマへと州境を越え、ロッキーとは中間地点で落ち合った。その晩はふたりで飲んで、たがいにこれまでのことを話した。翌朝フォート・チャフィーにあるBDMのオフィスに顔を出したときは二日酔いだった。ほんの少し、見た目にはわからないくらいだったが、まだ酔っぱらっていた。

BDMが提示した契約は、二、三カ月待機したのちに統合即応訓練センターの移転先であるルイジアナ州フォート・ポルクに赴くというもので、そのあいだわたしがバルカン半島へ戻りたければそれもよかろうということだった。わたしはヴァージニアへ戻り、荷造りをして、航空券を買い、ガールフレンドに計画を話して捨てられた。ジュディは遠く離れていたことや、ソマリアから戻ってからのわたしの態度全般が気に入らなかったのだ。しかも懲りることなく次の戦争地域に向かって喜々として飛び出していくわたしを見て、さらに渋い顔をした。

一九九二年一二月、ジョージ・H・W・ブッシュ大統領はみずからの任期が終わるわずか数週間前になって、餓えに苦しむソマリア人に食糧を届ける国連の人道支援の一環としてアメリカ軍をソマリアへ派遣した。大統領はこのとき、任務は一カ月ほどで終了すると述べていた。しかし、二四名のパキスタン軍兵士が殺されてから、任期はビル・クリントン大統領によって延長された。広範囲に及ぶ無政府状態のなかで法と秩序を回復し、ソマリアの将軍モハメド・ファラー・アイディードを捕らえることが目的だった。

一九九三年一〇月三日、アイディードを探していたアメリカのレンジャー部隊とデルタフォースがモガディシオのホテルを襲撃した。ヘリコプターの墜落に続いて、彼らは一七時間にも及ぶ銃撃戦に突入し、一八名のアメリカ兵が命を落とした。

わたしがナイロビにいたとき、休暇でそこへきていた通訳から、BDMの通訳二名も殺されたと聞いた。彼らはいかなる本でも取り上げられなければ、映画『ブラックホーク・ダウン』にも出てこない。戦死者のリストにも載っていない。だが、包囲されたレンジャー部隊のもとへ突破を試みた第一〇山岳師団の隊員たちとともにトラックに乗っていた。暴徒は死んだアメリカ人の遺体を街路で引きずり回した。クリントンはあとになってアメリカ軍を引き上げさせた。ソマリアは今でも内戦の波にもまれたままで、無政府状態が続いている。人々はいまだに苦しんでいるのだ。

すべてがまったくの無駄だった。

第5章　ソルジャー・オヴ・フォーチュン

「人間狩りに勝る狩りはない。武器を手にした敵を狩り続けて味を占めると、もうほかの獲物には目を向けなくなる」

——アーネスト・ヘミングウェイ

日差しの強いソマリアにいたとき、クロアチア系アメリカ人の知人ロビン・アンソニー（仮名）にクリスマスカードを送った。彼はクロアチアに縁故があった。わたしは、バルカン半島に戻って何か有意義なことをしたいと書いた。ソマリアのモガディシオ大使館リゾートで過ごした地獄の休暇から戻ったときは、すぐにコロラド州ボールダーにいる『ソルジャー・オヴ・フォーチュン』誌の友人に電話をかけた。すると『ソルジャー・オヴ・フォーチュン』の訓練チームをボスニアに派遣する話があるという。当時わたしは知らなかったのだが、ロビン・アンソニーの遠い親戚であるジェリコ・グラスノヴィッチ大佐が、ボスニアのクロアチア人歩兵部隊キング・トミスラヴ旅団の司令官だった。『ソルジャー・オヴ・フォーチュン』の発行者であるロバート・K・「ボブ」・ブラウン中佐はわたしに、キング・トミスラヴ旅団を手伝ってきてはどうかといった。最近になって旅団の幹部将校ユーリ・シュミットを含む訓練要員が何人か戦死していたからだった。

一九七〇年代後半から九〇年代前半の全盛期、『ソルジャー・オヴ・フォーチュン』は多数のフリーランス記者による戦争の幅広い記事を提供するとともに常連の執筆者を戦闘地域へ送り込んでもいた。同じ時期、同誌はベトナム戦争の退役軍人を中心とする経験豊富な戦闘員で訓練チームを作り、世界中の戦闘地域や紛争の危険をはらんだ地帯に派遣していた。共産主義や時代遅れの独裁政治が広がるのを阻止しようと奮闘している民主主義政府や自由戦士を援助するためだ。多いときで一〇名のチーム、少ないときで一名が支援と助言を行なった相手には、ソヴィエトに対抗していたアフガニスタンのムジャヒディーン《イスラム聖戦士》、ニカラグアのコントラ、ビルマのカレン族ゲリラ、エルサルバドル陸軍、ラオスはモン族のレジスタンス戦士、さらにレバノンのキリスト教徒市民軍までもが含まれている。

一九九二年一二月には八名の訓練チームが二週間にわたってボスニア西部でクロアチア人部隊の訓練にあたった。誕生したばかりのヘルツェグ=ボスナ・クロアチア人共和国のクロアチア防衛軍に属するボスニアのクロアチア人に力を貸した『ソルジャー・オヴ・フォーチュン』チームは、世界中の戦争地域で戦闘経験を積んだ四〇～五〇代の元正規軍の軍人集団だった。この年季の入った傭兵は、チームリーダーで六〇歳になったばかりのアメリカ陸軍予備役ロバート・K・「ボブ」・ブラウン中佐（退役）を筆頭に、アメリカ陸軍ミラード・「マイク」・ペック大佐（退役）、アメリカ陸軍予備役アレックス・マコール大佐（退役）、アメリカ陸軍予備役ジョン・ドノヴァン少佐（退役）、ローデシアSASと南アフリカ国防軍の故ボブ・マッケンジー少佐（ボブ・ジョーダンという名で参加）、フランス外人部隊、アメリカ海兵隊、第八二空挺師団を経験したポール・ファンショー（仮名）、そして民間人の火器技術専門家ピーター・コカリスという面々だった。

ペック、マコール、ブラウン、ドノヴァンはいずれもアメリカ陸軍特殊部隊の佐官級退役軍人だった。決定権をもつ立場に不慣れではない彼らは、気の向くままに世界中の紛争地域を訪れるだけの資金と手段をもっていた。彼らにとって楽しい休暇とは新たな戦争地域に行ったり、第三世界の小国で起きているクーデターや革命を眺めたりすることで、「ちょっと見物に行って」は楽しんでいた。あるいは、チームのなかでも特に熱心なパラシュート兵であるジョン・ドノヴァンやアレックス・マコールにいたっては、異国の地へ赴いて、好適な飛行機から降下し、外国のパラシュート部隊の記章を集めることが、いい刺激になっていた。

この傭兵雑誌が広がりつつあるバルカン半島の紛争にかかわったのはこれが初めてではない。『ソルジャー・オヴ・フォーチュン』は、スロヴェニアの戦闘やオシエク近郊でクロアチア国家防衛隊《ゼンジー》（ZNG）とチェトニクのあいだに起きた初期の小規模戦を確認するために寄稿者兼編集者のマイク・ウィリアムズ少佐を送り込んだのを手始めに、バルカン紛争の状況を詳細にわたって取り上げていた。ウィリアムズは、『グリーン・ベレー』や『ビンラディン狩り』で有名な故ロビン・ムーアとの共著『マイク少佐』の主人公である。彼は第二次世界大戦と朝鮮戦争での戦歴にくわえて、アーロン・バンク大佐のもとでアメリカ陸軍特殊部隊の基礎を作った「初代」として知られる最初の特殊部隊将校二〇名のうちのひとりだった。マイクの親友で、アーネスト・ヘミングウェイの息子でもある故ジャック・ヘミングウェイもその一員である。マイクは少佐としてローデシア陸軍のグレイ偵察隊（騎乗歩兵）に赴いたほか、長年にわたって多くの傭兵任務にかかわっていた。わたしも何度も一緒にパラシュート降下したことがあり、光栄なことに彼の子分だと思われている。わたしにとって彼は「名づけ親」のような存在だ。

マッケンジーやウィリアムズといった、すでにバルカン半島にいた『ソルジャー・オヴ・フォーチュン』

特派員たちからの情報はチームにとって貴重なものだった。『ソルジャー・オヴ・フォーチュン』訓練チームの任務計画は、彼らの報告に基づいた状況判断のうえに成り立っているからだ。チームが戦争の一方の肩をもってクロアチア支援の準備をする決断を下したことについて、ボブ・ブラウンは同誌で以下のように述べている。「数カ月にわたって分析と評価を続けた結果、セルビア人が侵略者であり、セルビアの領土拡張主義政策と『民族浄化』が第二次世界大戦後のヨーロッパには見られなかった市民の大量虐殺と大量強姦という悪夢を引き起こしていることは、難しい学問を学んだ者でなくとも一目瞭然だ」

　ブラウンは大がかりな訓練支援活動を組織することにした。ボブの旧友やスキー仲間にとっては、いわば戦争で破壊されたボスニア西部で過ごす二週間の休暇旅行である。全体の活動はロビン・アンソニーと彼の親族ジェリコ・グラスノヴィッチ大佐によってボスニアの連絡員を通じて調整された。グラスノヴィッチは、ボスニア西部の険しい山岳地帯で地区ごとに組織された部隊の集合体、クロアチア防衛評議会《フルヴァツキ・ヴィエチェ・オブラネ》(HVO)の旅団司令官だった。彼の軽歩兵旅団はクロアチアのスプリトとボスニア＝ヘルツェゴヴィナのサラエヴォのあいだにある地域の防衛を受けもっていた。当時、キング・トミスラヴ旅団の隊員たちは、ほとんどが地元で集められた軍隊経験のない一〇代後半か二〇代前半の若者たちだった。そこへ外国軍からの志願兵がくわわっていた。その多くは、国外に在住していたクロアチア人、あるいはクロアチア系外国人である。

　グラスノヴィッチの軽歩兵旅団は頭数だけはそろっているが、経験豊富な人材がまるで足りないことをブラウンは知っていた。この訓練不足の部隊を構成していたのは、おもに民兵の新兵と四〇～五〇代のユーゴスラビア人民軍《JNA》退役軍人数人で、ほかに何もできないからと参加した六〇～七〇代の老練の水夫までもが数人入っていた。作戦、戦術、兵器のすべてにおいてプロによる軍事訓練が必要だった。トミスラヴグラードとその周辺地域出身のクロアチア民族以外には、カナダ、オーストラリア、ニュージーランド、ドイツ、イギリス、アメリカの志願兵がほんの一握り混ざっていた。

軍務経験のある外国人志願兵、数人の元正規軍の職業軍人、そして旧ユーゴスラヴィア人民軍《JNA》で訓練された徴集兵のあいだで、グラスノヴィッチ大佐本人がただひとりの基幹人員だった。まあ、そのようなものとでもいっておこう。当時自分の旅団を強化したかったグラスノヴィッチは、プロの兵であることが証明されればいくらでも喜んで外国人志願兵として雇い入れていた。むろん、志願兵でもよければの話ではある。そのためにはまずはるばる自分でザグレブまで行ってから、さらにトミスラヴグラードまでの足を確保しなければならない。たいていはザグレブから延々と海岸線を走る一二時間の気の遠くなるようなバスの旅だ。むろん志願兵になろうとして出向いたからといって、必ず入隊が認められるとはかぎらない。そして、たとえグラスノヴィッチ大佐が武器と寝泊まりする場所を与えてくれたとしても、クロアチア防衛評議会《HVO》がくれるのはそれがすべてだった。一九九二年一二月時点の軍曹への給付金額はわずか月額およそ三〇ドルで、実際に支払われる通貨はドイツマルク。ブラウンの言葉を借りれば「ザグレブまでの航空運賃に見合うだけの金額を稼ごうと思ったら何年もかかる」のだ。そうはいっても、バルカン半島の戦争地域へ長旅をするほとんどの志願兵にとって、おもな動機は金ではない。

あれこれ考えていたブラウンは、キング・トミスラヴ旅団の支援はそれを行なうだけの大義名分があるだけではなく、絶好の機会でもあると判断した。チームのメンバーはボスニアの現状をじかに見ることができるし、雑誌に掲載できるような話もひとつやふたつはあるだろう。『ソルジャー・オヴ・フォーチュン』の元大佐たちによる直接支援が提供できることはまさに千載一遇のチャンスだ。

ブラウンによれば「我々が話をしたクロアチア人はみながみな口をそろえて、西側諸国からの部隊は必要ないし、望んでもいないと強調した。空爆による攻撃支援さえもいらない」ということだった。だが、キング・トミスラヴ旅団のクロアチア人はたんに、セルビア人の領土侵略と思われる行為に対して、自分たちで祖国を守る機会を与えてほしいと望んでいただけだった。『ソルジャー・オヴ・フォーチュン』のチームに語ったグラスノヴィッチ大佐の言葉が兵の気持ちを代弁している。「押収したわずかなＴ54やＴ55だけで、どうやってセルビア人や彼らのＴ84と戦えというのか。こちらは戦車の主砲まで再装填を強いられる始末だ。お願いだから、武器輸出禁止令を解除して我々が戦うチャンスをくれ」。クロアチアの特殊部隊司令官を務めていた元フランス外人部隊のルッソ将軍も、彼らが必要なのはフランスのＭＩＬＡＮ（歩兵用軽対戦車ミサイル）やアメリカのＴＯＷ（発射筒式、光学追尾、有線誘導重対戦車攻撃兵器）のような対戦車兵器だとブラウンに告げた。つまり、ユーゴスラヴィア人民軍《JNA》のＴ72戦車と戦えるものなら何でも、だ。

ブラウンは、通訳兼連絡係のロビン・アンソニーと特別プロジェクト担当のアレックス・マコールを先遣隊として現地ボスニアに送った。マコール大佐がブラウンにゴーサインか計画中止を助言することになっていた。ふたりの任務は、訓練対象の確定、黒板やチョークなど訓練備品の手配、訓練生の選抜とスケジュール準備の確認、訓練用の十分な弾薬や爆発物の供給手配、教室や射撃場の確認、通訳の手配、チームの宿舎の手配、その他十数項目のこまごまとした仕事だった。これらの作業と多種多様な細かいことすべてを終えた時点で彼らはブラウンに連絡を取り、最新の状況報告を行なって必要なことを伝達した。こうして、マコールのゴーサインを受けたチームはトミスラヴグラードへ向けて出発した。

ブラウンの訓練計画では、爆破を専門とする『ソルジャー・オヴ・フォーチュン』の執筆者兼編集者ジョン・ドノヴァン少佐はクロアチア防衛評議会《HVO》の隊員に、堂々とかつ熱意を込めて、創意工夫に富んだ方法でいろいろなものを吹き飛ばす方法を教え、同誌の技術編集者で「フルオート」欄のコラムニストでもあるピーター・コカリスが分隊つき自動兵器（ライトマシンガン《軽機関銃》）の使用について指導する。マイク・ペック大佐とボブ・マッケンジー少佐は、狙撃、戦術的偵察、戦闘パトロール作戦の授業を受けもち、他方、アレックス・マコール大佐は旅団の参謀に対して、人員管理や編制、野砲の砲撃管制、弾痕破片解析などのより頭脳的な面を教育することになっていた。

『ソルジャー・オヴ・フォーチュン』訓練チームがキング・トミスラヴ旅団にいるあいだ、実戦は一度もなかった。ときおり空襲警報が鳴った以外は、何度か夜中に自動兵器の射撃音が聞こえたが何だったのかはわからず、総じて平穏無事な旅だった。のちにブラウンはこう記している。「新しい友人もたくさんできた。肉をたらふく食べ、安くてうまい赤ワインをしこたま飲んだ。かわいい娘たちが目の保養になったことはいうまでもない」

戦闘や危険がないとがっかりすることもあるが、チームの主要な任務は訓練チームとしてきちんと仕事をすることであって、基礎訓練を終えたばかりの一八歳の若者たちのように銃を手に森のなかを走りまわることではないということは彼らも心得ていた。ボスニアに滞在していた二週間、彼らはクロアチア防衛評議会《HVO》の部隊に現代地上戦の基礎を教えるだけで手一杯だった。ゆうに六週間くらいはその状態が続くほど教えることが山ほどあったというのが彼ら全員の一致した意見だった。かくして、帰国したブラウンがわたしに行って働いてこいというのである。

二十世紀後半に起きた小規模な戦闘で蓄積された戦闘時間もかなりのものだが、『ソルジャー・オヴ・フォーチュン』の訓練チームのメンバーはみな、長年にわたって外国で現地部隊の訓練に携わってきた。アメリカ陸軍特殊部隊を退役したハーヴァード・ロー・スクール出身のアレックス・マコール大佐は、『ソルジャー・オヴ・フォーチュン』の特別プロジェクト担当役員で、難民救済のレフュージー・リリーフ・インターナショナル社の役員も務めている。アメリカのエリートたちはベトナム戦争に行かなかったという通説がまちがっていることを、彼は身をもって示している。最初にベトナムへ赴いたとき、彼はベトナム軍事援助司令部《MACV》の、以前は特別監視グループと呼ばれていた名高い調査ならびに監視グループに配属された。そこでの任務を終えた彼は一度本国任務を命じられたが、ふたたびベトナムに派遣され（一九六七年四月～一九六八年一一月）、ベトナム共和国軍《ARVN》の地域上級顧問を務めてから、ベトナム軍事援助司令部調査ならびに監視グループ《MACVSOG》に戻った。そこで彼は、「フェンスの向こう側」で任務を遂行する秘密偵察にあたったOP三五と仕事をした。ハーヴァード大学、ハーヴァード・ロー・スクール（六〇年卒）、特殊部隊Q課程、アメリカ陸軍大学校、そしてベトナムのロンタンにあるベトナム軍事援助司令部調査ならびに監視グループ《MACVSOG》パラシュート学校という学歴をもつのは、おそらくアレックスただひとりではないだろうか。アレックスはクロアチア人に人員管理と編制を教えた。

ポール・ファンショーはアメリカ陸軍と海兵隊に六年間在籍した以外にも、フランス外人部隊に一二年いた大ベテランで、外人部隊の第二外人パラシュート連隊（2REP）ではスキューバダイビングを教えていた。彼はザイールのコルウェジで行なわれた戦闘降下で勲章を受けたほか、クロアチアの特殊作戦担当将校となったルッソ将軍下の小隊軍曹だったこともある。ふたりがフランス外人部隊の部隊兵としてジブチに派遣されていたときのことだ。一九八七年にはニカラグアでコントラの訓練を担当し、ブラウンについてエルサルバドルやアフガニスタンへ赴き、そして、わたしの友人で同僚の『ソルジャー・オヴ・フォーチュン』記者ランス・モトリーが死んだときにはビルマへも出かけた。ランスはカレン民族解放とともに戦っているときに戦死、ブラウンとファンショーは彼が死亡した状況を詳しく確認するために現地へ出向いたのだった。ファンショーはブラウンに同行して湾岸戦争へも行った。『ソルジャー・オヴ・フォーチュン』の表紙には少なくとも二度は登場した。うわさではかつてＣＩＡの情報提供者だったらしい。『ソルジャー・オヴ・フォーチュン』の爆破担当執筆者兼編集者ジョン・ドノヴァンは元特殊部隊の少佐で、イリノイ州ダンヴァーズにドノヴァン・デモリション社という自分の会社を所有していた。エルサルバドルやアフガニスタンなど異国の地で『ソルジャー・オヴ・フォーチュン』訓練チームの一員として爆破の訓練を担当したこともある。「ビッグ・ジョン」と呼ばれる彼は熟練したパラシュートの達人で、いくつもの国々でパラシュート兵の記章を獲得していた。

みなに「ボビー・マック」と呼ばれているボブ・マッケンジーは狭い傭兵社会ではきわだった存在だった。ロバート・カレン・マッケンジーは実際の、現実世界の傭兵ということでは掛け値なしにすごい人物だった。まさに軍人中の軍人である。ボブはベトナムで第一〇一空挺師団「スクリーミング・イーグルズ」の空挺歩兵だったが、けがで除隊になった。一九七〇年、彼はボブ・マケナという仮名でローデシア陸軍のローデシア軽歩兵隊《ＲＬＩ》に入隊した。そこで精鋭部隊のローデシアＳＡＳに志願した彼は、たちまち大尉の階級へ昇進、ＳＡＳのＣ中隊長を務めるまでになった。その「並々ならぬ勇敢さと戦闘時の統率力」をたたえられ、ローデシア青銅十字章やローデシア銀十字章などの戦功章をいくつも受章している。

ボブ・マッケンジーはローデシア紛争で軍務にあたったアメリカ人のなかで最多の勲章を授与されている。かの有名な国境を越えての任務「ディンゴ作戦」、すなわち一九七七年に行なわれたモザンビーク、チモイオのジンバブエ・アフリカ民族解放軍《ＺＡＮＬＡ》に対するパラシュート攻撃にも参加した。マッケンジーのＳＡＳ、Ａ部隊は推定八〇〇〇人のゲリラのなかへ地上一五〇〇メートル強の高さからパラシュート降下したのだが、これは軍事史上もっとも勇敢な空挺部隊による襲撃のひとつである。このときは、攻撃ヘリコプターの支援を受けた総員SAS九七名とローデシア軽歩兵隊《RLI》四八名のパラシュート兵がチモイオに降下し、八〇〇〇人の武装勢力を敗走させ、近接戦で一〇〇〇名以上を殺害した。マッケンジーはアフリカ南部のあちこちで、高高度降下低開傘《HALO》を含む合計一九回の戦闘降下を行なった。また、一九七九年にはモザンビークのベイラにあるムンハヴァ石油貯蔵施設の襲撃にもくわわった。

政権が変わってローデシア軍を離れたとき、彼は少佐だった。そして、以前の敵が支配する政権のために兵役に就くことを拒んだほかの多くのローデシア人退役軍人と同じように、彼も南アフリカ防衛軍に入隊した。南アフリカでは一八カ月にわたって、少佐として特殊部隊将校を務めた。一九八一年にはトランスカイ自治区の防衛軍に移り、特殊部隊連隊の副司令官としてめざましい功績を残した。トランスカイ特殊部隊連隊にいるあいだ、ボブは南西アフリカ人民機構《SWAPO》のテロリストを相手に、一九八五年までの三年半にわたって南アフリカ本国の森林のなかで特殊作戦を実施した。そこで彼はまちがいを犯した。アメリカ領事館でパスポートの更新をしようとしたのである。

ボブによれば、彼のパスポートを見た領事館職員はこういった。「おやまあ、こんなところで今までいったい何をやっていたんですか?」過去一五年間、マッケンジーが三つの外国陸軍にいて（いわんや、特殊部隊の佐官級将校で）共産主義のテロリストを殺しまくっていたことがわかると、職員はかんしゃくを起こし、有効期限切れのパスポートの更新をこばみ、ボブをアメリカへ送り返す手配をした。とまあ、とりあえずそれがボブの言い分である。

わたしは一九九九年にダーバンで開かれたSASの再会の席で、ローデシア軍セロウス偵察隊を設立したロン・リード＝デイリー将軍と話をした。彼はわたしがそれまでうわさで耳にしていたこと、つまりマックはCIAの情報提供者だと述べた。偶然にも、マッケンジーの妻シビル・クラインはCIAの元情報副部長レイ・S・クラインの娘である。

チームの最後のひとりでリーダーのロバート・K・ブラウンは、コロラド大学を卒業後、一九五四〜五七年に防諜部隊の中尉としてアメリカ陸軍で兵役に就いた。みずから認める反バティスタ主義だったロバートはカストロの革命支持者と親しくし、実際にキューバまで行ったのだが、カストロが共産主義者だとわかると、ころりと反カストロ派に乗り換えた。彼は国外に亡命した反カストロ派が企てたさまざまなゲリラ作戦に加担したほか、ハイチの独裁者フランソワ・「パパ・ドク」・デュヴァリエを失脚させる試みにもくわわった。一九六七年には陸軍大尉として現役任務のためにアメリカに戻り、特殊部隊「Q」課程、短期間ではあるが第五特殊部隊グループG2参謀、フォート・ブラッグの第一八空挺部隊上級射撃訓練部隊で過ごして、気づくとベトナムにいた。

ベトナムでは、キューバでの危険な行動のせいで彼の信用に問題があったにもかかわらず、第一歩兵師団第一八歩兵連隊第二大隊の大隊つき情報将校（S2）を命じられた。テト攻勢に続いて正規の職務以外の任務にあたった彼は、「トゥドゥックの対ベトコン作戦において数多くのすぐれた計画と実行を成し遂げた」ことによりフェニックス・プログラムの現地コーディネーターに表彰されている。ベトナム戦争で最高位の階級にあった民間人顧問ジョン・ポール・ヴァンの力添えにより第五特殊部隊グループに戻ったブラウンは、Aチームのひとつであるトンレチョンのチーム A三三四の指揮をまかされた。ベトナム戦争後はフォート・レナードウッドの中隊長をもって兵役を終え、一九七〇年に除隊になった。その後はアメリカ陸軍予備役で活動を続け、最終的には中佐として退役した。そして一九七五年にわずかな元手で『ソルジャー・オヴ・フォーチュン』を立ち上げ、まもなくローデシア、エルサルバドル、アフガニスタン、ラオス、スリナム、そして今度はボスニアと、世界中のありとあらゆる紛争地域への危険任務に資金を調達できるようになった。

『ソルジャー・オヴ・フォーチュン』チームがボスニアに到着したとき、キング・トミスラヴ旅団の基礎訓練センターではおもにクロアチア系外国人の志願兵が基幹人員となっていた。その多くは解隊されたクロアチア陸軍《HV》国際旅団から流れてきていた。それ以外に、ドイツ、オーストラリア、アメリカ、カナダ、イギリス、フランス、ニュージーランドからの外国人志願兵もいた。彼らは金が目的だったのではない。クロアチア系オーストラリア人のトニー・ヴチッチは機関銃を教えるコカリスの通訳を命じられた。地球の裏側オーストラリアからは、クロアチア防衛評議会《HVO》の軍務に就いていてすでに一八カ月以上というデニス・ラドヴィッチ少佐がおり、キング・トミスラヴ旅団基礎訓練センターの担当将校を務めていた。ラドヴィッチはのちに一九九三年五月号の『ソルジャー・オヴ・フォーチュン』で表紙を飾ることになった。

チームが驚いたのはキング・トミスラヴ旅団にアメリカ人がいたことだった。二一歳のトム・クンディドはニューヨーク州ウェストチェスター郡出身のクロアチア系アメリカ人で、両親はふたりともクロアチア生まれだった。トムはほかの六、七人の志願兵とともに、一九九二年二月にクロアチアに向けて出発した。このときクイーンズ地区のクロアチア人が集まってザグレブまでの旅を手配してくれたという。ザグレブではトムの伯父が防衛省で働いていた。当時トムはまだ一九歳で軍隊の経験はなかったが、トムと一緒にやってきたペサ・ナスタジオ・マリンはアメリカ陸軍空挺部隊の退役軍人だった。マリンはのちに別のアメリカ人コルトン・グレン・ペリーとともにセルビア軍に捕らえられた。アルフォンス・ダマト上院議員（共和党、ニューヨーク州）がベオグラードのアメリカ大使館代理大使に釈放を働きかけるまで、彼らは三カ月間戦争捕虜《POW》となっていた。

『ソルジャー・オヴ・フォーチュン』がこのアメリカ人志願兵と出会ったとき、彼がバルカン半島で戦いはじめてから一年がたっていた。トムが最初に入隊したのはフランコパン・ジンスキというクロアチア陸軍の部隊で、部隊名は、大量に外国人志願兵を雇い入れていたことで有名なふたりのクロアチア王の名をとってつけられている。そのときトムたちニューヨークからやってきた一団とともにフランコパン・ジンスキ隊にいたのが、元カナダ軍軽歩兵でフランス外人部隊にもいたことのあるジェリコ・グラスノヴィッチだった。のちにクロアチア陸軍大佐（最終的には准将）となり、キング・トミスラヴ旅団の指揮をとるようになった人物である。

　入隊して五、六カ月たったころ、トムはフランコパン・ジンスキ隊をやめた。ほとんど何もしない状態が続いたからだった。彼の父親がクロアチアとボスニアの国境付近にあるイモイスキ出身だったのでトムはそこへ向かった。到着後は父親の親族を訪問して、イモイスキ・ボイナという憲兵隊に入った。わたしはボスニアにいたときにその名前を耳にしたことがある。ボスニアで実際に戦っている熟練した正規クロアチア陸軍大隊だったが、トゥジマン大統領はその事実を伏せたがっていた。トム・クンディドが一週間ほどトミスラヴグラードに滞在したときに、そこに集まっていた外国人小集団の指揮官がユーリ・シュミットだった。クンディドはフランコパン・ジンスキ時代の同志グラスノヴィッチが地元のクロアチア防衛評議会《HVO》の部隊を指揮しているのを見て驚いた。トムは、ボブ・ブラウンら訓練チームのメンバーがキング・トミスラヴ旅団にいたときに彼らと顔を合わせているが、そこにいた何人かの外国人志願兵の雰囲気があまりよくなかったので、トミスラヴグラードを出てモスタルへ行き、そこでクロアチア防衛軍《HOS》に入隊した。

　クンディドはクロアチア防衛軍《HOS》で興味深い体験をしている。「モスタルにいたときは、しょっちゅうチェトニクと無線で話していた。向こうが高い場所にいたので、俺たちはイスラム教徒の位置を地図の座標で教えて、彼らのために砲火の調整をしてやった。いとこは以前、チェトニク部隊の友人と一緒に昼飯を食っていたよ」。トムがこの話をしたのは一九九四年のことだった。「ボスニアでは、セルビア人とクロアチア人はもう戦わないことにしていたんだ。なぜって、どこの土地を誰がもらうかはもう決まっていたからさ。領土を奪おうとしていたのはイスラム教徒だった。だからボスニアのセルビア人とクロアチア人としては、まずイスラム教徒をかたづけようということだった。まあクライナとサラエヴォのことはそのあとでなんとかしようということさ。サラエヴォではクロアチア人がセルビア人に協力してイスラム教徒と戦っていたよ」。ボスニアのあちらこちらの場所で一時期このような状況だったことは真実だ。だが、ほかの合意と同じように、これもまた何の予告もなく急変する可能性があったことはまちがいない。

『ソルジャー・オヴ・フォーチュン』チームがボスニアに派遣されてまもなく、ザグレブの『グロブス』紙が一面で派手に書き立てた。「わたしは一〇〇〇メートルの距離からセルビア人を撃つ方法をクロアチア人兵士に教えた」。これはボブ・ブラウンの発言とされていたが、正確には一字一句が彼の言葉ではない。だが事実に基づいてはいた。ボブ・マッケンジーとマイク・ペックが、前線の塹壕から一一キロほど離れたトミスラヴグラードのキング・トミスラヴ旅団司令部で、一時的に予備隊に留め置かれた選抜メンバーのグループに狙撃訓練を実施したのである。ペックのアメリカ陸軍最後の任務は国防情報局《DIA》の戦争捕虜《POW》ならびに戦闘中行方不明者《MIA》特別室の室長だった。彼はその仕事に抗議して八カ月で辞職した。

ペックは数々の勲章（複数のブロンズスター章、パープルハート章、シルバースター章、そして殊勲十字章がひとつ）を受章した将校で、デルタフォースを含む特殊部隊での経験が豊富だった。ウェストポイント陸軍士官学校とアメリカ陸軍レンジャー学校で教官を務めたことがあり、グレナダ侵攻作戦だったアージェント・フュ－リー作戦も経験していた。一九六四年には、あるときは司令官であり、またあるときはプートゥクに駐屯していたODA二二四（グリーンベレーAチーム）の幹部将校だった。最初に特殊部隊の中尉としてベトナムに赴いてから、彼は通算で四度ベトナムに戻った。そのベトナムで彼はパープルハート章を勝ち取ったのだが、その代償も大きかった。頭に銃弾を受けたのである。やむなく死んだふりをしていた彼は、北ベトナム軍の兵士が戦利品を略奪しにくるのを待っていた。ふたりの敵兵が近づいて彼の体から拳銃を抜き取ろうとした瞬間、彼は至近距離からふたりを射殺した。

マッケンジーが以前クロアチアに赴いたときには、キング・トミスラヴ旅団のクロアチア系ボスニア人兵は「賢く、健康で、やる気があり、まさに教官が望むような人員だった」という。マッケンジーによれば、キング・トミスラヴ旅団の民兵は訓練に前向きに取り組んでいた。なぜなら「家族を守る、あるいはセルビア軍に占領された家々を取り戻すという強い願望に突き動かされていたからだ。なかには、敵の戦車によって家を追い出されるまで寝室の窓から反撃したという者もいた」。マッケンジーにはその状況がよくわかった。ペトリニャで実際に見たのである。隊員たちは率先して学び、どんどん吸収した。マッケンジーは彼らの意欲と達成度に満足した。クロアチア人の新兵は何でもすぐに覚え、一度でできるようになった。

ボブ・マッケンジーは、軍の狙撃作戦には価値があると固く信じていた。『ソルジャー・オヴ・フォーチュン』に彼はこう書き寄せている。「武装していない民間人をねらったり、大学のキャンパスで実行したりする狙撃は殺人以外の何ものでもない。しかしながら、軍事的な状況で適切に用いる場合、狙撃は、相手に殺される前にもっとも危険な敵を排除する、あるいは正確にねらいをつけたわずか数発の弾丸で敵の作戦行動と士気を混乱させることのできる非常に有効な方法である」

マッケンジーとペックは旅団司令部でグラスノヴィッチに会った。マッケンジーはグラスノヴィッチに好感をもった。のちに「支援が必要だとわかっているしっかりした男」だとわたしに語っている。グラスノヴィッチはマッケンジーとペックに、キング・トミスラヴ旅団の兵集団を一人前の狙撃手に育て上げる期限は三日だけだと告げた。西側諸国の軍隊では通常の狙撃課程は二週間から一カ月で、それより長い場合もある。カナダ陸軍のプリンセス・パトリシアズ軽歩兵隊とフランス外人部隊に在籍していたことのあるグラスノヴィッチはむろんそれを知っていたが、それ以上長く部隊を前線から引き上げるわけにはいかなかったのだ。マッケンジーとペックもまた、トミスラヴグラードに滞在する二週間のあいだに予定されている訓練がほかにもあり、時間的に余裕はなかった。

三日間の狙撃訓練のために、グラスノヴィッチは旅団のなかからすぐれた射手を二〇名かき集め、雑多なスコープつきライフルを装備させた。マッケンジーとペックは一日かけて必要な人員の手配をし、訓練計画を立てた。翌日朝八時、旅団司令部内の教室で、ほとんどが一八～二〇歳、ちらほらと下士官《NCO》風の三〇代も混ざった二〇名の狙撃訓練生が教官たちの前に顔をそろえた。マッケンジーとペックが敵兵を殺したことがある者はと尋ねたとき、挙手した者はいなかった。だが、全員が、平時には山で鹿や小動物を狩っていたので射撃の腕には自信があると述べた。それが今度はチェトニクを狩る許可を得たということだ。頭数制限もない。

マッケンジーは狙撃訓練生の装備がいろいろな種類の「スナイパーライフル」であることに気づいた。幸いなことにライフルのほとんどは新品でどれもコンディションがよく、ボブ自身が軍事狙撃に好んで用いるオーストリア製シュタイヤーSSGもあった。ユーゴスラヴィア製M76ドラグノフ型スナイパーライフルも十数挺あった。ユーゴスラヴィア人民軍《JNA》支給の狙撃用兵器M76はバルカン半島中で数多く見られた。

マッケンジーとペックはまもなく、ほかのライフルに比べてこの最近の工場生産品スナイパーライフルの命中精度がひどく低いことを知った。事実、M76／ドラグノフは四〇〇メートルを超える射程では、命中精度という点でまったく役に立たなかった。優秀な射手なら、きちんと手入れされたオープンサイトのアサルトライフルでも同じくらい撃てるし、第二次世界大戦時代のボルトアクション式軍用ライフルで標準オープンサイトを使用してもM76／ドラグノフの能力を楽に超える射撃ができる。

キング・トミスラヴ旅団の部隊では、望遠照準器を取りつけた民間向け狩猟用ライフルも狙撃に用いられた。戦前のユーゴスラヴィアでは軍用兵器とスポーツ用ライフルが一大産業だったので、輸出向けの小火器が大量生産されていた。狩猟用ライフルはほとんどがウィンチェスター・モデル70ボルトアクション式スポーターの複製品で、人気の高い二七〇ウィンチェスター弾や三〇八NATO弾の口径のものがザスタヴァ社によって輸出向けに製造されていた。バルカン半島では猟銃を所有している人が多かった。一九九一年にスロヴェニアで戦争が始まり、クライナでクロアチア人とセルビア人の紛争が起こったころから（セルビア＝クロアチア戦争とも呼ばれる）、その後のボスニアとコソヴォの戦争のあいだもずっと、慌ただしく民兵組織を立ち上げて武装し、その場しのぎの狙撃チームを装備するにあたって、そうしたスポーツ用ライフルが大きな役割を果たしていた。有能な射手が操れば効果的な狙撃兵器になったためである。

さて、このどこにでもあるユーゴスラヴィア製狩猟用ライフル以外に、マッケンジーのもとにはスコープつきのFN FALをもった狙撃訓練生がひとり、スコープつきのウィンチェスター30-30レバーアクション式を手にした者がひとりいた。しかしながら、ずばぬけていたのはバレット・ライト・フィフティだった。バレット・ライト・フィフティはブラウニング社製のマシンガンで五〇口径の狙撃兵器であり、長距離狙撃や敵の軍事行動を阻止するための武器で、灯船の防御用兵器として用いることも可能だ。M82A1と称するこの武器はアメリカの特殊部隊狙撃手が湾岸戦争で実戦に用いて試験した。また、ソマリアのアメリカ海兵隊狙撃手もこれを有効に活用しており、わたしは実際にモガディシオの大使館施設から彼らが撃つのを見たことがある。すでに述べたが、夜間に用いられたこともあり、そのときは思いもよらない攻撃を受けた複数のソマリア人が近くの小道の土煙のなかで大の字に倒れていた。

狙撃訓練生の武器にはすべて、タスコやブッシュネル、SSGにはスワロフスキーなど民間モデルを含めたさまざまな製造元の望遠照準器が取りつけられていた。いくつかは整備や修理が必要で、いくつかはマウントを調整しなければならなかった。レティクルや調整つまみがばらばらだったので、ゼロイン《零点規正》の訓練はおもしろそうだが時間もかかるだろうとマッケンジーは考えた。その点については集団で教えることがほとんどできそうもなかった。

狙撃訓練生の経験や能力や装備を見極めたのち、ふたりのアメリカ人は軍事狙撃の道徳的倫理的側面についてわざわざ時間をとって話をした。この問題は非常に重要だった。バルカン半島では、外国人志願兵を含むばか者どもがスコープつきライフルを手にしてみずから狙撃手を名のり、手あたり次第に一般市民を撃つことに多大な時間を費やしていたのである。特に、サラエヴォはスナイパー通りとして名高く、一般市民が自分の命を守るためにかがんで狙撃手の弾をよけながら走っているありさまだった。

わたしが最後にボブ・マッケンジーと話をしたのは、一九九三年にラスヴェガスで開催された『ソルジャー・オヴ・フォーチュン』誌年次総会のときだった。マッケンジーは、サラエヴォ警察特別機動隊《SWAT》チームの元指導教官だったというセルビア人狙撃手の話をした。その元警察官は毎日異なる種類の人間を標的に選んでいた。ボブは元プロが民間人を撃つところまで堕落してしまったことにショックを受けると同時に腹を立てた。マッケンジーにはとうてい理解できなかったのだ。「たとえば彼はある日には報道記者だけを撃ち、別の日には老婦人や車を運転している人だけをねらった。そんなことをするなんて、彼のなかで何かがプッンと切れてしまったにちがいない。元警察官だった男が、今じゃテロリストだ」

マッケンジーとペックは訓練中、特に若い市民兵に対して軍の狙撃手の職業倫理を印象づけようとした。おそらく彼らの多くは戦争で精神的ショックを受けている。そんな若者に武器をもたせて訓練された狙撃手として戦場へ送り出すのだから、残虐行為に走らないようしっかりと教育しておかなければ恐ろしいことになってしまう。ふたりのアメリカ人は狙撃手の重要性と、戦場におけるインパクトの強さを説明した。狙撃手はその特殊技術のために、戦場ではひとりで何人の兵にも値する力をもつのだと。

それからこのふたりの熟練戦闘員は、有能な狙撃手に求められる性格、すなわち忍耐、決断力、成熟、たったひとりで仕事ができる能力についても触れた。倫理の講義が終了すると、訓練はフィールドクラフトに移った。カムフラージュ《偽装》、隠蔽、密かな追跡、戦術的移動、隠れ場所の選択（通常は塹壕に覆いをかけた場所）と万が一のときのもうひとつの隠れ場所の確保は、戦場の狙撃手にとって射撃能力と同じくらい、もしくはそれ以上に重要である。いくら長距離射撃に秀でていても、獲物の追跡やサバイバルといった必要不可欠なフィールドクラフトの技能がなければ狙撃手としては使い物にならない。一方で、射撃の腕はそこそこでも猫のように森のなかを移動できれば、それなりの殺害数を達成できると同時に、何よりも生きて戻れる。狙撃手は知能的にもすぐれていなければならない。狙撃は撃てればよいというものではないのだ。偵察や砲兵隊のための前方監視のような補助的な任務に対しても射撃と同じくらいの訓練と努力が必要で、頭脳的な鋭さも求められる。

平均的な一般市民にはとても軍用地図など読めない。それを読むためにはいくらかの知性と少しではすまない訓練が必要なのだ。だが、それはプロの軍の狙撃手にとっては必要不可欠なスキルである。狙撃手はまた、規律を守りながら臨機応変に、命令がなくても独自に行動できなくてはならない。ある狙撃手教官はいう。「我々は、人の頭が吹き飛ぶところ、人が死ぬところを直視できる。それが任務を実行できる本当のプロの証だ」

マッケンジーとペックは狙撃手の安全確保の説明もした。安全に味方の前線を出入りする方法、パトロール隊とともに活動するときの連絡方法、砲撃支援の活用、弾道学、弾薬の選び方、そしてチームパートナー（観測手）の選出。こうした内容すべてが初日の午前中に慌ただしく、しかしできるかぎり詳しく解説された。午後になると、ふたりの狙撃教官は訓練生を射撃場へ連れ出した。二〇名の訓練生はかなり射撃ができるといわれていたが、それでもなお改善するための指導が必要だった。マッケンジーとペックはライフル射撃の基礎を一から説明し、狙撃訓練生は一日目の残りと二日目のほとんどを一〇〇メートルの標的を撃って過ごした。射手がきわめて小さな範囲に続けて弾を撃ち込めるようになると、教官はエレヴェーションやウィンデージに必要な変更を加えてスコープを調節した。二日目が終わるころになると、ほとんどの訓練生は五〇〇メートルの距離にある人間大のシルエット標的でも確実に上半身にあてるところまで正確に撃てるようになった。マッケンジーによれば、かぎられた時間のなかでそこまでできたということは、まずまずの水準だということだった。そこで三日目、すなわち最終日の訓練は、フィールドでの狙撃訓練と狙撃術の復習に費やされた。

マッケンジーとペックの次の訓練は、将校向けの部隊指揮だった。教室は旅団の中隊級指揮官の大部分である三七名の小隊長と中隊長で埋め尽くされた。将校らは意欲的にアメリカ人教官から学ぶ心構えができていた。だが、この若き将校たちが各部隊で必要とされていたため、講義はたった一日だった。ともに佐官級将校で、長年戦場で中隊規模の部隊を率いてきたマッケンジーとペックは、地形モデル（砂盤）を用いて、戦闘作戦の計画と実行、状況判断、逆計画法による時間管理、予行演習の実施、命令の準備と指示、砲兵隊や機甲部隊や歩兵部隊への支援要請など、まる一日を講義に費やした。他国の軍隊では将校課程のこうした科目に数カ月を要する。キング・トミスラヴ旅団の将校はたった一日でできるだけ多くのことを吸収しなければならなかった。ある意味ラッキーである。

　戦争地域の元戦闘員や職業軍人の例に漏れず、マッケンジー少佐とペック大佐は行動に移りたくてうずうずしていた。そこでグラスノヴィッチはふたりをしばし訓練任務から解放して、前線の無料ツアーに連れ出した。ただし食事とホテル代はふたりがもつ。ふたりは個人用装備を身につけ、護身用にＦＮ　ＦＡＬライフルと旧ソヴィエトのＰＰＳｈ41サブマシンガン《短機関銃》をもった。このサブマシンガンは世間で考えられているよりもずっと一般的である。クロアチアは一九九一～九二年にかけてＰＰＳｈ41の複製であるソカツＭ91を製造していた。レシーバーはオリジナルと同一だが、九×一九ミリ口径に変更されており、プラスチック製のピストルグリップとチェコのＣＺ24サブマシンガンのような折りたたみ式の銃床になっていた。標準モデルのほかにも、消音（減音）モデル、プラスチック製ではない初期の木製銃床モデルがある。それにしても、一九九〇年代に第二次世界大戦時代の武器をもった兵が走りまわっているのを見ると妙な感じがする。

　グラスノヴィッチがマッケンジーとペックをホテル・トミスラヴまで迎えにいって自分のジープに乗せ、すっかり打ち解けた三人はキング・トミスラヴ旅団の部隊がいる前線の塹壕へと向かった。部隊が配備されていたのはボスニアの山岳地帯で、彼らは雪と氷に覆われた斜面に穴を掘って入っていた。マッケンジーはのちに『ソルジャー・オヴ・フォーチュン』に記している。「わたしたちが訪れた部隊の場所は、アルデンヌのような森林のなかの雪に覆われたバンカー、むき出しで吹きさらしの草原を見下ろすごつごつした岩山の対戦車防衛拠点、そして同じようなセルビアの塹壕と向かい合った第一次世界大戦を思わせるような泥だらけの塹壕だった」。マッケンジーの報告によれば、部隊にはしっかりと物資が届いており、兵の士気は高かったという。ボスニア西部のセルビア人による攻撃を阻止することに成功していた理由として、彼は、キング・トミスラヴ旅団が防衛のためにうまく地形を利用していたことと部隊の高い団結心《エスプリ・ド・コルプ》をあげている。前線見学を終えたマッケンジーとペックはふたたび客員教官の仕事に戻り、旅団の下士官に戦闘パトロールを教えた。ほかの講義同様、完璧に教えようとするとさらなる時間が必要となる重要科目だったが、どんな訓練でも何もしないよりはましだった。

　ピーター・コカリスは分隊づき自動兵器とライトマシンガン《軽機関銃》を教えることになっていた。コカリスは三日間の集中講義で、集束弾道、弾着地帯、縦射、射撃規律などマシンガン使用のさまざまな局面についてしっかりと話をした。また射撃場での射撃も三日間監督した。一八歳のときにアメリカ陸軍一等兵としてM60マシンガンをまかされ、ふたつの機関銃兵課程を習得したわたしは（ことの道理がわかり、欲に流され、仕事量を減らそうと将校になる前の話だが）、ピーターのボスニア・クロアチア人機関銃兵との体験談に興味があったので、長時間にわたって彼と話をした。

　ほかの訓練チーム同様、ピーターもトミスラヴホテルに宿泊していた。このホテルは昔、ドゥヴノホテルという名で政府が管理する旅行者向け宿泊所だった。彼は冗談まじりにあれは半星ホテルだという。しみのついたカーペットやペンキのはがれた壁は東ヨーロッパの水準としては平均的だが、アメリカ本国のホリデイ・インと比べると古くてみすぼらしい。それでも世界中を泊まり歩いているわたしとしては、特に東アフリカと比べれば、ヒルトン並みによく思える。

コカリスは機関銃課程の三日間、彼についていたクロアチア系オーストラリア人の通訳トニー・ヴチッチと相部屋だった。ある晩コカリスは空襲警報で目が覚めた（わたしが数カ月後にトミスラヴホテルにいたときもしょっちゅうだった）。おそらく彼が現地に滞在していたなかで、このときがアドレナリンの頂点だったのではないか。服を着て階下へ降りるべきかと通訳に尋ねたところ、ヴチッチは、いや、大砲が飛んでくるのが聞こえてからでいい、と答えたらしい。コカリスは考えた。ここはホテルの最上階だから、ひょっとするとそれでは間に合わないかもしれない。だが彼は、とりあえずごろりと向きを変えてまた眠りについた。このマシンガンの専門家は翌朝にはまた仕事に戻って、キング・トミスラヴ旅団の機関銃兵の一団を指導しなければならなかったので、ゆっくり休みたかったのだ。結局その晩、セルビア人はトミスラヴグラードを砲撃しなかった。コカリスは休息をとることができた。

　射撃場、といっても近隣の山々を防壁代わりにした休耕地、に到着したコカリスの目の前に現れたのは寄せ集めの自動兵器だった。第二次世界大戦時代の三種のドイツ軍マシンガン、ＭＧ34が一挺とＭＧ42が二挺、ＭＧ53が三挺。中国のＰＲＣ80式が三挺。ＨＫ21が二挺。そしてチェコ製ＺＢｖｚ30Ｊが一挺で、これは色とりどりの汎用機関銃が集められているなかで唯一のライトマシンガン《軽機関銃》だった。武器の禁輸と、兵站や軍需品に大きな問題があるせいで、ボスニア・クロアチア人の兵器はごたまぜだった。けれどもコカリスによれば「トミスラヴの機関銃兵は、物資で足りない部分を意欲と実行力で補っていた」という。

　マッケンジーやペックと同じように、彼も訓練生にはやる気があると感じていた。自動兵器が多種多様だったことでコカリスの仕事は難しくなったが、楽しくもあった。アリゾナ州の温暖な気候に慣れたこの兵器技術者にとって寒い気候は多少気が散る原因になったが、ともかくコカリスは仕事にとりかかった。彼はまず、機関銃兵が必要であれば闇のなかでも基本的な操作ができるように、目隠しをした状態で分解と組み立てをする訓練を実施した。それから手元にある一種類だけではなくどの機関銃でもプロの機関銃兵としてきちんと仕事ができるように、各人がすべての機関銃で訓練を行なった。こうして、ボスニアの兵が自分の部隊にあるすべての武器の詳細をすべて学び終えるころには、アメリカ陸軍特殊部隊の一八B兵器担当軍曹くらいの小火器専門家になっていた。

補給係にとって悪夢のようなこの兵器類にくわえて、弾薬も各種の寄せ集めだったとコカリスは述べている。カラシニコフの弾薬の刻印はユーゴスラヴィア、中国、ブルガリア、ルーマニア、ポーランド製であることを示していた。80式マシンガン用の弾薬はアラビア語の刻印からすべてエジプトかイランのものだとわかった。わたしは弾薬がきれいで信頼できるものであるかぎり製造国にはあまりこだわらない。だが必ず弾薬を点検して、複数の弾倉、あるいは弾数が少なければ数発分を自分の武器で撃ってみる。そうすることで武器そのものがきちんと機能して信頼できることを確かめるだけでなく、その弾薬を使用したときにも信頼できることがわかるからだ。カラシニコフ系のライフルは使用者が整備を怠ってもなんとかなる。しかし、弾薬カートリッジにかんしては、腐食した弾薬を使用すると、薬莢が破れて武器が詰まったり、雷管が粗悪で弾が発射されなかったりして、まちがいなくその日一日がまるつぶれになってしまう。わたしは、同じ工場から出荷された欠陥品の弾薬ばかりを支給され、ほかに代替品がなかった部隊の悲惨な話を聞いたことがある。コカリスは二度目にボスニアへ赴いたとき、戦場へ向かったクロアチア人機関銃兵が古くて不完全な弾薬をどっさり積み込んでいったことを知った。

一九九三年にラスヴェガスで開かれた『ソルジャー・オヴ・フォーチュン』誌年次総会でわたしが最後にボブ・マッケンジーに会ったとき、彼はボスニアへ戻ると話していた。その言葉通り、彼は数カ月後の一九九四年初めに現地へ赴いて、グラスノヴィッチの新しい部隊である第一守備隊旅団「アンテ・ブルノ・ブシッチ」のために仕事をした。カプリナに司令部をおくこの新しいプロの旅団には組織立った機甲部隊と砲兵隊の支援も備えられていた。以前グラスノヴィッチが指揮していたキング・トミスラヴ旅団の、貧弱な装備しかなかった民兵の軽歩兵部隊と比べたら驚くほどの進歩である。

一九九五年一月にボスニアを離れたボブ・マッケンジーはＧＳＧ社に雇われた。ＧＳＧ（グルカ・セキュリティ・ガーズ）はイギリスの私有企業で、本社はチャネル諸島のジャージー島セントヘリアにあり、支社がカトマンズ、ダーバン、ナイロビにあった。ＧＳＧの共同オーナーは、イギリス陸軍のグリーン・ジャケッツとローデシアのアフリカ・ライフル連隊元将校のアンソニー・ハッシャー、元イギリスのグルカ（ネパール）将校としてオマーンで兵役に就いたことのあるジョン・ティトリー、イギリス海軍で戦闘機のパイロットを務めたあとローデシア空軍でヘリコプター操縦士となり、ローデシアの精鋭部隊セルース偵察隊の隊長になったマイク・ボーレイスである。ローデシア時代にボーレイスとマッケンジーが知り合っていなかったのだとしたら、おそらくボーレイスが、ＳＡＳ中隊で唯一のアメリカ人隊長だったマッケンジーのことを聞いていたのだろう。

この会社は退役したグルカ兵を保安や準軍事的な仕事に雇っていた。モザンビークの戦闘では負傷者が数人出たが、ほかにもクウェートで地雷を撤去したり、バルカン半島で国連のトラックを運転したり、外国大使館の護衛を務めたり、アフリカ沿岸で海賊に対するパトロールを実施したりしていた。マッケンジーと、イギリスの元近衛歩兵第二連隊《コールドストリーム・ガーズ》でグラスノヴィッチの旅団にも入っていたアンドルー・メイヤーズは、西アフリカのシエラレオネの仕事でＧＳＧに雇われた。ふたりは一九九五年一月末に現地に到着した。幸運にもわたしはちょうどそのとき別の仕事を請け負っていたのだが、もしそうでなければマックはわたしも呼んでいただろうと思う。

シエラレオネの当時の指導者は、もと陸軍大尉のヴァレンタイン・ストラッサー議長だった。国家暫定統治会議の議長だったストラッサーと、フォート・ベニングで訓練を受けたことのある将校でその右腕だったアブ・「ABT」・タラワリ少佐が、GSGと契約を結んだ。契約ではGSGが六〇名のグルカ兵を派遣して、シエラレオネ共和国軍《RSLMF》に基本的な軍事訓練を行ない、革命統一戦線《RUF》のゲリラと戦う精鋭のシエラレオネ・コマンドー部隊《SLCU》を鍛え上げることになっていた。シエラレオネ陸軍に中佐として任務を命じられたマッケンジーは、メイヤーズ中尉とジェイムズ・メイナード中尉を補佐に、シエラレオネ・コマンドー部隊の初代隊長となった。彼らはシエラレオネ陸軍から一六〇名を選び抜いて、新品のカラシニコフ、ポルトガル・カムフラージュ・パターンのフランス外人部隊風の制服、深緑色のベレー帽を支給した。マッケンジーはいつも戦地で黄褐色のSASのベレーか、アメリカ空挺部隊の記章がついた迷彩色のブッシュハットをかぶり、右肩に第一〇一スクリーミング・イーグルス空挺師団の袖章がついたアメリカ軍の戦闘服を着ていた。

シエラレオネの仕事を引き受けてすぐ、マイク・ボーレイス、マッケンジー、タラワリは訓練キャンプとなるキャンプ・チャーリーの候補地を見てまわったが、早くもその時点で反乱軍の洗礼を受けた。シエラレオネ・コマンドー部隊《SLCU》の新兵グループを引き連れていた彼らは、首都フリータウンから約一四六キロ地点のマイル九一付近で燃え上がる村とそこに火を放った反乱軍とに遭遇したのである。マッケンジーらは手早く敵を敗走させた。

二月一七日、マッケンジーとメイヤーズは、六人のグルカ兵とトラック満載のシエラレオネ軍兵士とともに、革命統一戦線《RUF》の勢力圏内に位置するマイル九一のキャンプ・チャーリーからフリータウンへ向かう一本道に出ようとしたところで待ち伏せされた。マッケンジーの車両は速度をあげてキルゾーン《殺傷地帯》を駆け抜けてから停まり、兵を降ろした。先手を打って、ボブはグルカ兵集団と現地人《インディグ》を率いて側面へ誘導した。激しい反撃と自動兵器による射撃を受けた反乱軍は生い茂った林のなかへと散って消えた。周囲をすばやく見てまわったマッケンジーは血のついた足跡を三つ発見した。彼の小規模部隊は自分たちに犠牲者を出すことなく相手を負傷させたのだ。

マッケンジーの部隊は、作戦基地や待ち伏せをしかけることはおろか、林のなかを静かに歩くことさえできなかった。そういう意味では小規模部隊の規律と呼べるようなものがまったく維持できていなかった。問題のひとつは食べ物と一緒に配給される大麻《ガンジャ》だったともいえる。彼らは腰の位置に武器を構えて自動で連射し、多くは格好よく見えるという理由からライフルの銃床を切り取ってしまっていた。マッケンジーは部隊が革命統一戦線《RUF》を追って林に入るまでに六カ月間の訓練が必要だと考えた。しかし、小さな勝利とはいえ彼が二度も敵を破ったことに気をよくした上層司令部は、すぐに戦闘を開始することを望んだ。現場の厳しい現実から免れて安全なフリータウンでのうのうと過ごしている彼らは、反乱軍に対して組織立った攻撃をかけさえすれば革命統一戦線《RUF》を敗北させることができると考えたのだ。グルカ兵を連れて革命統一戦線《RUF》に対して直接攻撃を実施、今すぐ戦争に勝利してもらいたい。訓練プログラムのことはどうでもよろしい。

キャンプ・チャーリーでの訓練は三日間しかなかった。彼の一六〇名の部隊にはこの任務はとうてい無理だ、とマッケンジーは実感していた。一部の隊員は戦闘服の下に民間人の服を着ていた。そうすれば革命統一戦線《RUF》と鉢合わせしたときに武器を手放し、戦闘服を脱いで、林のなかへ逃げ込めるからだった。地図を読める人間は皆無だった。コンパスはアクセサリー代わりだった。そして隊員たちはいつも酒や大麻《ガンジャ》に酔っていた。それにもかかわらず、マッケンジーはいちかばちかやってみることに決めた。SASの最高の伝統「勇気ある者が勝つ」にのっとって。

マッケンジーとふたりのイギリス人中尉をのぞけばシエラレオネ・コマンドー《SLCU》部隊に指揮官はいなかったので、部隊を細分化できず、結局AグループとBグループというふたつの機動部隊に分けるよりほかなかった。Aグループを率いるマッケンジーは、メイヤーズ、タラワリ少佐、そして連絡や医療支援の「非戦闘員」グルカ兵六名とともに、革命統一戦線《RUF》が野営している山の左側面を攻撃する。Bグループとメイナード中尉は右側面となる北へ移動して革命統一戦線《RUF》野営地の南東にある少し低い山を確保する。メイナードの部隊は逃げてくるゲリラを待ち伏せするため、林のなかの曲がりくねった小道に「阻止チーム」を置くことになっていた。

一九九五年二月二三日〇九〇〇時、マッケンジーの軍団は二台のトラックと二台のランドローバーに乗り込んで移動を開始した。一五〇〇時、ロシア人傭兵パイロットがキャンプ・チャーリーの上空でミル24ヘリコプターをホバリングさせた。搭乗していたのはナイジェリア軍から派遣された航空連絡将校《ALO》で、革命統一戦線《RUF》野営地を空爆するためにシエラレオネに貸し出された二機のナイジェリア軍爆撃機との調整を図ることになっていた。パイロットはヘリコプターの高度を下げ、着地したかと思われるほど地面すれすれでホバリングしていたが、急に操縦桿を引いて飛び去った。ヘリコプターとナイジェリアの航空連絡将校《ALO》はまったく通信ができないままそこを離れたのだ。説明を求めて司令部と無線で連絡を取ろうとしたがそれもうまくいかなかった。翌日、二月二四日〇八〇〇時、ナイジェリア軍の航空支援は別の山を誤爆、革命統一戦線《RUF》に攻撃が迫っていることを知らせてしまった。

森林はかなりうっそうとしていた。視界は二メートルから二〇メートルというところだった。マッケンジー、タラワリ、メイヤーズの三名はAグループを率いていた。ずいぶんといい加減な隊形で山の尾根にさしかかったとき、ふいに開けた土地に出た。中央にはイーゼルの上に黒板、そして何者かが座っていたと思われる平らな場所があった。それを調べていると、突然一五〜二〇メートルも離れていない距離から銃撃された。

　最初の一連の射撃でタラワリが撃たれ、倒れて死んだ。四名のシエラレオネ・コマンドー部隊《SLCU》が負傷した。マッケンジーはどんなときでも先頭に立って部隊を率いた。この待ち伏せにあったときにはシエラレオネ・コマンドー部隊《SLCU》の深緑色のベレーをかぶっていたが、ボスニアにいたときは、ときどきケブラーヘルメットをかぶっていたこともある。その後部には、フォート・ベニング歩兵訓練所のモットーで、記章にもなっている「ついてこい《フォロー・ミー》」という文字が縫いつけられていた。マッケンジーは部隊を結集させて、前方に応戦した。負傷者とタラワリ少佐の遺体を運び出そうとしたシエラレオネ・コマンドー部隊《SLCU》は激しい銃撃を浴びた。グルカ兵がひとり傷を負って倒れた。なおも先頭に立って大声で命令を出していたマッケンジーは、制圧射撃を行ないながら退却を指示した。

　革命統一戦線《RUF》の銃撃が強まるにつれて、コマンドー隊員たちはパニックに陥り、死傷者を見捨て、負傷した仲間の手あてをしようとしているグルカ兵を踏みつけながら後方へと逃げ去った。マッケンジーはグルカ兵に後退を命じ、負傷したグルカ兵を運び出そうと手をかけた。そのときだった。古参のグルカ衛生兵はマッケンジーが両足と背中に銃弾を受けるのを見た。彼の手からライフルが落ちる。地面に倒れ込むマッケンジーを助けようとメイヤーズが駆け寄った。メイヤーズがマッケンジーのうえにかがみこんで救急処置を施そうとしているようすが、ふたりの最後の姿となった。のちにわかったところによると、革命統一戦線《RUF》はマッケンジーとタラワリの遺体を森の奥へと運んでいったらしい。両者とも戦死と推定された。メイヤーズは逃げられなかった。当初は、革命統一戦線《RUF》が遺体を切断して食べたらしいとうわさされていた。

　戦線特派員のジム・フーパーはのちにフリータウンで、この事件から二、三日後にアンドルー・メイヤーズを見たという革命統一戦線《RUF》の捕虜に話を聞いている。その捕虜によれば、メイヤーズは腹部の傷に苦しんでいたという。革命統一戦線《RUF》に人質にされた七人のイタリア人修道女が解放されたとき、彼女たちは、捕らえられていた小屋の外にたてられた竿のうえにマッケンジーの頭がのせられていたと語った。近くには力を失ったマッケンジーの体が置かれていたという。特徴的な軍の入れ墨からみてまちがいなく彼だろう。西アフリカの反乱軍が儀式の一環として彼の一部を食したことは十分に考えられる。

　ボブ・マッケンジーは一九七〇〜八〇年代にアフリカのきわめて暴力的な森林戦を戦い抜き、世界中をまたにかけてあまたの傭兵請負仕事や血みどろのバルカン半島で行なわれた大規模攻勢の近接戦でも生き残っておきながら、名も知られぬアフリカの未開発地域にある無名の山腹で起きた意味もない小さな衝突で命を落とした。

第6章　地獄の休暇その二

「街は負け犬だらけだ。俺はここから手を引く……」
——ブルース・スプリングスティーン『涙のサンダーロード』の歌詞より。キング・トミスラヴ旅団ドイツ人志願兵アンドレアス・コルブ、享年一九。メモリアルカードに追悼する言葉として記された。

一九九三年三月半ばは、すっかり忘れていたが、わたしの三〇歳の誕生日でもあった。一瞬、油でべとべとのチーズ入り《サ・シロム》オムレツを忘れて、こんなみすぼらしいボスニアのホテルで朝食にニカラグア製のピーナツバターを食べている自分はいったい何をやっているのだろうと自問した。空襲警報には気が狂いそうだったが、それだけだ。まあ、いってみれば、わたしは退屈していたのである。

ボスニアへ発つ前にブラウンからの出撃命令と、友人ボブ・マッケンジー少佐とアレックス・マコール大佐からの現地情報が届いていた。キング・トミスラヴ旅団に対するマッケンジーの評価は、熱意があり頭もよいが小規模部隊戦術の実行能力はゼロだということだった。自分たちのカラシニコフをバトルサイトゼロインする方法さえ知らないが、何でもわかっていると思っているので訓練には消極的らしい。報告には「訓練はたいしたものではなかった。頼りない元伍長が担当していた」とあり、「ピストルを身につけて、何でも知っていると思い込んでいる知ったかぶりの将校たちに気をつけろ」と注意していた。しかし実際には、頼りない元伍長も知ったかぶりの将校も運よく避けて通ることはできなかった。それとも頼りない将校と知ったかぶりの元伍長だったか。まあどちらでも同じことだ。

マッケンジーはまた、イギリス人傭兵との口論についても触れていた。ガス（仮名）がまずボブに向かって、自分はアフリカでの経験が長いプロの傭兵だ（まさにそれはマッケンジーのことだが）、モザンビークの某鉄橋を守ったと話したところからしてまちがいだった。ボブはただ首を横に振って、向きを変えて歩き去ろうとした。このイギリス人が言及した鉄橋が実際にはアンゴラにあることを知っていたからだった。しかし声の届く距離から遠ざかるまえに、ガスが自分は当時の南アフリカ陸軍である南アフリカ国防軍《SADF》にいたと続けた。元南アフリカ国防軍《SADF》特殊部隊少佐であるボブは、これにはさすがに笑い転げないようにするだけで精一杯だった。南アフリカ国防軍《SADF》はその橋を吹き飛ばすことに専念していたのであり、守ろうとしていたのではない。誰かが、マッケンジーは南アフリカ国防軍《SADF》の元少佐どころか、その前はローデシアのＳＡＳ中隊長だったとさりげなく教えてやると、ようやく事情が飲み込めたガスはぴたりと口を閉じたという。

情報は十二分だったが、装備が十分ではなかったわたしは、マイク・スミスに個人装備一式と戦闘服をねだった。スミスはわたしがペンシルヴェニア州兵小隊長だった一九歳のころの補給担当軍曹だ。今では兵器庫のすぐ向かいに軍余剰品ショップを所有する地元では名高い実業家となった彼は、わたしのために奥の部屋を開けてくれた。わたしが装備を必要としていた理由は、自分のものがほとんど全部ソマリアに置いたままになっていたからだった。わたしのお気に入り（でたったひとりの）姉がかなりお得な割引券を提供してくれたおかげで、航空券は安く手に入った。一週間もたたないうちにわたしは機上にいた。
ほかにも三人のアメリカ人が同伴する計画だった。そのうちのふたりはクロアチア戦争で戦ったことがあり、カール・グラフが先導役だった。彼と出会ったのは『ソルジャー・オヴ・フォーチュン』誌の年次総会で、そのときにヒース・ピーターソンとクロアチア第三旅団の退役軍人であるユージーン・リーも一緒だった。カール・グラフはベトナム戦争時の一九六五〜六六年に第二五歩兵師団で兵役に就き、一九六七年に名誉除隊となった。一九七五〜八〇年はローデシアで暮らし、アフリカ南部を渡り歩いた。また短期間ながらニカラグアで志願兵になったこともある。一九九一年一二月から九二年三月まではクロアチア第三旅団の外国人志願兵としてチトーの出生地であるクムロヴェツ近郊に滞在、現地の狙撃訓練を担当した。

ユージーン・リーはクロアチア戦争のほかの多くの外国人退役兵と同じように、一九九二年一月にクロアチアに渡って軍に入隊するまで兵役に就いた経験はなかった。フランクフルトからオーストリアのグラーツへ向かう飛行機のなかで彼は、ロシア、ポーランド、チェコスロヴァキア出身の傭兵二三名の一団とたまたま一緒になった。隣の席に座っていたのはベオグラードへ向かうロシア人大尉だった。リーとともにザグレブへ向かった傭兵はわずか三人で、残りはセルビア人のために戦うとベオグラードをめざしたという。

リーは、ラブ島と海岸線から八〇キロほど離れたクライナのオトチャツに司令部を置く第一三三旅団第三大隊（ブリニエの狼）第一小隊に配属された。部隊でただひとりクロアチア人ではなかった彼は一九九一年五月二一日にクロアチア陸軍《HV》中尉で除隊になった。一九九四年六月一七日、クロアチア共和国は彼にスポメニツォム・ドモヴィンスコグ・ラタ、祖国クロアチアのための戦争における戦功章を授けている。

　いずれもすばらしい人物であるピーターソン、リー、グラフは土壇場になって計画変更を余儀なくされ、同行しなかった。年次総会のときにもうひとり、グラフの知り合いだというアメリカ人がいた。その男、ジェイムズ（仮名）は元海兵隊で、第八二空挺師団に四年いたと自己紹介した。それまでに会った覚えはなかった。当初彼はカリフォルニアからグラフと一緒にくる予定だったが、結局ボストンでわたしと待ち合わせることになった。わたしはいまだにジェイムズを押しつけたカールにわざと冷たくあたっている。わたしの寄せ集めチーム三人目のメンバーはヨーロッパで合流した。マイク・クーパー（仮名）、三六歳。元イギリス陸軍工兵隊伍長の彼は、人々、つまり、軍や警察にいろいろなものを爆破する方法を教えて生計を立てていた。マイクのことは『ソルジャー・オヴ・フォーチュン』の年次総会や共通の友人を通して知っていた。

　クーパーと初めて出会ったのは一九九二年の年次総会だった。頭脳明晰で、感じがよく、明らかに泥酔した彼が千鳥足でわたしに近づいてきたのだ。わたしたちはすぐに親しくなった。匿名性を守るため、彼の経歴についてはあまり語ることができない。イギリス陸軍工兵隊にいたとき北アイルランドに赴き、無線操作の爆発物処理《EOD》ロボットなどの任務にあたった。マルコス大統領失脚後の過渡期にフィリピンを訪れるという興味深い体験もしている。マルクス主義の新人民軍スパローチーム（暗殺チーム）によって友人の友人が自宅のガレージで吹き飛ばされたためだった。新人民軍は、フォート・ブラッグ時代に短期間だがわたしが作戦将校《S3》を務めた大隊で、わたしの上官だったジェイムズ・「ニック」・ロウ大佐を殺した集団でもある。マイクは国防市民軍《CHDF》の部隊に対ゲリラ戦術を教え、フィリピン警察にいた友人に技術的な助言を行なった。

出発前、自分も行きたいと息巻くテキサス州ダラスの数人からも連絡を受けた。そういう人間はよくいるが相手をするだけ時間の無駄だ。やる気満々で絶対に行くと約束し、さんざん人から情報を引き出しておいて、けっして姿を現さない。ある外国人傭兵は、旧友や知人の誰もがクロアチアへ戦いに行くと大騒ぎしていたと語っていたが、まさに、わたしがこれまでに出会ったバルカン半島の外国兵ほぼ全員から同じ言葉を聞いたかと思えるくらいよくあることだった。『ソルジャー・オヴ・フォーチュン』や『コンバット・アンド・サバイバル』や『レド』などの軍事誌を読み、金曜の夜にビール片手にしゃべるにはもってこいの話なのだろう。耳をそばだてている女や、ほかにもマッチョを気取った戦闘員志望がいればなおさらだ。「イエイ、ボスニアへいって傭兵でもやろうぜ、みたいな」。こうした気取り屋は実行よりもおしゃべりが楽しい。だから実際に荷造りをするやつはいない。バーのスツールに腰を下ろしたまま「傭兵」になったつもりの話で興奮する男の、言語によるマスターベーションにすぎない。一緒に行くための計画を立て、いざ航空券を購入するところまでいくと、突然問題が生じたり、やらなければならない仕事が発生したりする。「いやあ、本当は行きたいんだけどさあ、バーガーキングにすごくいい仕事があって、それに八三年式セリカのローンの支払いが遅れると……」。まるで、妻がいるから任務には行けないと整備士が答える『戦争の犬たち』のワンシーンみたいだ。

一九九五年になったころ、ドイツのネオナチから「ボスニアでは今も傭兵が要るか」と電話がかかってきた。一九九三年四月に、翌週ボスニアへ向かうとわたしに告げていた同じネオナチだった。以前は、わたしと、一緒にボスニアから戻ってきたドイツ人傭兵のウヴェ・ホーネッカーの前で同じ質問をしてきたのだ。黙ってわたしのほうを見てニヤニヤ笑っていたウヴェがささやいた。「こいつらは、一年前に俺が行ったときも同じことを口にした。全部いんちきだ。もし本当に行きたいのならもうとっくに行っているはずだし、来週また俺と一緒に行くこともできる」。ウヴェのいうとおりだった。あれだけ威勢のいいことをいっておきながら、四日後にウヴェが、何の手間ひまもいらないザグレブまでの八時間の列車旅に出たとき、連れは誰もいなかった。

テキサスのやつらはどうなったかというと、わたしが貴重な時間を割いてこの肘掛けイスに座った夢想家たちの旅の手配をし、情報を入手して知らせてやったにもかかわらず、彼らはこなかった。今でも彼らはわたしに謝罪と説明と、電話代五〇ドルを支払う義務がある。

ジェイムズとわたしは、ほんの数日前にわたしがソマリアからワシントンDCに戻る途中で寄ったばかりのフランクフルトでマイクと待ち合わせた。ドイツからザグレブまでは列車の旅で、道中はこれといって深刻な事態には直面しなかった。ただ国境警備《グレンツシュッツェ》にあたるドイツ人警察官がわたしにザグレブへ行く理由を尋ねた。わたしは精一杯の高地ドイツ語《ホーホ・ドイチェ》で「イッヒ　ベズーヘ　マイネ　オーマ」と答えた。祖母を訪ねる。ああ、なるほど。彼は我々の荷物——アメリカ陸軍の雑嚢がふたつにイギリス陸軍の背嚢がひとつ——にちらりと目をやった。それからおもむろにうなずくと、作り笑いを浮かべてパスポートを返してくれた。「ダンケ　シェーン、マイン　エール」。お気をつけて。わたしのブロンドの髪と青い目の力にちがいない。

ザグレブでは国会議員のブランコ・バルビッチに連絡を取った。彼は、チトー政権がめちゃめちゃにしたクロアチアの環境を元に戻すために、オーストラリアを離れて祖国クロアチアに戻った化学者だった。ブランコは国会の食堂でエスプレッソをごちそうしてくれた。そして彼に手を貸して外国人志願兵をボスニアへ集めているクロアチア系アメリカ人にわたしたちを引き合わせた。当時、ボスニアの戦争に力を貸していたクロアチア人とクロアチア系移住者にはおおざっぱなネットワークがあった。実際、物事の手配がザグレブにあるフォードのディーラーを介して行なわれたこともあった。クリーヴランド出身のボザナという赤毛の美人を含む、目をみはるほど若くて美しいふたりのクロアチア系アメリカ人ビジネスウーマンの助けを借りて、わたしたちはバスに乗り込み、一路トミスラヴグラードをめざした。

かなり荒っぽいバスに揺られて一二時間後、わたしたちはトミスラヴグラードに到着して、キング・トミスラヴ旅団司令官のジェリコ・「ニック」グラスノヴィッチ大佐と会い、みすぼらしいホテル・トミスラヴに腰を落ち着けて話をした。わたしはザグレブで彼の母親ネダ・グラスノヴィッチから預かった荷物を手渡した。グラスノヴィッチ夫人は親切な女性だった。ジェリコの双子の片われダヴォルは、セルビア軍の戦争捕虜《POW》となって、容赦のない監禁状態に耐えているという。ダヴォル・「ジョー」・グラスノヴィッチはセルビア軍との銃撃戦のさい徹甲弾で足を砕かれ、捕らえられた。グラスノヴィッチは弟がひどい扱いを受けていることを知って傷つきながらも、捕虜の交換を交渉する駆け引きをしていた。一家はとらわれの身となったジョーの写真を受け取っていた。左耳が欠けていた。

わたしの経歴についても話をした。わたしはグラスノヴィッチの従兄弟と、彼が最近知り合った知人ロバート・K・ブラウン中佐の紹介状をたずさえていたので、彼の旅団ですぐに将校として採用された。グラスノヴィッチ大佐によれば、『ソルジャー・オヴ・フォーチュン』のチーム以外に彼の旅団を訪れたアメリカ人はわたしが最初ではないようだった。アメリカ人砲兵がボスニアまでやってきたらしい。レーザーレンジファインダーのようなハイテク機器のついた最新装備万全の砲兵隊を期待していたその男は、旅団が所有している第二次世界大戦時のドイツ製ＰＡＫ対戦車砲のような年代物の野砲を見てがっかりしたらしい。砲の上には照準を助けるために安物の日本製二二口径ライフルスコープが溶接してあった。その元砲兵隊員は長くは続かなかった。レーザーレンジファインダーね。なるほど。フォート・シルの訓練などそんなものか。キング・トミスラヴ旅団の砲手はきっとまだ腹を抱えて笑っているだろう。

四〇歳くらいとおぼしきグラスノヴィッチは、地元の民兵部隊指揮官としてザグレブからトミスラヴグラードへ送られてきていた。彼が赴任する前の状況はひどかった。わたしたちが初めて出会ったとき、彼はフルヴァツキ・ヴォイニクの大佐、つまりクロアチア正規陸軍の将校だった。クロアチア系カナダ人の彼はカナダ陸軍で五年間を過ごし、のちにわたしも四年ほど暮らすことになるアルバータ州エドモントンに本拠を置くプリンセス・パトリシアズ軽歩兵部隊の一員として貴重な経験を積んだ。兵役を終えたグラスノヴィッチ大佐はわたしと同じように、自国で連邦看守を務めている。そこでおもしろおかしく不思議な体験をし、わたしと同じく、想像がつくだろうが、ふつうとは違った角度から人間を見るようにもなった。やがて看守の仕事に疲れた彼はフランス外人部隊に入隊し、砂漠の嵐作戦の中東派遣任務を含む数年間をそこで過ごした。そして、バルカン半島で軍隊に入るほかの多くの元外人部隊兵と同じように、本当の戦争を戦うべく任期終了を待たずにフランス外人部隊を去った。

だがグラスノヴィッチにとってそれは、ただ危険な冒険に魅せられたというだけではない。強大なユーゴスラヴィア陸軍とチェトニクの民兵組織に侵略されたのは彼の祖先の国であり、そのクロアチアが国家の存亡をかけて戦っていたのだ。戦争が始まるとすぐ、グラスノヴィッチはクロアチアに渡って軍に入隊を申し出た。しばらくは、元フランス外人部隊兵が大量に配属されていた、名高いふたりのクロアチア王の名を冠した精鋭部隊フランコパン・ジンスキ隊で任務にあたった。そこで彼は、自称クライナ・セルビア人共和国のセルビア陸軍やチェトニクと戦ったが、のちにボスニアで戦争が勃発したのを機にそちらへ転属になった。

一九九二年に三発の銃弾を受けて、彼は重症を負った。四名の兵が意を決して彼を手あてに運び出さなければきっと死んでいただろう。彼を置き去りにすることを拒んで担架を運んだひとりは、第二次世界大戦を戦った六八歳の老兵で、五〇年前にも同じ山でチェトニクと戦ったという。もうひとりはグラスノヴィッチの専属運転手で、この旅団司令官を崇拝しているといってもいいほどの、もの静かでまじめな男だった。グラスノヴィッチは部下のあいだに揺るぎない忠誠と確固たる自信を築いていた。その大きな理由は、人を圧倒するほどのカリスマ性だろう。わたしが知るなかでは、彼と仕事をした誰もが計り知れないほどの敬意を彼に表している。

　バルカン紛争では、かなりの数の元フランス外人部隊兵が戦っていた。死よ、永遠に《ヴィヴ ラ モルト》！　戦争よ、永遠に《ヴィヴ ラ ゲール》！　わたしが数えたところでは、グラスノヴィッチと同じカナダ人のフランス外人部隊退役軍人である二三歳のエリック・ディトマッソを含めて、少なくとも二七名の部隊兵がいた。ケベック州ブロサール出身のディトマッソはボスニアで八カ月間戦ったが、一九九三年八月二四日に仲間の兵の命を救おうとして戦死した。一九歳のときにカナダ軍予備役に入り、オンタリオ州ペタワワのカナダ陸軍基地で基礎訓練を終えた彼は、一九九二年にフランス外人部隊に入隊した。部隊兵としてアフリカとスペインで任務に就いたあと、ほかの三名の部隊兵とともにクロアチア軍にくわわった。彼はまもなく大尉に昇進し、小隊規模の部隊をまかされた。そして、一〇名の「コマンドー分隊」を率いてボスニアのラスタニでイスラム系ボスニア人と戦闘中、マシンガンの一斉射撃で命を落とした。外人部隊よ、永遠に《ヴィヴ・ラ・レジオン・エトランジェール》！

　当時、クロアチア陸軍《HV》特殊作戦司令官だったルッソ将軍も元外人部隊兵だった。わたしが現地にいたときには、グラスノヴィッチ大佐をのぞいて三名の元部隊兵がトミスラヴグラードの軍にいた。四人目の部隊兵で唯一のアメリカ人かつ『ソルジャー・オヴ・フォーチュン』訓練チームの居残りメンバーは、ちょうどトミスラヴグラードを去ったあとだった。その男、『ソルジャー・オヴ・フォーチュン』でもボブ・ブラウンの親友としてもよく知られているポール・ファンショーは、かつてジブチでルッソ将軍下の小隊指揮官《セルジャン・シェ》だった。アメリカ海兵隊と陸軍の両方で兵役についたことのある彼は、ザイールのシャバ紛争のときにコルウェジでフランス外人部隊兵としてパラシュート降下した。聞くところによると、彼は別の部隊兵（じつは「パット・ウェルズ」だった）とともに部隊を抜けてドイツへ渡ったらしい。わたしはブラウンに頼まれてファンショーに貸し出す二〇〇ドルを持参していたのだが、結局彼には会えずじまいだった。彼はグラスノヴィッチに一言もいわずに旅団を発っていた。わたしが到着したときには、グラスノヴィッチはまだファンショーがホテルのわたしの部屋から廊下を進んだすぐのところにいるとばかり思っていた。

一九九二〜九三年にかけての冬が終わるころ、ボスニア西部では、クロアチア民族の軍隊であるクロアチア防衛評議会《HVO》、セルビアに対抗する名ばかりの同盟軍ボスニア＝ヘルツェゴヴィナ陸軍《アルミヤ》、クロアチア防衛評議会《HVO》内のイスラム教徒とのあいだで戦闘が始まった。国連の和平計画によってブゴイノ地区にある町や村を手放すよう指示されていたイスラム教徒が、それを拒んだためだった。以前は味方だったイスラム教徒との争いは二度起こった。戦闘は激しく、近接戦だった。近隣地区をめぐっての戦いだった。イスラム教徒の拠点となっていたモスタルは、クロアチアの一「地方」だった。

いちばんの被害を受けたのはボスニアの一般市民だった。特に大砲や迫撃砲による爆撃の被害が深刻だった。それまでクロアチア防衛評議会《HVO》はイスラム教徒に対しても、セルビア人に対しても、戦術にかんしては互角の力をもっていた。もっともその戦術はといえば、一九九三年というより一九一四年という印象だ。場所によっては向かい合った塹壕の距離がたったの二〇〇メートルしか離れていなかった。さらには、バンカーとバンカーのあいだにわずか四〇メートルの無人地帯があるだけということもあった。移動可能な砲台として戦車が使われ、弾幕砲撃に続いて兵が「塹壕の壁を越えて」敵の要塞攻撃に送り出される。まさに、ロックンロールの音声をつけたソンムの戦いのようだった。

戦いがもっとも激化したのはゴルニ・ヴァクフという小さな町で、そこで戦った者のあいだでは「ヴァクフ」という名で通っている。そこでは小口径の狩猟用ライフルで武装した五、六人のイスラム教徒狙撃手がおそろしいほどの死者数を勝ち取った。イスラム教徒狙撃手は必ず標的の頭と胸に弾丸を命中させた。隊のなかに狩猟や射撃の得意なボスニア山岳地帯の兵がいたのだ。

ヴァクフの狙撃戦では、穴のなかで動きまわっていたクロアチア兵が、無人地帯の向こう側から流れてくる声を聞いていた。「前へ進むんだ……もう少し右だ、そう、そこで仕留めてやる」。さまざまなイスラム国家から、ムジャヒディーン《聖戦士》の特殊部隊のような場所で訓練されたと思われるイスラム教徒狙撃手が何人もやってきて、ボスニアのイスラム教徒を支援していた。装備はスコープがついているものなら手あたり次第に用いられていた。わたし自身は、アメリカ製狩猟用ライフルである二二ロングライフル口径マーリンのレバー式にウィーヴァーのスコープが取りつけられているものを調べたことがある。それはちょうど、故郷ペンシルヴェニアでよく家々の銃架に置かれているようなライフルだった。使用していたイスラム教徒狙撃手を誰かが仕留めるまでのあいだに、そのライフルは十数人を超えるクロアチア兵の命を奪ったのだ。二二口径ライフル《リス銃》だというのに。

キング・トミスラヴ旅団のあるイギリス人兵が教えてくれた。「ヴァクフは血だらけの屠殺場みたいだった。彼ら「クロアチア人」はそこで五〇人くらいが死んで、一四〇人くらいが負傷した。前線全体の犠牲者数より多かった」。グラスノヴィッチが予備隊から新たに一八〇名を召集したとき、姿を現したのは六〇名ほどだけだった。誰もヴァククフには行きたくなかったのである。

コロン出身の元ドイツ連邦軍《ブンデスヴェーア》将校ユルゲン・「ユーリ」・シュミット「少佐」はヴァククフ戦当時、キング・トミスラヴ旅団の幹部将校だった。彼は西ドイツ陸軍で六年間兵役を務めたときにイェーガー（機械化騎兵）部隊の中尉まで昇進、ほかにフランス外人部隊にもいたことがあった。ファルシルムイェーガー《降下猟兵》と呼ばれることもあったので、パラシュート兵としても認定されているのだろう。一九九一～九二年のクロアチア戦争初期には、クロアチア陸軍《HV》の第一三四（ザダル）旅団で対戦車部隊にいた。一九九二年になるとボスニアへ移って、ブゴイノでクロアチア防衛評議会《HVO》のエウゲン・クヴァテルニク旅団に入隊、のちにキング・トミスラヴ旅団へたどり着いた。

誰に聞いても申し分のない将校で慎重に計画を立てることで知られていたシュミットは、おもに一七～一八歳の若い新兵二〇名を集めて東の戦場へ向かった。新人ばかり二〇人そろった分遣隊のなかにあって、シュミットは明らかにベテランの風格をにじませていた。シュミット少佐はまた別のクロアチア兵の集団を連れてヴァククフへと北上し、ドゥラトベゴヴ・ドラツという小さな村で、自分たちより規模の大きいイスラム軍と生死を分ける戦闘に突入した。シュミットの死を知ったイギリス人志願兵スティーヴ・グリーンはこういった。「いいじゃないか、そういう死にざまがお似合いなんじゃないのか。ドイツのパラシュート部隊将校ならそんなばかなことはしないくらいの分別はあって当然だったろうに」。グリーンはのちにどこかあざけるような態度で語った。「仲間は生きた、あいつは死んだ。（新兵）全員が殺されて、自分も惨殺されるような事態を自分で招いたんだ」

シュミットの死について、現場にいたクロアチア人から聞いたもう少し詳しい話では、イスラム教徒がクロアチア人の左右両方の側面にまわり込み、規模の小さいクロアチア部隊に向かって正確な狙撃による直接射撃を始めたのだという。それに気づいたシュミットは、なんとか敵との接触を断ったときに退却を決め、部隊を率いて夜間にこっそり南へ抜け出そうとしたが、クロアチア防衛軍《ＨＯＳ》イスラム集団（別名ＨＯＳ-ＭＯＳ）の待ち伏せにあったのだった。死者の一部は頭にとどめの一撃を受けていた。つまり、イスラム集団は待ち伏せの銃撃でクロアチア部隊を圧倒し、のちにキルゾーン《殺傷地帯》を歩きまわって、確実に殺すために死者にも負傷者にも念を入れて弾丸を撃ち込んだのだ。負傷しながらも生還した若いスペイン人傭兵のブルーノ・ルソ（仮名）は待ち伏せについて語ることを拒んだ。ユーリと親しかったオーストリアの傭兵は、逃げる前に狙撃手にねらいをつけられたといったが、その話は何人かの傭兵たちからは疑問視されている。この戦闘体験にすっかり震え上がったオーストリア人志願兵はそれを最後にバルカン半島を去った。シュミットの遺体は、武器も装備も戦闘服もはぎ取られて道路の真んなかに横たわっていたところを回収された。

　キング・トミスラヴ旅団にくわわってから二週間ほどのあいだ、わたしはユーリのことを聞いてまわった。ボブ・ブラウンや『ソルジャー・オヴ・フォーチュン』訓練チームの面々はみなシュミットを尊敬し、好感を抱いていたので、彼の死について詳しいことを知りたがっていたのだ。ヴァクフの戦いで生き残った人にユーリの死の話を持ち出すたびに、誰もがそわそわした。あとになって、シュミットが背後から撃たれたらしいといううわさを耳にした。そのような憎むべき行為に及ぶ動機としてわたしが耳にはさんだのは、何者かが、シュミットがドイツの情報機関に通じていると考えたか、あるいはそのようなうわさを聞き込んで、ドイツ製盗難車の闇市場やトミスラヴグラードの武器密輸について知りすぎた彼を抹殺したということだった。多くの人は、このドイツ人将校の死が十分に解明されることはないだろうと考えていた。数カ月後にドイツを訪れたわたしは、ドイツ軍軍事情報部に在籍しているユーリの友人と面会した。

だが、シュミットについてわたしが彼に伝えられることはあまりなかった。

　後日わたしは、仲間の「傭兵」のあいだで根も葉もないうわさや疑惑の的になることがいかに容易か、そして彼らが仲間の兵を死に追いやるまでの時間がどれほど短いかを思い知ることになる。

　トミスラヴグラードはセルビア人にとって戦略的攻撃目標だった。一九九二～九三年当時、彼らの目的はボスニア中央と南西部を通り抜け、トミスラヴグラードとスプリトを結ぶ線を断ち切って、クロアチア南部を切り離すことだった。トミスラヴグラードのクロアチア本国との地理的なつながりはよくても貧弱としかいえない。クロアチア沿岸部からトミスラヴグラードのあるボスニア＝ヘルツェゴヴィナ西部への交通は、橋が爆破されていたためにフェリーしかなかった。セルビア人がトミスラヴグラードを占拠できれば、クロアチアの半島南部を切り離し、ドゥブロヴニクを孤立させることができる。

　トミスラヴグラードは、どこかしらアメリカ開拓時代大西部の無法状態を感じさせた。だが犯罪というものがあるとすれば、ほんのわずかだった。なぜなら、制服を着た警官がどこにでもいるし（特に格好のよい新品の青い制服が到着してからは）、誰もが一挺（や二挺）の銃をもち歩いているし、たまに、いつ役に立つかわからないからと手榴弾をもっている場合もあるからだ。戦争の初期、グラスノヴィッチが指揮をとるクロアチア防衛評議会《HVO》の部隊がきて事態を収拾するまでは、町のすぐ外でギャングが車を止めて強盗を働き、身代金目あての誘拐も頻発していた。しかもヘルツェゴヴィナ西部の山岳地帯は昔から山賊行為で有名だった。ハイドゥク、つまり「山賊」は歴史的文化的な伝統のようなもので、現代社会では古語扱いの「山賊行為」という言葉はチトー政権の時代にはまだ比較的ありふれた罰すべき犯罪だったのだ。

　トミスラヴグラードは言葉も文化も伝統もクロアチア人のそれだったが、実際にはクロアチアとの国境から三〇キロほど離れたボスニア＝ヘルツェゴヴィナ内に位置していた。地図には依然として旧名称の

「ドゥヴノ」と記してあった。この小さな都市は、西暦九一〇～九二八年に初代クライ《王》としてクロアチアを支配したトゥルピミロヴィ王朝のトミスラヴが生まれた場所だった。クロアチア史上重要な人物であるトミスラヴ王は西暦九二五年にドゥヴァニスコ・ポリェで即位、ハンガリーを破り、ドラヴァ川とドナウ川をクロアチア北側の国境に定め、ブルガリア帝国と戦い、パンノニアとダルマチアの公領を統合して一大国家を築き上げた。ボスニア＝ヘルツェゴヴィナにあるヘルツエグ＝ボスナ・クロアチア人自治区《フルヴァツキ・ザイエドニツエ・ヘルツェグ＝ボスナ》はどこから見てもクロアチアだった。どこもかしこもクロアチアの国旗が掲げられている。ボスニアの国旗など見たことがなかった。クロアチア防衛評議会《HVO》の多くの兵のあいだでは、青地に金のユリの花があしらわれたボスニアの国旗はイスラムの旗として知られていた。車もほとんどがクロアチアのナンバープレートだ。クロアチア防衛評議会《HVO》の制服にもクロアチアの紋章や記章がつけられていた（隊員たちの多くはなおもクロアチア陸軍のＨＶという記章ほか、さまざまなクロアチア陸軍部隊のバッジをつけていた）。そしてみな、クロアチアのビールを飲み、クロアチア・フィルターのタバコを吸い、クロアチアの通貨ディナールを使っていた。

　グラスノヴィッチ大佐と出会った翌日、わたしたちは一緒にキング・トミスラヴ旅団の訓練施設を車で見てまわった。グラスノヴィッチはすばらしいユーモアセンスの持ち主だった。たいていの場合、朝食後にわたしを迎えにきて、訓練所までの車中で彼の膨大なレパートリーのなかからおもしろい話や冗談を披露してわたしを楽しませてくれた。いたずら好きの妖精レプラコーンと売春婦の話はいつか聞いてみるといい。訓練所に到着して、わたしは驚いた。上階にある兵舎の部屋のすぐ隣が、一〇歳の少女たちが学ぶ教室になっていたのだ。階下の部屋をのぞいてみると、隊員たちが知識の豊富な老兵から地雷と初歩的な爆破について学んでいた。元ユーゴスラヴィア人民軍《JNA》の工兵隊軍曹だ。グラスノヴィッチは元プロの軍人が実施する戦術や技術の訓練を信頼していた。

　校舎では、二五歳のスウェーデン人、元フランス外人部隊兵ロイエル・リスベリに会った。当時彼はヴァイキング・ヴォド、すなわちヴァイキング小隊の事実上の指揮官だった。ヴァイキング小隊はスウェーデン人とノルウェー人の傭兵、総勢一七名の部隊である。ベレーの帽章を見たところでは、スウェーデン沿岸イェーガー学校の卒業生、スウェーデンのラップランド・イェーガー連隊や近衛軽騎兵連隊の退役軍人がいた。ロイエルの部下には自前の乗り物があった。ストックホルムで購入した三台あまりのロシア製GAZジープで、それで車列を組んではるばるボスニアまでやってきたのである。それ自体が選抜課程だ。副官はシモンというクロアチア系スウェーデン人だったが、わたしが到着してすぐスウェーデン陸軍の現役任務に呼び戻されてしまった。ベイルートの平和維持活動だという。わたしの方こそモガディシオに続いて地獄の休暇その二に突入したと思っていたのに、ボスニアからベイルートに移動とは。なんとまあ、小難を逃れて大難に陥るとはまさにこのことである。

　バルカンの傭兵稼業は本当に小さな世界だということを証明するかのように、ロイエルとわたしはたがいの評判を耳にしていたことがわかった。一九九二年、わたしたちはクロアチアのシサクで同じクロアチア陸軍《HV》歩兵大隊に所属していたのだ。あのクパ川沿いの美しい町で同じ兵舎《カゼルネ》に出入りしていながら、ほんの数日違いですれちがっていた。わたしたちは初対面ですぐに友だちになった。共通のクロアチア人の友人が何人もいた。わたしの片思いの相手、ミリヤナ・ズガイもだ。どうやら我々は、一六口径ショットガン・ピストルをもつ大ばか者の角刈りMPというちょっとした男性関係の問題があったにもかかわらず、ふたりとも熱心に彼女を追いかけてしまったようだった。ロイエルとわたしはたがいの女性の好みを褒め合い、角刈りのことや、ミリヤナにすっかりしてやられたことを話しては大笑いした。

ロイエルは生粋の軍人だった。国連が平和維持軍にこの男のような人物を雇って正当な報酬を払い、紛争地域から紛争地域へと派遣して仕事をまかせたなら、サラエヴォやベイルートやモガディシオのようなことは起こらなかっただろう。少なくともしばらくのあいだは。

わたしが「カーネとカラシニコフ」と名づけた、ヴァイキング小隊のひとりの兵にまつわる話がある。ロイエルとわたしが初めて顔を合わせた次の晩、わたしたちはみなでホテルのバーに集まって、その後、酒と女の夜を過ごそうと街へ繰り出した。元スウェーデン陸軍のイェーガー（レンジャー）部隊軍曹でヴァイキング小隊の軍曹でもあるカーネは、銃床が折りたたみ式のカラシニコフを携えていた。白称専門家のなかには折りたたみ式銃床のカラシニコフをけなす連中もいるが、機械化歩兵の目的にはかなっているし、二〇〇メートル以下の射程なら命中精度も固定式銃床のカラシニコフとほとんど同じだ。ほとんどの銃撃戦は、市街戦ならなおのこと、どのみち一〇〇メートル以内なのだからまったく心配はいらない。カーネはまたセルビアの破片手榴弾ももっており、胸のポケットからぴかぴかのステンレス製レバーが飛び出して目立っていた。くすんだ茶色のカムフラージュ戦闘ジャケットに合わせると、これがたんなるおしゃれなアクセサリー以上に目を引いた。

カーネはヴァイキング小隊の運転手兼ボディガードに任命されていた。ロイエルはばかではない。ほんの少し前にふたりのイギリス人傭兵がみずから訓練していたイスラム教徒に殺害されたことと、突発的に暴力を受けるような事態がときどき起こる不安が絶えないことを考えれば、万が一に備えて優秀なボディガードを伴って行動することは賢明な選択だった。一〇代の少年がカラシニコフをもち、ほとんどの男たちが腰にピストルを差しているトミスラヴグラードは、まるで映画『無法者の群れ』のようだった。こうした男たちのほとんどが、日がなバーに腰を据えて飲んでいるといっただろうか？　とにかく、わたししたちの、外国人傭兵同志親交を深めて仲間意識を高めようパーティーのあいだカーネがいてくれることは心強かった。ビール《ピヴォ》を一、二杯飲み干したところで、ほろ酔い加減のクロアチア一般市民が近づいてきてカーネに話しかけた。この一年間でわたしよりも格段にクロアチア語が上達したロイエルが通訳した。

「『そのカラシニコフがこわい』とさ」

カーネはにっこり笑って答えた。「では、そちらがどこか別の場所へ行かれることをお勧めする」

みな大笑いだった。それをまたロジャーが通訳して、とまあなんとなくわかるだろうか。

カーネ（Kane）とはいい友だちになった。わたしがペンシルヴェニア州のケーン（Kane）という町の近くで育ったというと彼はおもしろがっていた。町を作ったトマス・ケーンの名を冠したペンシルヴェニア州ケーンには以前からずっと多くのスウェーデン人が住んでいた。隣の郡には大胆にもスウェーデン・ヴァリーという町もある。ヴァイキング小隊の通訳を務めていたクロアチア系スウェーデン人のシモンが残念なことに本国へ帰還してしまったので、スウェーデン人たちは流暢な英語を話す若いクロアチア人のトニーに通訳を頼っていた。トニーはつくづくアメリカ風のファッションが好きで、たいていMTVで見たばかりの最新のナイトクラブ用の服でびしっと決めていた。女には目がなく、彼が必要なときにかぎってたいていは誰かを追いかけているか、そうでなければすでに若い娘の寝室にいるかだった。ほかのふたりのスウェーデン人、小隊の衛生兵ビョルン・「ドク」・クヴァルンストロムとミケ（仮名）はいずれもアメリカ海兵隊に入隊したがっていた。わたしは調べておくと約束した。

わりと親しくなったスウェーデン人はあとふたり、イムとイケ（仮名）がいた。ノルウェー人のトーレ・ハンセンは自国の軍隊では中尉で、第一〇特殊部隊グループのメンバーに訓練を受けたことを含めて特殊部隊の経歴があると語っていた。彼がニカラグアでコントラの訓練をしたとかなんとかうそをついて以降、小隊のほかのメンバーはまったく彼をかまっていなかったが、見たところ優しい心の持ち主のようだった。何か仕事を見つけてやろうといっておいたのだが、結局ノルウェーに帰った。ヴァイキング小隊にはアメリカ人もいた。彼の話は重要である。なぜなら、外国人志願兵が陥りそうな厄介な問題や、刑務所に放り込まれたり、国外に追放されたり、気づく前に殴られたりする危険性を示すいい例だからだ。

ハワード（仮名）、二二歳はある日、かなりみすぼらしい格好で、ザグレブからトミスラヴグラードへ向かうバスから降り立ち訓練所にやってきた。ただし地元の軍警察につき添われて。憲兵《MP》が彼を捕らえた理由は、真っ黒な戦闘服を着て、たっぷりとひげをたくわえた姿で町を歩きまわっていた（ゆえにいかにもクロアチア防衛軍《HOS》のイスラム教徒に見える）からだった。しかもその格好でキング・トミスラヴ旅団司令部の写真を撮っていたのだという。感心できない。

わたしはトミスラヴグラード旅団の憲兵に自分のクロアチア防衛評議会《HVO》のIDカードを見せて、わたしの保護監督のもとにハワードを釈放してもらった。元第八歩兵師団の迫撃砲手一等兵である彼は、アルコール／薬物更生に失敗して除隊（第九条）になったか、あるいは軍隊生活に不適当と認められて除籍（第一三条）になったかのどちらかだ。本人から聞いたのだがどちらか忘れてしまった。いずれにしてもほめられた話ではなかった。旅団の軽歩兵技能と戦術を訓練するわたしたちのプログラムのなかでは、初歩的な兵隊としての技能を教えるときの補助くらいしか、砲兵隊一等兵の彼にできることはなかった。だが、本人にやる気があれば旅団の迫撃砲手になれる可能性はあった。ハワードは誰にも操作方法を教わらずに装弾されたカラシニコフをいじりまわして、隊員たちをいらいらさせていた。わたしが彼のために武器とトミスラヴホテルの部屋を整えてやってからほぼ二日後、彼は逃げ出した。

何の連絡も手配もないまま、ハワードはふらりと現れたかと思うとヴァイキング小隊とともにシュイツァへ移動してしまった。これにはグラスノヴィッチが激怒した。ヴァイキング小隊は別のヤイツェ旅団づきの小隊で、しかもハワードがもち出したのがグラスノヴィッチの部隊の武器だったためだ。カッとなりやすいグラスノヴィッチはすぐにあのとんまを国外に追放しろといったが、わたしが割って入った。もう少しで武器の窃盗と脱走で捕らえられてクロアチア防衛評議会《HVO》の営倉に放り込まれるところだったとは、当のハワードは知りもしない。しかしながら、ヴァイキング小隊にはどうにか溶け込んだようで、何度も小隊のロシア製ジープを運転していた。ハワードのひげはそのままだったが、ぽっちゃり型の腹まわりはクロアチア防衛評議会《HVO》の肉とチーズとビールの食事でますます大きくなった。後日、本人の口からは、旅団の迫撃砲小隊で砲手としてうまくやっていると聞いた。

　わたしはハワードとは距離を置いていた。そうすれば向こうからも近寄ってこないだろうと思ったからだ。だが彼には、わたしとの距離よりもとにかくジェイムズから離れていてほしかった。ハワードは何も知らなかったが、なぜかジェイムズはハワードを殺したがっていた。わたしはジェイムズに、ハワードの死を願う殺人願望を抑えて思いとどまるよう厳しく命じておかなければならなかった。このころジェイムズはすでに境界線型精神異常で、ときどき扱いに困ることがあった。知性は人並みで感情的に多少いかれている彼は「ここでは俺は何でもできる」モードに陥っていた。何でも思いどおりにできると思い込み、まさにそうするためにボスニアのような場所に惹かれてやってくる傭兵願望の強い連中によく見られる特徴だ。

　ジェイムズのような人間は役に立つどころかお荷物にしかならない。一九六〇〜七〇年代に傭兵部隊を率いたかの有名なマイク・ホアーは、コンゴで第五コマンドー部隊を指揮したさい、いたってシンプルな方法で連中をかたづけた。乗ってきた飛行機でそのまま送り返すか、問題を起こしたその場で処刑したのである。だが、わたしにはその選択肢はない。残念ながらジェイムズのトミスラヴグラード入りに手を貸してしまったわたしは、名誉にかけて彼の行動を抑えなければと感じていた。ハワードがトミスラヴグラードをうろうろしていると、わたしのいない隙をねらってジェイムズが「殺《や》って」しまうのではないかと心配だった。たまたま誰かに嫌われてねらわれる傭兵はひとりやふたりではない。犯罪者や素人が大勢いるなかで自分に白羽の矢が立つ可能性はいつでもあった。

　ハワードがやってきた翌日はまた訓練で、カラシニコフのゼロイン《零点規正》を手伝って、初歩的なパトロールテクニックを教えた。訓練生の集団のなかには若いドイツ人五人とフランス人がひとり混ざっていた。ドイツ人はミハエル・「ホームズ」・ホマイスター、マルコ、ウヴェ・「ホーネッカー」・ヘルカー、ハイコ、そしてアンドレアス・「アンディ」・コルブ。フランス人はフランス陸軍で二年間兵役についた元パラシュート兵のクリストフ（仮名）だ。もうひとり、六人目のドイツ人としてスキンヘッド《ネオナチ》のマークがいるのだが、彼は銃弾でバラバラになって一六本のネジでとめられた足の治療のために後方にいた。周囲の女性たちから可能なかぎりの同情を引き出そうとしていたようだが、あまりうまくいっていなかった。どういうわけか彼は、メル・ブルックスの映画『プロデューサーズ』に出てくる元ナチの戯曲作家役を思い起こさせる。彼はみずから認める国家社会主義者で、西側文明国の歴史に対して非常にゆがんだ物の見方をしていた。

　二六歳のホームズが旅団のドイツ人傭兵を率いていた。スキンヘッドで自由ドイツ労働者党《FAP》の正規会員であるホームズは、西ドイツ連邦軍《ブンデスヴェーア》で軍務を学んだ。一九八九年に除隊となるまでの三年間、彼は第一工兵大隊第二中隊で爆薬、爆破、地雷戦を専門とする戦闘工兵だった。ホマイスターのこの軍歴はボスニアでは重宝されたと思う。彼が志願兵となったのは一九九三年二月で、わたしが二度目のバルカン旅行を始める二週間ほど前だったが、たった二週間だけの違いなのに、彼はもうこの国での経験が長いとみなされていた。

最初から彼には感服した。きっと落ち着いて頼りがいのある軍人になってみせるだろう。のちに、フォート・ベニング時代から親しくしているわたしの友人トム・ケリー（仮名）がキング・トミスラヴ旅団でホームズとともに任務にあたったが、このドイツ人傭兵に対するケリーの評価もまったく同じだった。ケリーとわたしは歩兵中尉だったころ、フォート・ベニングで行なわれた六カ月間の歩兵将校基礎課程で隣同士の部屋だった。それから彼は五年のあいだフランス外人部隊でパラシュート兵を務めたあと、ボスニア後にふたたびアメリカ陸軍に入隊して特殊部隊の上級下士官となった。ホームズの軍人としての才能に対するわたしの評価が心許ないというなら、トム・ケリーの言葉なら信用できるはずだ。

クロアチアを助けようと思い立ったのは理想主義的な衝動にかられたからだとホームズは語った。クロアチアはセルビアの正当性のない侵略の犠牲になっていると彼は考えていた。それと同時に、実戦の経験を得ることも、彼がいうところの「共産党のシンパ」であるセルビア人を殺す機会を得ることもできるだろうとも思ったそうだ。ホームズはスキンヘッドで、以前はやや人種主義的な考えを擁していた。トルコ人の紳士数人との小さないさかいのせいで、ごく短期間だがドイツの刑務所で過ごしたこともある。ドイツの刑罰制度にしたがって監禁され、トルコ人ギャングのなかでただひとりのナチとして生き延びた経験は、彼の性格形成に大きな影響を及ぼした。ホームズは非常にタフな男である。本格的な入れ墨がいくつも彫られていて、首には「警官はみなろくでなし」を意味するＡＣＡＢと入っていた。だが、勘違いしてはいけない。ホームズは非常に頭のよい青年で、バルカン半島の軍事的政治的な状況をきちんと把握していた。ホームズにとってボスニアでの戦闘にくわわることは簡単だった。ドイツからザグレブまで列車に乗って、ザグレブからトミスラヴグラードまでバスに乗ればよいだけだった。

ドイツ連邦軍《ブンデスヴェーア》の軍歴があったので、ホームズは何の問題もなくキング・トミスラヴ旅団に志願兵として入隊した。彼もまた万国兵士のよい例だった。常に携えている相棒の「スージー」はPKMの中国複製品であるPRC80式マシンガンだったが、彼が好んでいたのはユーゴ製モデル53「サラッ」で、これは第二次世界大戦時のドイツ製MG42マシンガンの複製だった。彼はまたドイツ陸軍の新しいカムフラージュ戦闘服フレクターンを気に入っていたが、それも第二次世界大戦時代ナチス親衛隊の夏から秋用カムフラージュパターンによく似ていた。彼の頭にアメリカ製のケブラー「フリッツ」ヘルメットをのせてみれば、ほら、ロシア戦線のシャルルマーニュ親衛隊師団で戦ったギィ・サジェールの手記『忘られた兵士』の表紙みたいだ。

ホームズは、ベルリンの壁崩壊後に東ドイツ軍の弾薬庫を略奪したときのおもしろい話を聞かせてくれた。どうやらドイツの極右勢力は膨大な量のプラスチック爆薬ほか、さまざまなものを手に入れたらしい。壁の両側には、職を失い、不満を抱いた元軍人がたくさんいる。彼らは爆薬の扱い方を知っている。なんともおそろしいではないか。

一方、マルコは彼とは正反対だった。自動車事故で片耳をなくしたというマルコは見た目も変わった人間だが、行動はさらに不可解だった。彼が正体をなくすほど飲んで、朝の七時半からトミスラヴグラードの路上で問題を起こしているのを見たグラスノヴィッチは、とうとう彼を旅団から追い出してしまった。ウヴェ・ヘルカー、二一歳、別名「ホーネッカー」は東ドイツ出身のためそのようなニックネームがつけられていたが、この男もまたスキンヘッドでみずから認める国家社会主義者だった。ウヴェは天使のような顔をした華奢な若者だった。いろいろな犯罪でドイツ警察の指名手配になっていた。おもに政治的な犯罪だが爆破もある。もうひとりの東ドイツ人であるハイコは、ブロンドの髪、青い目の典型的な北方人種系ドイツ人で、東ドイツ軍でなにがしかの軍務経験があった。ハイコは英語を話せなかったが、どのみち口は重いほうだった。東ドイツなまりのきつい彼の言葉は喉音が多いうえ俗語だらけで、わたしにはよくわからなかった。ウヴェによれば、最近起こったイスラム教徒との戦いで、ハイコは女を強姦して殺害したらしい（必ずしも順番がそのとおりとはかぎらない）。信じたくないような気持ちだった。危険な部類に入る人間だが、部隊では何の問題も起こさずそのまま任務を続けていた。

　しかしながら、この一団のなかで最高だったのは、ドイツのミュールハウゼン出身の一九歳、アンドレアス・「アンディ」・コルブだろうと思う。一九九三年の初めごろボスニアにやってきたコルブは、当初フリーランスの写真家兼ジャーナリストになるつもりだったが、まもなく戦争に参加したいと考えるようになった。アンディはプロの傭兵になる決意を固めた非常に聡明な青年だった。たいした金にはならないと、わたしは何度も彼に告げた。アンディは完璧な英語を操ったので、わたしがアメリカ陸軍レンジャー部隊のハンドブックを渡してやると、ちょうどフォート・ベニングのアメリカ陸軍にいる従兄弟を訪ねたばかりだといって喜んでいた。アンディは第二次世界大戦史が好きで、特にアメリカ海兵隊の作戦や太平洋の戦闘に興味をもっていた。おもしろい。わたしが彼くらいの年齢だったときは、硫黄島やガダルカナルではなく、オットー・スコルツェニー、ブランデンブルク隊、パイパー戦闘団《カンプフグルッペ・パイパー》、その他第二次世界大戦のドイツ軍特殊作戦にかんする本を読みあさっていた。不思議なものだ。

　クロアチア防衛評議会《HVO》の部隊に向けた歩兵技能と戦術の訓練課程最終日は対戦車兵器だった。隊員たちが実地指導を受けているあいだ、グラスノヴィッチ大佐が南アフリカ国防軍のＡＲＭＳＣＯＲ四〇ミリ・グレネードランチャー用プロモーションビデオを見せてくれた。六発のシリンダーをもつこの発射機は、まるで特大のリボルバーピストルのように見えた。それから実際に触ってみた。点《ドット》に照準を合わせる光学照準器がついており、射手は両眼を開いたままでのぞかなければならない。わたしは利き目のピントが遠くの攻撃目標ではなくスコープそのものに合ってしまい、慣れるまでにしばらく時間がかかった。ひょっとすると山育ちであることが関係しているのかもしれない。

グラスノヴィッチがいくつか助言をしてくれたので、まもなくコツを飲み込んだ。おもしろいことに、このＡＲＭＳＣＯＲ　ＭＧＬは見たところ機密保持の処置が施された状態、すなわち識別標識がはずされていたのだが、南アフリカの兵は兵器と一緒に公式な南アフリカ国防軍のデモンストレーションと宣伝用ＶＨＳビデオを梱包してしまっていた。おっと、これは大失敗だ。作戦保全の大ヘマでプレトリアの誰かがクビになったにちがいない。

その前日の夕方は、ルーマニア製カラシニコフ四挺を支給されたのにくわえて、機関部の上に取りつける珍しい円盤のような形の弾倉、パン・マガジンをもつデグティアレフ・ライトマシンガン《軽機関銃》を三挺拾った。兵器庫から救い出したデグティアレフは工場生産品で一九四四年の刻印があった。わたしのようなマシンガンマニアにとってはすばらしいお宝だ。幼いころにもっていたＧＩジョーの人形は、ソヴィエト軍の戦闘服を着て、ちゃんととりはずしのできるパン・マガジンのついたデグティアレフをもっていた。昔からわたしはデグティアレフには興味があった。これはほかのマシンガンとは見た目が徹底的に違う。ロシア軍が最初にデグティアレフ（ＤＰ）七・六二ミリ・マシンガンを製造したのは一九二六年だった。ソヴィエトのマシンガンとして初めてシェルマン＝フリーベリ・ロッキングシステムを使用した点がユニークである。ほらほら、これを読んでいる誰もがとても信じられないと興奮しているはずだ。

この古いロシア製マシンガンはおそらく使用不能品として兵器庫に放置されていたのだろう。わたしたちはホテルにもち帰って、朝三時までかけて掃除と修理をした。そして、昼前くらいにカラシニコフのゼロインを行なうついでに、この年代物のロシア製弾丸ホース《マシンガン》を試射した。もう底抜けに楽しかった。次第に慣れてくると、ねらいどおりに撃つこともできるようになった。グラスノヴィッチも喜んでいた。わたしたちが機関銃を三挺も修理して使用可能にしたからだ。

何週間かたって、旅団の歩兵訓練でそれを使わせようとしたところ機関銃が見つからなかった。どうしてなくなったのか誰も知らない。訓練所の兵器保管場所にきちんとしまってあったことから、おそらくイスラム系の訓練所職員が盗んだのだろうと思う。そうであればまちがいなくトミスラヴグラードの闇兵器市場に流れて、兵器の船荷のひとつとして近隣のイスラム軍か、コソヴォか、マケドニアに渡ったにちがいない。兵器は船で出荷できるほどの量がたまるまで、町のバーで少しずつ仕入れられると聞いたことがある。グラスノヴィッチは銃の紛失ということでかんかんに怒っていたが、最終的にどうなったのかは教えてくれなかった。わたしはそのことで腹を立てていたのだが、問いただしたところでどうなるものでもない。それにユーリ・シュミットが死んだ理由も頭にあったので、この問題については黙っておいた。

規模の大小にかかわらず、バルカン半島では兵器の闇取引は巨大ビジネスだった。わたしがボスニアにいたときは、タイプにもよるが、カラシニコフなら二〇〇ドイツマルクか、あるいはそれ以上の値段で闇市に売り出されていた。G3やアルゼンチン製のFN FALはそれより手に入れるのが難しいが、たとえ手に入ったとしても、三〇八口径の弾薬が品薄であることが問題だった。ピストルは需要が高かった。トカレフのピストルがだいたい三〇〇～五〇〇ドイツマルク、CZピストルなら一五〇〇ドイツマルクほどの値段を要求される。バルカン半島の兵器市場では金さえ出せば何でも手に入った。スコーピオン・マシンピストル、ARMSCOR MGL、RPG、名前を挙げたらきりがない。そうはいっても、ユーリ・シュミットの死にうさん臭いところがあるというわさと、彼が闇市場を探っていたらしいという話を聞いてからは、わたしは地元の違法兵器取引には一切の関心を示さないようにしていた。

さて、完璧に動くようになったロシア製マシンガンのゼロインを終えたわたしたちが校舎へ戻ると、ちょうど外へ出て行進隊形を作っていた兵たちに合流することができた。わたしたちは村を出て谷に沿って歩き、山を上った。隊員たちは対戦車兵器を担いでいた。実弾を使用した実地訓練で撃つためである。攻撃目標は古びた石造りの家だったが、全弾はあたらなかった。いくつかの不発弾が柔らかい泥のなかに着弾したので、マイクは不発弾処理《EOD》に奔走し、わたしはグラスノヴィッチ大佐を先頭に、ボスニアの田舎でほとんど垂直ともいえる場所を上り下りする隊員たちの死の行軍につき添った。ジェイムズは残ってマイクの不発弾処理を手伝った。自分がどう役に立つのかを本人が考えたかどうかはわからないが、ともかく彼は一日中山のなかを歩きまわる厳しい戦闘パトロールは避けた。彼はわたしのことを臆病者だとかなんとかもごもごいっていた。それでけっこう。マイクとわたしのあいだには、かなり前から暗黙の了解がある。わたしはマイク・クーパーに山を登る歩兵攻撃を率いろとはいわないし、マイクはわたしに不発弾を処理しろとはいわない。つまり、自分のしていることがわからないのなら、せめて邪魔をするなということだ。どかんと爆発して、自分の体を田舎中にまき散らす可能性があるとなればなおさらだった。

マイクが不発弾の面倒をみているあいだ、わたしは偵察兼安全確保のパトロールに出かけた。地域に潜んでいるかもしれないゲリラやチェトニクに我々の存在を示す作戦だが、わたし自身が山岳地帯の地形に慣れる意味合いもあった。山が多い、という表現はボスニア西部を語るには弱すぎる。わたしにとっては、移動、荷造りと荷解き、トミスラヴグラードでの生活環境作りという二週間が過ぎて、初めての本格的な激しい身体活動だった。ソマリアで実施した行進と身体訓練《PT》はすべて平地だった。ペンシルヴェニアの山男であるわたしの足は比較的立派な形をとどめてはいたが、傾斜の急なボスニアの山々とジャングル用軍靴の不十分な靴底が相まってかなり激しい運動になった。三〇歳まであと一日だというのに、わたしは一七歳の基礎訓練生のときの「死の行軍」訓練のことをずっと考え続けていた。

訓練所の衛生兵アイシャは、整った顔立ちのブルネットで、黒い作業ズボンに黒いタイトなタートルネックセーターという魅惑的な黒ずくめスタイルだった。そしてひざ上まであるジャックブーツの右足にはナイフがはさんであった。好みのタイプだ。正直に白状すると、形のよい彼女の尻が山道を上がったり下りたりするのを眺めているのは楽しかった。だがそんなことは口が裂けてもいわない。彼女がブーツにあの銃剣を突き刺しているあいだは。

戦前は看護師だったアイシャは部隊にとっては貴重な存在だった。バルカン半島では女性がさまざまな場所で活躍していた。前線部隊にも何人かいたが、わたしはそれには同意しかねる。固定された場所ならば問題はないが、戦線が流動的になった場合には重荷になる可能性があるからだ。キング・トミスラヴ旅団でも、退却、すなわち離脱するさい、移動スピードについていけなくなった女性兵士を抱えて運ぶために速度を落とさざるを得なかったことが原因で、何人もの兵が捕虜になったり殺されたりした。アメリカ軍の戦闘部隊に女性を登用したがっているアメリカ上院軍事委員会や軍隊経験のないリベラル派や徴兵忌避者が、フェミニストのプロパガンダではなく、現実世界の体験談に目を向けてくれることを願う。この五年間のイラクの戦争でも、何百人もの女性が殺害されたり重傷を負ったりしているのだ。とまあ、軍隊の女性について自分の意見を主張するのはこのあたりでやめておこう。

さて、アイシャはというと、かなり苛酷なペースで山の尾根を上ったり下りたりし続けることに何の問題もなかった。グラスノヴィッチはほとんど汗をかいていなかったが、年齢が彼の半分しかない多くの隊員たちはついていくのに四苦八苦していた。グラスノヴィッチはたいてい機嫌がいいのだが、規律の問題や個人的に侮辱されるとすぐにかんしゃくを起こした。しかし、こと戦闘にかんしては、何があっても慌てることはないように見えた。パトロール中に山間の村を抜ける未舗装道路を歩きながら、手榴弾が目の前に転がってもわりと平然としていた。わたしは死ぬほどびっくりして、片ひざをついた。というより、片ひざをつこうとしてそこで止まったというのが正しい。今にも豚小屋に飛び込んで身を守ろうとしたその瞬間、信管がないことに気がついた。人間の脳はわずか一秒の半分でいろいろなことを処理できるものだ。隊員の誰かが落としたのである。明らかにジョン・ウェインを気取って安全装置のレバー《スプーン》を装備にはさみ込んで歩いていたのだ。ボスニアの傭兵のあいだでよく語られている皮肉を裏づけするような行動だった。「ベトナムの戦闘員は平均年齢が一九だったが、ボスニアではIQが一九だ」

　わたしは自分がいつか事故で逝くだろうと思っている。こういう新人やど素人がばかなことをしでかすからだ。ソマリアの第五一三軍事情報旅団にいたときも、いつもジョン・ウェインを気取っていたデイヴィスというどうしようもないバカの中隊事務官が、わたしの友人スキーに向かって黄燐《ウィリー・ピーター》手榴弾を放り投げようとした。わたしの親しい友人には本物の敵の銃弾よりもそういう愚かな行為のせいで命を落とした人間のほうが多いかもしれない。わたしは本当に必要なとき以外に手榴弾のたぐいをむやみに扱うことはしない。イラクのキャンプ・ダブリンにいたときには、あまりにも早くスタングレネード《フラッシュバン》が爆発したことがあった。わたしと一緒にいた誰かが訓練中にひもをつけて引っ張るために、安全レバー《スプーン》をはずして、ピンをまっすぐにたてていたのだ。よく見ないでひろいあげたわたしがあわてて手を離した瞬間、信管に点火した。わたしは体をひねって顔を背けたが、それでも上着の背中が燃えてシャツのウェスト部分が焦げ、ベルトにつけてあった携帯電話が吹っ飛んで完全にダメになった。耳鳴りは一日中続いていた。二〇〇五年のクリスマス直後に内耳に起因する発作でバグダッドの陸軍病院に救急搬送されたのも、おそらくそのときの爆発による右耳のけがが原因だった。

　山を越え、谷を越えてトミスラヴグラード周辺を行軍するのは楽しく、学ぶことも多かった。ここは、前年にクロアチアのコマンドー部隊を鍛えたクパ川の平地やなだらかな丘とはまったく違う景色だった。パトロールのおかげでわたしはヘルツェゴヴィナ西部の風景や音に親しむことができた。ただの一度も休憩することなく、わたしたちは山の尾根づたいに歩き、途中で高地の村をいくつか通り抜けながら谷間の坂道を下った。そこから見えるでこぼこした山の地形、ぽつぽつと羊が浮かぶ岩石の散らばった山肌、古風な山小屋のある小さな村々は、何世代ものあいだずっとそのままの姿で、地元の農民が暮らしていた。腰の曲がった老婆《バブーシュカ》や年老いた羊飼いを見ると、まるで時代を後もどりしたかのような気持ちになった。

　死ぬほど苛酷な行軍の翌日、三〇回めの誕生日の朝を迎えたわたしはニカラグア産のピーナツバターを飲み込むのに四苦八苦していた。その共産圏のピーナツバターはすっかり古くなったもので、きっと誤配された救援物資にちがいないと思うのだが、それがどうにもこうにものどに張りついてしまったのだ。ラベルには「連帯の証として、イギリス社会党よりニカラグアのサンディニスタ民族解放戦線政権へ寄贈」と記されている。左翼め。しばらくのあいだ空襲警報を無視して脂ぎったチーズオムレツと格闘してから、わたしは前線の初訪問へと出発した。

　まずは自分の部屋へ装備一式と武器を取りにいった。装備を身につけてから、いつもどおりにてきぱきと作戦前準備を行ない、カラシニコフのすべての弾倉をもれなくチェックした。弾倉を支給されたときは必ず、ライフルと同じように分解して清掃することにしている。そこへ詰める弾もひとつひとつ確認する。一度不発に終わった古い弾を弾倉の真んなかに詰めてしまうと、あとで大騒動を招きかねない。水で満杯の水筒がふたつ、着古したアメリカ軍森林用戦闘服《BDU》ズボンのカーゴポケットには調理済み糧食《MRE》をいくつか、ウェストポーチには脱出生還《E&E》キットと救急キット、そしてベルトにはコールドスチール・トレイルマスターのボウイナイフ。最後に調整ずみ、ゼロインずみのカラシニコフを手に取った。使い古されたパトロール帽をかぶったが、ケブラーのヘルメットも水筒に吊るした。

わたしはダイニングルームでコーヒーを片手に大佐を待った。大佐の運転手が迎えにきたところで一緒にジープまで歩く。グラスノヴィッチは三〇八口径ドイツ製Ｇ３を、運転手はシュタイヤー・マンリッヒャーの光学照準器つき三〇八スナイパーライフルを手にしていた。くたびれたルーマニア製カラシニコフのわたしは仲間はずれだ。わたしだって手に入れば喜んでＧ３を携行するが、七・六二ミリ・カラシニコフのカートリッジとて、けっして役立たずではないし、ＡＫ用ならば弾倉も弾薬もたくさんある。

町を出て、雪に覆われた未舗装道路を前線へと向かった。ふたたび停戦が実施されていたので比較的静かだったが、それでも行きあたりばったりの銃撃戦は起きていた。わたしたちはまずシュイツァで車を停めた。シュイツァでは以前、ソヴィエト製携行型対空熱線追尾式ミサイルのＳＡＭ７で、セルビア軍のミグが撃墜されていた。パイロットは脱出したが戦闘機は爆発し、破片が農場に降りそそいだ。地元のクロアチア防衛軍《HOS》部隊は落下傘がまだ地面にもつかないうちに、この哀れなパイロットをハーネスから引きはがした。貴重な戦利品である彼のスコーピオン・マシンピストルは即座に奪われた。

ユーゴ製スコーピオンは手頃なおもちゃだ。七・六五ミリ（三二ＡＣＰ弾）モデル84マシンピストルはチェコ製のスコーピオンと同じ物で、ユーゴスラヴィアではザヴォディ・クルヴェナ・ザスタヴァ社がライセンス生産している。ブローバック方式でフルオートマティックのこの「マシンピストル」は銃床を折りたたむとわずか二七センチで、弾倉が空の状態での重量は一・三キロほどしかない。基本的には電話ボックス銃、つまり撃とうとする相手と同じ電話ボックスに入っていないと使い物にならないが、大佐がうようよいる部屋を奇襲したり至近距離の相手を倒したりするには格好の武器だ。トミスラヴグラードでは、酔ってトミスラヴホテルのバーに現れてスコーピオンを見せびらかす後方部隊のコマンドーが少なくともひとりはいた。弾は入っているのか？　いないのか？　むろんそこにいる誰もが（必然的に酔っているが）触ってみて感心しなければならない。たいていはそのあたりを潮時とばかりに、わたしはコーヒーを終えて席を立つ。

　シュイツァでクロアチア防衛軍《HOS》の砲兵隊を視察してから、わたしたちはもう少し実戦が行なわれている場所に近いところへ移動して迫撃砲小隊を確認した。小さな山のふもとで車を降り、森のなかの踏み固められた道を歩いてバンカー線へ向かう。小隊の装備は、押収したセルビア軍の発射筒と新品のクロアチア製八二ミリ迫撃砲が混在していた。小隊の年老いた元水兵のひとりは第二次世界大戦の野戦帽の正面にウスタシャのバッジをつけていた。バッジもまた第二次世界大戦時にアンテ・パヴェリッチが率いたファシスト国家、クロアチア独立国時代の古い物だ。チトーに禁止されていたあいだも、世代を超えて父から息子へと家宝として伝わったものにちがいない。

　やけに若そうな迫撃砲兵を見つけたので年齢をたずねてみた。一五歳。なんとまあ、わたしの年齢はこの少年のだいたい二倍か。そう思って使い古しのセイコー時計の日付をみたら、きっかり二倍だった。「今日は俺の誕生日じゃないか」。うっかり声に出していってしまった。迫撃砲の隊員たちはみな大笑いしておめでとうといってくれた。グラスノヴィッチは白髪の混じりはじめた髪をなでつけながら笑い、わたしのことをひよっこと呼んだ。こうしてわたしはジェリコと一緒に前線をまわった。

　この地区を守っているのは、彼の旅団に協力しているおよそ二〇〇名のクロアチア防衛軍《HOS》部隊だった。塹壕はしっかり掘られ、これまでのところはチェトニクの戦車や歩兵部隊に大打撃を与えて敵軍を阻止していた。前日は夜の闇に紛れて、さらに多くの兵と兵器がここへ集結していた。朝の早いうちに森林の端のほうを掘り進め、夜明けとともに始まる攻撃に備えた。兵とともに陣地のなかでうずくまっているとき、わたしたちは地上支援用の、砲身が一本のM55二〇ミリ対空砲を放った。近くにある要塞化されたチェトニクの村に向けて数発撃ち込んだ。ジェリコが使用済みの弾をくれた。「誕生日おめでとう」

ケーキよりよっぽどいい。

第7章　多くの兵士

「多くの兵士が見える。しかし、わたしが見たいのは多くの戦士だ！」
――ニーチェ『ツァラトゥストラはこう語った』

チェトニクに向けて何発か大砲を撃ってから、わたしは双眼鏡で相手の陣地を観察した。グラスノヴィッチ大佐の運転手は自分のシュタイヤー・マンリッヒャーSSGの光学照準器で見ていた。彼は口数の少ない落ち着いた人間だったと記憶している。用心深い目つきの殺し屋でひときわすぐれた射手だというわさがあった。七〇〇メートル離れた距離からの射殺が確認されたこともあると聞いた。わたしも以前SSGを撃ったことがあるが、トリガーの引きがスムーズで反動の少ない、いいスナイパーライフルだった。マッケンジーは当時手に入った軍用タクティカル・スナイパーライフルのなかではこれがいちばんだと考えていた。

チェトニクがその村から撃ち返してきたことを知るのに双眼鏡は必要なかった。わたしたちがいる森はずれの場所は戦闘陣地ではない。飛んでくる銃弾がはるか下の斜面の木々の樹皮をそぐようになってきたので、わたしはいささか無防備な気分になってきた。どかんと始めたときの威勢のよさはどこへやらだ。

もし自動火器の激しい銃撃を受けるようなことがあれば、あるいはそれよりも強烈な大砲の反撃を浴びるような事態になれば、負傷者が出ることは避けられない。わたしは双眼鏡をのぞいて撃ってくる敵の正確な位置をつきとめようとした。わたしたちの撃った弾や前線のほかの兵が撃った弾があたった場所に明らかに煙が立っているのが見えた。

　銃撃戦が激化するなかで、身を隠す場所がないことを懸念していたのはわたしだけではなかった。グラスノヴィッチが移動をうながした。砲撃を担当しているキング・トミスラヴ旅団の兵はチェトニクの村に向けてすでに次の弾薬クリップを空にするところだった。わたしたちはそこから二〇三ミリ砲の陣地へ移ったが、そちらの兵はしっかりと防備を固めた居心地のよいバンカーに隠れていた。我々が急いで上った近くの尾根にある砲兵隊監視所《OP》は居住区域としては堅固な作りのバンカーだったが、監視する場所そのものは背後に空しかない尾根にあり、頭上の遮蔽物もなくカムフラージュも施されていなかった。

　キング・トミスラヴ旅団の砲手が二〇ミリ弾の次のクリップをチェトニクの前線に撃ち込むと、本格的な攻撃が始まった。こちらが敵に砲撃を続けていると、次第にチェトニクもまとまった行動をとるようになり、応射が激しさを増してきた。わたしたちはバンカーの横にうずくまっていたが、それではたいした防御にならないので松の木の幹も遮蔽物として利用した。敵の小火器による銃撃が周辺の木々を刈り込んでいき、まもなく外にいると危険な状態になってきた。グラスノヴィッチが先頭に立ち、わたしたちは銃弾が飛んでくるなか、でこぼこの細い松の木のあいだをかがんで走りながら山を下りて退却した。

　午後になってから、バンカーのひとつでほっと一息つくことができた。昼食を取ってコーヒーを湧かしているあいだに霧雨が降り出して、やがて土砂降りになった。前線での長い、寒い、じめじめした一日だった。ヘルツェゴヴィナ西部の山岳地帯の春はときに人が住むには厳しい場所ではあるが、三〇歳の誕生日を過ごすにはもってこいだった。

その晩はトミスラヴグラードへ戻った。前線にいた兵も数人が家族の元へ帰った。「今日もお仕事たいへんだったわね、あなた」。わたしはトミスラヴホテルのロビーのすり減って汚れたカーペットを見るのがうれしかった。泥だらけのマウンテンブーツを履いたまま重い足取りでその上を歩いた。まずは熱いシャワーを浴びて、服を着替え、熱々の子牛肉のステーキを食べて、冷たいカルロヴァッコを飲む。それから、ホテルのバーでくつろぎながらカプチーノと葉巻。いつだって楽しい会話と、ときにはおもしろい戦いの物語があった。それに地元のかわいい娘に色目をつかうチャンスも。なんという戦い方だろう。ほとんど文化的といってもいい。

あとは金さえもらえれば。

翌日は訓練の仕事に戻った。およそ二〇人の集団にパトロールのテクニック、直線型の待ち伏せの編成、さまざまな即時行動の演習などを教えた。三月一六日火曜日、新兵の一団が入ってきた。午前中におきまりのおもしろくもないエライ人の話を拝聴した彼らは、昼食後に射撃場へ行って基本的なライフル射撃を学んだ。この集団は数カ月ほど前、憲兵の予備隊に徴兵されたときに一日分のライフル射撃訓練を受けていたので、自分たちはプロの射手で、もう訓練も練習もいらないと考えていた。「退役軍人」にはこういう態度をとる者がよくいる。プロの兵士は機会さえあれば自分のライフルのバトルサイト・ゼロを確認し、喜んで射撃の腕を磨こうとするものだが、アマチュア階級の人間は火器の演習や射撃訓練を軽蔑する。このカムフラージュ服を着た民間人の小隊がこれまでに実践したのは、脱走兵がいないかどうかをしらみつぶしに調べたことだけだというのに。

わたしは朝早くから訓練所へ行って射撃場の準備を整えた。標的はすでにいくつか作ってあったので、わたしはゼロイン用の短い距離を歩測してからもう少し長い距離を測り、一〇〇メートルと一五〇メートルのところに標的を置いた。兵の射撃能力については、何人かをみるかぎりあまり心配はいらなそうだった。射撃場は農家の牧場の一部にすぎず、後方の防壁は山の斜面だけだった。わたしたちはのんびりと歩きまわる羊を見張っていた。

昼近くなってから、パットとメヨールという元フランス外人部隊兵を名のる人物が合流した。パット・ウェルズはブリストル出身のイギリス人で訛りが強く、最初は何をいっているのかさっぱりわからなかった。その相棒のジョン・メヨールはフランス系ハンガリー人だった。パットはイギリス陸軍の元ライフル銃兵で、一七歳でグロスターシャー連隊に入隊してそこに三年いたと語った。また、フランス外人部隊ではジブチの第一三外人准旅団《13DBLE》とラルドワーズの第六外人工兵連隊《6REG》に在籍してチャドや中央アフリカ共和国へ派遣され、五年の任期を終えたとも語った。すばらしい経歴とはまさにこのことだ。外人部隊を離れたときは伍長で、一九九一年にオシエクでクロアチア陸軍《HV》に入隊、そのままクロアチア防衛評議会《HVO》へと進んだという。万事よく聞こえるが、ほかのイギリス人志願兵やフランス外人部隊出身者はこの経歴に首をかしげている。

パットは前の晩にホテルでわたしに声をかけてきた。自分も一緒に訓練とか、いってみればまあ旅団の仕事とかもやってみたい。パットの話では、メヨールはフランス外人部隊の五年の任期が切れるより前に、部隊を離れてバルカン半島へ向かったらしい。パスポートがないのでほとんど無国籍状態だ。メヨールは英語がわからなかったので、パットが通訳しなければならなかった。朝、パットとメヨールの補助が入って、わたしたちは五人で分隊戦術を教えた。まずは基本的な移動隊形とテクニックである「ウェッジ《傘型》」からだ。わたしが訓練のこととなると小うるさいのは自分でも重々承知している。しかし、新米の兵を教える唯一の方法はたえまない繰り返しと強化だ。体が勝手に動くくらいしっかりと練習を積み重ねれば、それがいつか命を救うことになる。わたしが口を酸っぱくしてそういっていたら、いつしかそれが冗談のネタになり、宿舎の看板にもなった。「ウェッジの世界へようこそ」

わたしたちの通訳はミロという若いクロアチア人憲兵だった。ミロはロックグループU2の大ファンだった。彼らの新しいアルバム『アクトン・ベイビー』はトミスラヴグラードでは必須アイテムだ。わたしが持参していた『焔《ほのお》』と『ブラッド・レッド・スカイ＝四騎＝』のカセットテープを贈ったときから、彼とは一生の友だちである。ミロが学校で習った英語は往々にしてわたしの軍隊式クロアチア語より若干ましな程度だったが、幸いふたりともまったく同じ英語＝クロアチア語の辞書をもっていた。シサクのコマンドー部隊を離れてから何カ月かたっていたので、わたしはかなりのクロアチア軍事用語を忘れてしまっていたが、ソマリアからの帰国後十分に復習する時間はとれなかった。ミロがいくつかの重要な言い回しを教えてくれたので、急いでノートにメモした。

通訳なしで戦術を教える場合、実際には内容にかんする基本的な単語と言い回しを知っていればいいだけだ。たとえばザシエダは待ち伏せ、シグルノストは安全確保、ミトライエトはマシンガンという具合である。あとは自分が実際にやってみせて同じようにやってみろといえばいい。これは小規模部隊の戦術指導方法で、いわゆる「倣え」というやり方だ。兵はたいてい、特に意欲がある場合はかなりの短時間で技能を習得する。シサクにいたときと同じように、日によってわたしはドイツ語で指導することもあった。それクラスのなかにドイツ語を話せるクロアチア人がひとりかふたりいて、通訳をしてもらえたからだ。それ以外のときはクロアチア語、ドイツ語、英語、身振り手振りのごちゃまぜにくわえて即席の砂盤を用いた。

そうはいっても、訓練のグループからグループへとうろうろ移動したり、深刻な意思疎通の問題を解決したりする場合にはほとんど通訳の手を借りていた。訓練生は八〜一一人の分隊規模のグループに分かれて、たがいが見える場所で戦術訓練を行なった。時間があれば、わたしは訓練内容をすべて英語で書いて、ミロが翻訳できるよう前日の晩に渡しておいた。そうすることで彼は訓練内容に詳しくなり、わたしは自分が口にするシンプルなクロアチア語がわかる。新しい単語や言い回しを覚えるうちに、わたしの語彙は増えていった。

あるやる気満々の訓練グループに、五、六人のドイツ人とふたりのフランス人志願兵がいた。彼らに教えるのは楽だった。ほとんどが二年以上自国の軍隊に在籍していた経験があったし、わたしが教えることは何でも吸収した。のちにグラスノヴィッチから、わたしたちが訓練した何人かのドイツ人が（ミハエル・ホマイスター率いるチーム）パトロール行きを願い出たと聞かされた。彼が承認すると、彼らは少なくとも二名のチェトニクを殺して立派に任務を終えて戻ってきたという。

もうひとり、クリスという憲兵も通訳の役割を担っていた。彼はクロアチアの血を引くオーストラリア人で、オーストラリア陸軍の退役軍人らしかった。自分ではオーストラリアＳＡＳの隊員だったと（若干声高すぎるくらいに）自慢していた。彼の若さと歩兵戦術にかんする無関心から、わたしはＳＡＳどころか元軍人というだけでも怪しいと思った。それに、クリスは仲間のクロアチア人が受けている訓練のいかなる軍事技能にも本格的な興味を示さなかったし、あまりにも幼稚で、どうみてもオーストラリアＳＡＳの選抜試験「黄金の道」にパスしたようには見えなかった。オーストラリアＳＡＳは、かの有名なイギリスの特殊部隊を見習った精鋭部隊である。そのメンバーは他の部隊から志願して厳しい選抜課程に合格した経験豊富で心身ともに成熟した隊員たちだ。クリスはＳＡＳに求められる知性も性格も経験ももち合わせていなかった。さらにいえば、元ＳＡＳの隊員ならさまざまな兵器に詳しいはずだが、この男はまったくの無知だった。またしてもペテン師である。

クロアチアの憲兵《MP》は、諸外国の軍隊に見られるようなきちんと組織立ったプロの軍警察ではない。クロアチアの場合、もっともバルカン半島全体がそうだといえるのだが、憲兵もたいていはほかの部隊と同じ徴集兵で、ただ軍服とカラシニコフにくわえて、ピストル、腕章、そしてたまに着装武器用の白いホルスターと白い装備ベルトが支給されていただけだった。誰かの口利きで正規の警察部隊に入ってきて、自分たちは大物であり、戦後もずっと大物であるはずだと思い込み、前線から離れた安全な場所でふんぞりかえって歩くような若者がきまってたくさんいた。いわゆるシサクの角刈り野郎みたいな連中だ。クリスもまたＢＭＷを乗り回していた。おおかた裕福な親戚に買ってもらったか、ひょっとすると闇市で汚い取引でもやったのかもしれない。

クリスは、ドイツ人兵が参加したパトロールを率いたのは自分だといった。クリスの話では、無人地帯を通り抜けるときにふたつの地雷敷設地帯のあいだを進むルートをとったらしい。本来は偵察パトロールだったが、ちょうど三人のチェトニクが待ち切れないようすで持ち場を離れて交代要員のところへ歩いていくのを見たクリスは絶好のチャンスだと思い、戦闘パトロールに切り替えた。ドイツ人を見張りにたて、クリスともう一名の兵が忍び足で前進し、人のいない敵陣地へすべり込んで待っていた。交代に遅れた三名のチェトニクはまっすぐ歩いて入ってきた。待ち伏せをしていたふたりはカラシニコフをフルオートにして至近距離から発砲した。セルビア人に勝ち目はなかった。二名は死亡、三人めは負傷して倒れたがなんとか立ち上がり、助けを求めて叫びながらよろよろと歩いていった。クリスともうひとりの兵はパトロール隊のところへ走って帰り、セルビア人の砲撃が陣地の場所へ降り注ぐころには敵中から脱出して味方の前線まで戻っていた。キング・トミスラヴ旅団の外国人志願兵は落ち着いて敵兵を少しずつ倒していった、と。

一日の訓練はすでに学習した分隊戦術を黒板で復習することから始まった。続いてマイクが早期警報装置について説明した。彼は野外でとりあえず手に入る材料と、アメリカ陸軍の小隊早期警報システム《PEWS》——余剰品の半端ものから彼が組み立て直した地上監視レーダーシステム——を使った。次に訓練生は、二名用の手ごろな防衛戦闘陣地を作る五つのステップを頭にたたき込んだ。クロアチアの兵はたいてい、円形のフォックスホール《各個掩体》の前方に、カムフラージュをせずにただ泥と石を積み上げただけの陣地を好んだ。すると、頭上に一切の遮蔽物がないため、敵の観測と射撃をするさいにその壁の上から頭を出してしまう。結果として頭や顔を撃たれる兵が多かった。わたしたちはその状況を改めたかった。

わたしがクリスの助けを得て新たにふたつの講義をクロアチア語に直しているあいだ、ほかの教官は木立のなかへ兵を実地訓練に連れ出した。その後、部隊が昼食の休憩に入って、わたしたちは教官ばかりでほっと一息つきに近所の夫婦が経営する小さな店に移動した。そこで午後の訓練計画一六番の変更についてみなに一言伝えておこうとわたしは思った。するとわたしたちが店内に入るか入らないかのうちに外国人志願兵がふたりやってきた。彼らはパットの知り合いだと紹介された。

スティーヴ・グリーンはイギリス陸軍が縮小されるまでの七年間、女王陛下の軍隊で戦車隊員を務めたあと、現在はキング・トミスラヴ旅団の歩兵だという。どうやら、冷戦が終結しなければまだ自国の軍隊にいただろうと思われる傭兵がバルカン半島に何人もいるようだ。彼は何カ月か前に負傷していた。イギリス人仲間は彼をいかさま商人と呼んだ。うわさ話が好きで、いつもぺらぺらしゃべっていたからだ。体つきはどうということはなかった。六三キロちょっと、ひ弱で、首が鉛筆みたいだ。彼に対するグラスノヴィッチの評価はあまり高くない。グリーンはユーリ・シュミットの悪口をいっていた男だからだ。故人を冒涜するほどひどいことはない。

そのいかさま商人と一緒にいたのは元デンマーク陸軍のTOW対戦車ロケット砲手で、みずから認める前科者だった。本名はアンダースだったが、みな彼をアンディ、アンドリュー、あるいは「ピンゴ」と呼んでいた。彼は、自分の計画は終戦までクロアチア陸軍にいて、市民権を得て、そのままクロアチアに残ることだと触れまわっていた。それを聞いたわたしは、「デンマークほど社会福祉の充実した国を捨てて、ボスニア西部の山あいにある小さな村で豚農家をやりたいなんていうやつがいるのか」と思った。おそらくデンマークで指名手配されているか、あるいは、こいつもまたどこへいってもうまくいかない負け犬なのだろう。自分ではスペイン外人部隊にいたことがあると話していたが、彼の戦争の話はどれも酔っぱらったことや営倉に放り込まれたことが中心だった。アンダースは、アメリカ人はめずらしいと驚いていた。彼がバルカン半島にきてから、外国の軍隊で将校だった傭兵はわたしがふたりめだという。思うに、ひとりめはユーリ・シュミットだろう。

ほどなくして、すらりと背が高く、緑色の瞳をしたブルネットのジャーナリストとおぼしきスウェーデン人で、めったにお目にかかれないほど野戦服のズボンがよく似合うヨハンナが、ロイエルを探して入ってきた。見るからに、同じスウェーデン人がボスニアで「傭兵」をやっているというニュースを聞きつけて、ロイエルたちにセンセーショナルな物語を求めてやってきた感じだ。彼女の登場でふたたび自己紹介が始まった。わたしたちはしばらくのあいだ、彼女が今までいたというモガディシオの話をした。言論出版界の人間こそまさに「戦争で稼ぐ連中」だ。なかでもバルカン半島はそうで、彼らはどんな傭兵よりもたくさんの金を稼いでいた。たとえばマギー・ケインやクリスティアンヌ・アマンプールなど、ボスニアの戦争を報じて有名になったジャーナリストが何人もいる。それなのに新聞や雑誌は善人面をして外国人志願兵を御都合主義者呼ばわりする。やれやれ、わたしが現地から生の声を届けよう。日当二ドルでライフルを担ぐ御都合主義者はここにはあまりいない。

ヨハンナの同僚ヒルデブラントが入ってきて、わたしの戦闘服ジャケットにつけられたアメリカの国旗を見ていった。「おやまあ、本当にアメリカ人かい？」わたしはそうだと答えてジェイムズを紹介した。ジェイムズは隅っこの床に座ったままビールをちびちび飲んでいて、かぎりなくジャック・ニコルソンらしく見えるように、いつもの二倍も気が狂ったふりをしていた。ジェイムズは、やあ、といい、ヒルデブラントはぎょっとしたようだった。ジェイムズは白人だが、ロサンゼルス出身の黒人に典型的な黒人英語《エボニックス》を話す。ヒップホップ音楽のビデオや映画が流行するまでは、英語を話すヨーロッパ人にはまるでちんぷんかんぷんだった。そうこうするうちに店舗兼社交場も人があふれて窮屈になってきた。ヨハンナは飲み物を空にして、わたしたちは別れの挨拶を交わし、わたしは出ていく彼女に声をかけた。「アンゴラでまた会おう」。自分でそういっておきながら、わたしは映画『アンダー・ファイア』のワンシーンを思い出して、あとで笑ってしまった。ニカラグア、マナグアの街路で民衆が独裁者ソモサの失脚を祝っている最中に、エド・ハリスが演じるアロハシャツの傭兵が、ニック・ノルティ演じるフォトジャーナリストににじり寄っていう。「タイでまた会おう」

わたしがボスニアにいるあいだじゅう、傭兵たちはみなバルカン半島を離れてアンゴラで一儲けすることを夢見ていた。ほとんどの連中はザグレブまでのバス代すらもっていなかったのだから、プレトリアやルアンダへの往復航空券など買えるはずもなく、これはとんだお笑いだった。アンゴラはふたたび熱気を帯びていた。内戦の当事者だったジョナス・サヴィンビが自由選挙の結果に不満を示していたからだ。大統領選に敗北したサヴィンビは、アンゴラ全面独立民族同盟《UNITA》の自由戦士を引き連れて森へ戻り、共産主義のアンゴラ解放人民運動《MPLA》が主体となった政府軍にさらなるゲリラ戦をしかけた。そこで、反乱軍支配下に入った製油所を取り戻したい石油会社が傭兵に大金を支払っているといううわさだった。

　のちに、そのうわさは本当だとわかった。アンゴラ解放人民運動《MPLA》もアンゴラ全面独立民族同盟《UNITA》も、ともに南アフリカの傭兵を雇い入れていたのである。第三二大隊のほぼ全数という精鋭の対ゲリラ部隊がアンゴラの任務のために組織され、アンゴラ内戦に派遣されていた。しかも両サイドにである。キューバがアンゴラを離れて自由選挙が実施されたとき、南アフリカはその部隊を解隊したはずだった。報酬は経験と能力にもよるが一日一〇〇～二〇〇ドルで、当時の傭兵仕事としては大金だった。わたしはそのとき知り得た確実な情報だけをまわした。ほとんどは、長年アンゴラで暮らし、現地の軍や政治の状況を追っていたカール・グラフからのものだ。

　たぶん、わたしはアンゴラの仕事を逃してよかったのだと思う。一九九三年初め、ロンドンに本拠を置くヘリテージ・オイル社とカナダのレンジャー・オイル社は、南アフリカの傭兵会社エグゼクティブ・アウトカムズ社の創設者イーベン・バーロウに、アンゴラ全面独立民族同盟《UNITA》のゲリラからアンゴラのソヨ油田の生産施設を取り返してほしいともちかけた。六〇名の傭兵軍が任務を遂行した。エグゼクティブ・アウトカムズ社はそれ以外にもアンゴラでの仕事を請け負うようになり、傭兵や、傭兵願望の男たちや、書斎のコマンドーらの注目を集めた。わたしがようやくアンゴラに赴いたのは一九九六年で、シェブロン社の「地上治安コンサルタント」という仕事だったが、それについてはまたの機会に語ることにする。ボスニアにいたために逃した仕事にもうひとつアゼルバイジャンの任務もあった。アメリカの石油関係者の依頼ということだったが、いんちき油田主がでっちあげた詐欺だと判明した。何人もの男たちがくそみたいな場所で何週間もアゼルバイジャン人を訓練したあげく、一銭も貰えなかった。

わたしがバルカン紛争にいたあいだ、ボスニアの夜を支配した軍勢はなかった。非正規軍や訓練のなされていない徴兵軍がかかわったほかの多くの紛争と同じく、誰も夜間は戦わず、戦術的な移動も行なわれなかった。グラスノヴィッチ大佐はそれを変えたがっていたので、我々は訓練スケジュールに夜間訓練を組み込んだ。訓練生は夕方の早い時間にパトロール基地に集まり、暗くなってからは、物音を最小限に抑え、敵に明かりを悟られないようにし、ゴミなどで部隊の位置が見つからないようにする訓練や、夜間観測装置《NOD》の使用方法などを学んだ。後者は旅団の倉庫にあった見本を点検修理して用いた。

外国人の助っ人が夜間観測装置《NOD》や第二次世界大戦時のマシンガンなど使えなくなっていたものを直しているのを見て、大佐はご満悦だった。装備の貧弱なクロアチア防衛評議会《HVO》では備品は貴重だ。彼らの装備のほとんどはクロアチア陸軍《HV》で廃棄処分になったものだった。夜間暗視装置は大部分がロシア製で、その多くが現在ではアメリカにも輸入販売されている。それらを掃除して、修繕して、接続を確認して、電池を入れると、ようやく正常に機能するようになった。ほんの少しの知識と若干の手間をかければ済むことだ。

夜間パトロールの実働訓練《FTX》は教官か顧問がふたりついて、各人が三回実施するようになっていた。ルートを偵察しながら、コンパス方位と地形を確認して歩き、誰もがよく知っている目立つ木のはえた山頂で落ち合うというものだった。敵味方に分かれて迅速に待ち伏せを行なうことにもなっていた。グラスノヴィッチが訓練の補助用にと、何者かが引っかかると点灯する照明筒(トリップフレア)や携帯型照明筒を渡してくれた。予想通りにつまずいて悪態をつき、「バン、バン、バン」とやって、照明筒を発火させる事態も起こしてから、パトロール隊が合流した。夜間に松林のはずれへ行かせると、日頃とはまったく違う。

真っ暗な場所を通らなければならないようにしてあったので、誰もが懐中電灯を使い、叫び声をあげ、だいたいにおいてブツブツ文句をいい、もう大混乱状態だった。

残念なことにグリーンともうひとりのイギリス人がバカな真似をして、パトロール隊を誤った場所へ送り込んだ。連中は意図的に訓練を混乱させようとしていた。おもしろいとでも思ったのだろう。どうりでクロアチア人が彼らに敬意を払わないわけだ。実際、ある分隊は訓練の続行をこばみ、家へ帰るといい出した。がんばれよ、とわたし。バスは深夜までこないぞ。

山頂では、懐中電灯の明かりの下で、慌ただしく訓練後の報告会を行なった。実際にやってみてわかったことは、小規模な射撃チームの編成においてさえ、キング・トミスラヴ旅団は情けないほど夜間作戦実行の備えができていないということだった。さらなる訓練と経験が必要だったが、とりあえずこれで第一歩は踏み出した。ただ残念ながら、旅団のほとんどの人員は前線を守るのに忙しくて定期的な訓練の時間がとれなかった。それに経験不足という問題もあった。訓練実習の計画や実施の方法を知る人間は誰ひとりいなかった。

各パトロール隊は分隊夜間実射訓練を行なうため、そこから四クリック《キロ》ほど離れた射撃場へ移動した。多くの兵にとっては、組織立った射撃チーム、あるいは分隊で、指揮官の号令にしたがって射撃するのはこれが初めてだった。チームリーダーは射撃命令を出すために曳光弾を使用した。夜間射撃もまた、多くの兵にとっては初めての経験だ。わたしにいわせれば、射撃場で弾を撃つ機会はいつだってよい訓練になる。現代の歩兵の多くは平時に十分な射撃練習ができていない。戦争になってからでは遅すぎるのに。

訓練は午前一時ごろに終了した。全員バスに乗り込んでトミスラヴグラードへ戻り、教官は、一部の旅団外国人志願兵の宿舎になっている家の前で下車した。熱い紅茶一杯とソーセージ一皿でおしゃべりに花が咲いた。男たちはいくつかの手榴弾を手から手へとまわしはじめた。小さな部屋ではこれがかならず注意を引き、会話が始まる。

小型で黒いプラスチック製の破片手榴弾は役に立たないも同然といわれているが、実際には部屋やバンカーから敵を排除するための攻撃用手榴弾に適している。傭兵好みの手榴弾としてそれよりも高く評価されているのは青リンゴ色のセルビア軍用手榴弾だが、そちらは手に入りにくかった。もうひとつ、クロアチア製の衝撃で作動するタイプのものがあった。これは安全キャップをはずして、撃鉄あるいは撃針をむき出しにしてから、ヘルメットやライフルの銃床などに打ちつけて作動させる必要があった。この点火方法は理想的とはいえないというのが大多数の意見である。ゆえに、安全ではないと考えられ、我々傭兵仲間では敬遠されていた。そういう話をマイクが聞いているあいだずっと、パットとメヨールはフランス語でぺちゃくちゃしゃべっていた。わたしは最初にバルカン半島にきたときにこういったことを学んでいた。押収したセルビア製手榴弾の一部は衝突した瞬間に爆発する瞬発信管がついていた。仕掛け爆弾《ブービートラップ》用工場のしわざか、あるいは極悪非道な野郎が信管を短くしたかだ。クロアチアではそれに気づくまでに数人が犠牲になった。

全部すでに知っていることだったので、わたしはそちらには関心を示さずに部屋の隅に座って、このコテージで見つけた『プレイボーイ』の一九八一年三月号を読んでいた。わたしが合法的に初めて購入できたであろう『プレイボーイ』誌を読むのは楽しかった。ミス三月を眺めるのも、一八歳のときより一二年後の今のほうがよく思えた。世界中で一〇年以上も軍人をやっていると、いわば長い禁欲生活を送っているようなもので、女性の姿のすばらしさが実感できるようになる。しかしながら、倉庫からいくつもの小火器が出てきたところで、ミス三月の女性らしい魅力は忘れ去られ、性的衝動に代わってプロとしての興味が頭をもち上げた。注目すべきは、めずしいクロアチア製の九ミリ・サブマシンガン、ザギ91だ。これは基本的にステンのサブマシンガンを改良したものである。クロアチアは使用可能な部品、素材、弾薬、弾倉を組み合わせて、少なくとも三種類のハイブリッド・サブマシンガンを製造した。それ以外にも、工場の金型からウジを生産したほか、独自デザインのピストルや、スナイパーライフルさえも作っていた。

わたしたちはさまざまな小火器の長所を話し合った。クロアチアと同じように、ボスニアでもドイツ製G3アサルトライフルやアルゼンチン製FN FALモデロ3が手に入ったが、数量はかぎられていた。イギリス陸軍の自給式ライフルは基本的にベルギー製のFN FALだったので、イギリス人はみなFNを欲しがったが、それをもっているクロアチア人は誰も手放そうとはしない。キング・トミスラヴ旅団の兵器庫は雑多な兵器の寄せ集めだ。ボルトアクション式ユーゴ製マウザー、信頼できる頑丈な武器であるSKSカービンのユーゴ版、種々のザスタヴァ狩猟用／狙撃用ライフル、第二次世界大戦時のロシア製PPSh41、あるいはそれにそっくりのユーゴスラヴィア製モデル49サブマシンガン、きちんと手入れされていないトンプソン四五口径サブマシンガンさえもあった。残念なことだが、この古いシカゴ銃のための四五口径弾薬はひとつもなかった。まあそれはそれでいい。この五キロほどのサブマシンガンを担いでヘルツェゴヴィナの山々を上ったり下りたりするつもりはない。それでもただ撃ってみるだけでも楽しかっただろうと思う。第二次世界大戦時代のソヴィエト製サブマシンガンPPSh41は、冷却用に穴のあいたバレルジャケットと七一発のドラム型弾倉という特徴から見てすぐわかる。ユーゴスラヴィアはモデル49という名称でそれを複製した。この武器はバルカン半島で広く使用されているが、実際には護身用か、市街地あるいは塹壕線での近接戦にしか適さない。小火器が不足しているなかで、こうした時代遅れのサブマシンガンでも何もないよりはましだが、最新のアサルトライフルの代わりにはならなかった。

キング・トミスラヴ旅団は最近になって二〇〇個のG３用弾倉を受け取ったが、肝心のライフルがなかった。旅団にあるたった二挺のG３はグラスノヴィッチ大佐とその運転手が携行していた。結局ジェリコは弾倉の一部を別の部隊と交換した。クロアチア防衛評議会《HVO》を支える供給システムはよくてもあたりはずれがある。ユーゴスラヴィア、中国、新しいセルビアの製造会社、そしてルーマニアと製造場所はちがっても、ほとんど全員がAK47アサルトライフルを装備しているので、弾薬の供給はそれほど難しくはなかった。むろん、五〇〇〇発撃ったあたりでバレルが溶けるといううわさのために、ルーマニア製カラシニコフがいちばん嫌われていた。それに、弾倉の交換を容易にするために垂直フォアグリップも切り取らなければならない。

その数日前、わたしはAK74（五・四五ミリ）にも触わってみることができた。このライフルがあるということは、ロシア人志願兵が母国から自分のおもちゃをもってきたという確かな証拠だ。是非わたしの手元においてもち歩きたいと思ったが、弾倉がひとつしかなく、弾も三〇発に満たなかった。わたしたちが携えていたAK47の七・六二×三九ミリとは異なり、当時のロシア軍標準歩兵ライフルであるAK74は五・四五ミリのカートリッジを発射する。五・四五ミリのカートリッジは軽く、高速で、たちの悪い傷を与えることで知られている。わたしはこのバルカン半島以後の戦闘ではAK74を使っており、個人的にもセミオートマティックのものを一挺所有している。これは小さくて申し分のない弾丸発射装置だ。それに五・四五ミリ弾は本当にとんでもなくひどい怪我を負わせる。

朝、ほかの連中が眠って酔いをさましているあいだに、わたしはトミスラヴグラードへ戻って時間どおりにグラスノヴィッチ大佐に会った。ふたたび前線へ向かう計画だった。前夜は遅くまで夜間実働訓練《FTX》でわたしがコテージに泊まったことを知っていた大佐は、きちんと現れたわたしを見て感心していた。前線までの車中で、わたしは訓練と実射について手短に報告した。いつもと同じように、グラスノヴィッチと過ごす時間はいろいろと役に立ち、そして楽しかった。前線に沿って車を走らせていると、彼がある場所を指さした。そこではTシャツ一枚になったクロアチア人兵士がサッカーをしていたところ、潜入したセルビア人に銃撃された。手榴弾で両足を吹き飛ばされた兵は傷口を縛って止血するとそのまま戦闘を続け、敵兵を追い払った。しばらくしてからその兵は冗談を飛ばした。「友だちと一緒に泳ぎにいくときは、浅いほうに立たせてもらわないとだめだな」

わたしたちはシュイツァで昼食をとり、ハワードのカラシニコフをヴァイキング小隊から回収した。グラスノヴィッチはまだ彼がしでかしたことについて腹を立てていた。ヴァイキング小隊はシュイツァで忙しくしていた。前の週にセルビア軍の砲撃を受け、町の郊外にあるコテージの心地よい宿舎の裏に塹壕を掘って入っていた。アメリカ陸軍の古い「クラッカーボックス」救急車が見えた。ドイツで購入した余剰品だ。地元の人がグラスノヴィッチにあいさつをしに出てきて、結局昼からビールとなった。多くの住民とおしゃべりをしたが、ほとんどが老婦人か、第二次世界大戦で戦ったとおぼしきじいさんだった。こうした人々にとって、グラスノヴィッチは英雄だ。古風な山村で略奪や乱暴を働くセルビアの週末戦士チェトニクと彼らのあいだに立ちはだかっていたのは、このカナダ系クロアチア人とキング・トミスラヴ旅団の若き民兵たちだけだったのだ。

わたしたちは別れのあいさつをすませて、ふたたびニックのジープに乗り込んだ。これまでに二度砲撃されたという(三度めの正直となるか?)地区を視察してから、実際に歩いてまわった。フォート・ベニングではこれをTEWT(部隊を同伴しない戦術演習)と呼んでいる。わたしにいわせれば、PENIS

(兵士を伴わない訓練実習)としても同じことなのだが。グラスノヴィッチとわたしは地形を見渡して、自動車と徒歩の接近経路になりそうな場所について話し合った。チェトニクが継続して重火器を運び込んでいたので、四月中旬から下旬あたりにセルビア軍が全面的な攻勢をかけてくるだろうというのがみなの予想だった。敵の接近を阻止するために、大佐は二カ所に地雷原を置きたいと考えていた。彼はまた、射界がよく前線を広く監視するのに適した山頂の重点地域に監視所《OP》と防衛陣地を増やすことも決めた。

　こうした考えをフォート・ベニングの歩兵将校上級課程の修了生ならどう見るか、どんな意見を述べるかと、グラスノヴィッチは多くの戦術案をわたしにぶつけて反応を見ていたように思う。ニック・グラスノヴィッチは有能な指揮官だが、クロアチアの戦争が勃発する以前の軍隊の経歴は伍長だった。中隊や大隊規模の戦術について教育を受けたことはなかった。

　アメリカ陸軍の下級将校のわりには、わたしは運がよかった。すでに歩兵小隊を二個と歩兵中隊一個を指揮した経験があり、二個の中隊で幹部将校を務め、旅団参謀と三個の異なる大隊参謀で作戦将校補佐《アシスタントS3》、そして特殊部隊グループでは後方補給将校補佐《アシスタントS4》を務めた。すべて二七歳になる前である。なんとまあ、三〇歳にして過去の人だ。これだけの経験があったら、第二次世界大戦直前なら大隊の指揮、アメリカ南北戦争のときだったら連隊の指揮をまかされていたかもしれない。だが実際には、ここ、外国の軍隊で少佐として軽歩兵大隊の訓練ならびに作戦将校《S3》の仕事をしている、すべては時と場所次第なのだろう、たぶん。

　わたしたちはニックの地図に地形の略図とメモを書き込んだ。あるバンカーを通り過ぎるとき、グラスノヴィッチが言葉を交わした兵から、これから工兵隊が兵器を爆破処理するところだと教えられた。わたしたちが二〇メートルほど進んだところで、いきなり爆発が起きた。五〇〇円玉大の破片が、グラスノヴイッチとわたしのあいだに音を立てて飛んできた。グラスノヴィッチはわたしに向かって破片を放り投げた。「このおいぼれの頭にあたらなくてよかったよ。なあ?」。ふたりともケブラー・ヘルメットはかぶっていなかった。こんなことで命を落としたらばかみたいだ。友軍の爆発物処理《EOD》の破片を受けて死亡。

わたしはまだ熱をもった破片を左右の手に交互に放って冷まし、記念品としてポケットにしまった。もともと銃撃戦のあいだに危うくあたりそうだった破片を拾い集める趣味はなかったので、まだ尻に刺さっている(ほぼ文字どおり)数個の小さなかけらをのぞけば、このような記念品はほかにあまりもっていない。

大佐とわたしは前線に沿ってさらにいくつかの陣地を歩きまわり、セルビア軍の砲撃で破壊された五トントラックのそばにもういいと思うくらい長くとどまっていた。トラックの残骸は車両の輪郭を浮き立たせてしまってはいけないという手痛い教訓だった。わたしたちはこれから始まる彼の二個中隊の訓練について話し合った。彼の意見では、これまでで最悪の部隊で、訓練と規律が必要だということだった。うまくいくかどうかはわたしと外国人志願兵の幹部次第らしい。グラスノヴィッチ大佐は、ひと月分の報酬の一部をディナールで支払おうといった。そうすればタバコや、たまにはビール《ピヴォ》を飲むくらいの小銭にはなるだろう、と。

報酬といえば、当時のクロアチア防衛評議会《HVO》の報酬は月額八〇ドイツマルク(約一〇〇ドル)で、一九九二年の春にわたしがクロアチアにいたときにクロアチア陸軍《HV》が支払っていた二五〇ドイツマルクよりもずいぶん少なかった。インフレは大きな打撃だった。一九九二年にはクロアチア・フィルターのタバコ一パックがおよそ五〇ディナールだったのに、翌年には八〇〇ディナールになっていた。だが報酬はそれほど伸びない。傭兵仲間では、報酬などタバコと酒代ぐらいにしかならないと考えられていた。実際、一部の無知な夢想家や犯罪傾向のある人間をのぞけば、バルカン半島の外国人志願兵で金儲けをしようと思っている輩はいなかった。

セルビア軍はルーマニア人志願兵に土地と、家と、現金と、戦利品を約束したといわれており、かなりの数のルーマニア兵がベオグラードに集まった。ロシア人もセルビア側で戦闘に参加したが、わたしが現地に赴くまでは東部でしか戦っていなかった。ところが、ロシア人の一団がキング・トミスラヴ旅団と向かい合う前線に移動してきたとき、状況は一変した。一部はソヴィエトの特殊部隊スペッツナズ出身だと思われた。わたしが実際に手を触れてみたソヴィエト製のAK74も死亡したロシア兵から押収したものだ。もしロシア人、とりわけスペッツナズやアフガニスタン紛争、あるいはその両方の経験者が組織立った部隊としてボスニア西部にやってくると、かなりおもしろいことになる。わたしはそう兵に告げたが、彼らは、訓練と経験を積んだロシアの傭兵が現金と戦利品めあてに戦闘に参加するなどばかげていると笑い飛ばした。わたしがトミスラヴグラードを離れる直前、そこから五〇キロほど離れたドニ・ヴァクフに相当な人数のロシア人が到着したという情報部の報告を受けた。ロシア人は文化的、歴史的にもセルビア人と深いかかわりをもっているが、彼らロシア人志願兵のもっとも重要な動機は経済だった。一九九三年、職を失ったロシア兵士にとって、母国ロシアにいるよりもボスニアへ行くほうがまだましだったということを理解しておかなければならない。

クロアチア防衛評議会《HVO》の志願兵が受け取るわずかばかりの報酬を補うために、兵や「志願兵」が昔ながらの略奪行為に走ることはめずらしくなかった。いわば、戦利品をいただくというやつだ。トミスラヴグラードの外国人傭兵には略奪者を自認する者もいる。パット・ウェルズは初対面のときにこういった。「去年はここで五〇〇ポンド（約七五〇ドル）しか儲けなかったけど、おまけもあったよ。わかるだろ？　死体のそばを走り抜けたらそいつが腕にロレックスをはめていた、とかね。すごいぜ」。あまりにも多くのこういう輩が戦闘地域を走りまわっているので、わたしはロレックスとタイの金貨でできたブレスレットは家においてくるようにしている。ナイロビでもそうだったが、わたしの戦闘経験豊かなセイコーのダイバーズウォッチでさえ十分誘惑の的になるのだ。

後日、パットは略奪のさまざまな方法をさらに詳しく教えてくれた。「砲撃をやっている最中がベストだ。あとは、狙撃にねらわれないように掩護射撃をやっているときに、通りを走りまわってハンマーで窓をかち割ってシャツのなかに物を詰めるんだ。俺たちは香水瓶をシャツいっぱいに詰めたことがある。あるやつはアディダスのスニーカーが並んでいる店に入り込んだが、全部ちっちゃい子ども用だったらしい」。パットはほかの二名の傭兵とともに、負傷したクロアチア人から略奪したこともあると語った。ちょうどほかのクロアチア人が担架でその負傷兵を運び出そうとしているところだった。パットは兵士がピストルを携帯していることに気づいた。戦争中、ピストルは少なくとも二〇〇〜三〇〇ドイツマルクほどの価値があった。担架を運んでいた兵が抗議したにもかかわらず、パットとほかの二名は負傷兵に駆け寄って、あたかも応急手あてをするような仕草をしてみせた。そうして搬送を遅らせているあいだに、パットが負傷者のベルトからピストルを抜き取ったのだ。「くそくらえだ」と彼はいった。「どうせ病院で誰かがちょろまかすんだぜ」

こういう人間がわたしとともに軍務にあたっていた。わたしが負傷したら、彼らはまずわたしの軍靴を脱がせ、装備一式を盗み、ポケットのなかを物色するだろうということは容易に想像できた。それから応急手あてだ。まあ、もし包帯を開封するのがおっくうでなければの話だろうが。

さて、正直にいうと、将校であり紳士であることはもちろん、善良で身だしなみの整ったどこから見てもアメリカ人カトリック教徒のこのわたしは、略奪ということにかんしては、まあルノワールぐらいになれば若干心が動かないわけでもないが（当然のことながら、予測のつかない戦争からそれを守るため）、安物の香水とスニーカーごときのために砲撃のなかを走りまわることはしない。種々の道徳的戦術的理由があって、わたしは略奪行為には反対だ。それにグラスノヴィッチは、略奪者は即決処刑にすべきだと考えている。それだけでも略奪をしない理由としては十分だ。

　事実、残虐行為と略奪を阻止することは戦争中の指揮官にとって非常に難しい責務のひとつだ。略奪行為のせいでクロアチア防衛評議会《HVO》が村や町の支配を失ったことも何度かあった。兵が略奪品探しに夢中になったあまり、防衛境界線を守ることができず、結局自分たちが殺されることになったのだ。略奪行為は紛争の両サイドで行なわれていた。チェトニクの反撃が成功するのは、クロアチア人の兵が、部隊の態勢を立て直して防衛陣地を強化すべきところを、物品を探したり戦利品の分け前をもらったりしているからだった。一方のチェトニクは、西側諸国の軍事アナリストに、世界でもっとも装備がよく、もっとも訓練された略奪者だと評されることがある。強姦と残虐行為の凶悪さはほかに例を見ない。バルカン紛争で戦っていたすべての国で残虐行為は行なわれていたし、まったく非がないとは誰もいえない。しかしながら、民族浄化、強姦収容所、大量虐殺、強制収容所という極悪非道な行為は、明らかにセルビアが最悪だった。

　セルビア人の残忍さと、クロアチア人が耐えてきたセルビアの手による残虐行為とを考えれば、わたしの仲間の兵が敵に対して見せる凶暴性も、許せるとはいわないまでも理解はできる。実際のところ、だらしなく口を開けたチェトニクの一団の手で木材粉砕機に投げ込まれた三歳の少女の残骸を見れば、陸戦法規の善悪の境界などぼやけがちにもなる。自分の家族までもを含む一般市民に対して敵が犯す多くの残虐行為に比べれば、情報を引き出すために捕虜を二、三人拷問することなどとるに足らないことのように感じられる。ボスニアの戦争では、人の人に対する酷薄さには限度などないことをたっぷりと思い知らされた。パットは、ふたりのチェトニクの捕虜がクロアチア兵に徹底的に叩きのめされているのを見て、他の傭兵とともに仲裁に入った。なんとかひとりは傷の手あてを受けられるよう、ある程度ちゃんとした拘留へともちこんだ。もうひとりは手足の一部が切断され、あまりにもひどく殴られていたので楽にしてやるために射殺された。ドイツ人傭兵とそのクロアチア人の仲間には、セルビア人の耳を記念にもっていく連中もいる。わたしはできるかぎり事務的に不賛成の意を示した。わたしが直接話をした者は、少なくともわたしがいるときにはそのような行為を慎むようになった。

キング・トミスラヴ旅団はおそらくクロアチア防衛評議会《HVO》のどの部隊よりも規律正しかった。これは司令官に負うところが大きい。背が高くて筋肉質の元ボクサー、グラスノヴィッチは、規律の問題にはためらわずに暴力を用いた。わたしたちのグループには訓練を拒否する小隊長がいた。旧ユーゴスラヴィア人民軍《JNA》の伍長だということだったが、軍務のことなら何でも知っているからと、野外で自分の部隊をわたしの管理下に残して自分は帰ってしまった。わたしは小隊の指揮を引き継ぎ、彼の手を借りずに兵を訓練に参加させた。グラスノヴィッチは訓練所のオフィスで秘書や女性衛生兵と話しこんでいる彼を見つけた。わたしはフィールドから呼び戻され、なぜ小隊長は訓練を受けていないのかと問いつめられた。グラスノヴィッチは、わたしがほかの外国人集団とともに小隊を率いているのを見かけたので理由を知りたいという。そこでわたしはありのままを話した。グラスノヴィッチがその小隊長に向かって怒鳴り出すと、その反抗的な兵は旅団司令官に向かってえらそうな口をきいた。そこでグラスノヴィッチはそいつをぐうの音もでないほどにぶちのめし、武器を取り上げ、家に帰れと告げた。訓練所の正面玄関前、みなの目の前で。

兵の一部に見られる態度の悪さと全般的な規律の欠如には正直がっかりする。彼らには訓練の大切さが理解できなかった。それまで組織立った訓練プログラムというものにほとんど重点が置かれてこなかったためだ。訓練に対する兵の否定的な態度そのものが戦争の産物だともいえる。多くの若者は軍務よりも最新のファッションやMTVのヘアスタイルや新しいイヤリングに関心があった。彼らはいわゆるクロアチアのペプシ世代、つまり何事にも積極的な若い新しい世代だった。トミスラヴグラードは国内でも栄えた地区にあり、兵の多くは一〇代を終えるか終えないかくらいでメルセデスやBMWを乗り回していた。たいていはドイツに渡って不動産や建設業で大金を稼いだ父親からのプレゼントだった。

　バンカーの裏に空箱が山積みになっていることから察するに、キング・トミスラヴ旅団の兵はビール《ビヴォ》とブランデー《ラキヤ》が好きだった。グラスノヴィッチはのちに、キング・トミスラヴ旅団にかんする話の下書きを見たときに、わたしがそのことを書いているのをみつけて腹を立てた。だが、これは事実だ。わたしはバンカーの近くで空になった入れ物が積んであるのを見た。わたしは宣伝もいい訳もしない。ただありのままを伝えている。しかしながら、説明として一言つけくわえておくと、バルカン半島には大酒飲みの文化が根づいている。アメリカの軍隊に慣れている我々の目から見れば、ヨーロッパの兵が消費するアルコールの量はしばしば衝撃的だ。もうひとつ気づいたことがある。休養時間の多い兵が自由時間のほとんどを典型的なヨーロッパ調のバーやカフェでぶらぶら過ごしていることだ。自分では気づいていないようだが、そんなことをしているといつかは遺体袋に入ることになる。

　なかには自分のしていることが理解できていて驚くべき早さで訓練内容を吸収するベテラン戦士の集団もあったが、それ以外は、チェトニクに向かって何発か撃ち込んだだけで自分は戦闘員、それも十分な訓練を受けた戦闘員だと考え出す始末だった。たいていは若いやつらだ。小規模部隊レベルでの指揮官はなきに等しかった。カムフラージュ、物音、明かり、ゴミの規律、移動停止時の安全確保、空を背景に自分や陣地の輪郭を浮かび上がらせないなどの基本的な戦術の原則は未知の概念だった。彼らが学ぶべきことはたくさんあった。よってわたしは忙しかった。

そうはいっても、戦闘となると彼らには闘志がみなぎっていた。グラスノヴィッチは好んで「あいつらは戦い方を知っている、そうではないか？」といった。並外れた武勇伝にはこと欠かない。なかでもすさまじい一件はトミスラヴグラードのすぐ近くで起きた。キング・トミスラヴ旅団の、ある名を知られた人望のある兵士が塹壕線から撤退する部隊を掩護していたとき、スコーピオン・マシンピストルの弾を頭に受けて負傷した。弾はちょうど目の下にくいこんでいた。激痛が走る。まったく動けなくなった彼の持ち場にはすでにチェトニクが侵入してきていた。捕まれば拷問はまぬがれない。彼はライフルに残っていた最後の弾倉を撃ち尽くすとピストルを抜いた。チェトニクがなだれ込んできたその瞬間、彼はあごの下にピストルをおいて、引き金を引いた。まさに最後の一発は自分のために、である。

しかしながら、前年には小規模部隊における指揮能力の欠如が問題を引き起こしていた。規律が問題だった。もっともキング・トミスラヴ旅団はほかのクロアチア防衛評議会《HVO》部隊ほどひどくなかったことは確かだ。キング・トミスラヴ旅団の規律は、イギリス陸軍やアメリカ海兵隊などとは比べものにはならないが、グラスノヴィッチはしっかりと秩序を保っていた。一方「地元の防衛軍」を称する多くのクロアチア防衛評議会《HVO》部隊はといえば、一定の地域内に居住する若者を集めたたんなる暴徒あるいはギャングに過ぎなかった。

唐突に現れた民主主義という概念は、無秩序と隣り合わせの完全な自由意志論という誤った思想をもたらし、それが兵を慢心させた。民主主義の軍事組織だからといって、何でも平等ではないのだということが彼らには理解できなかった。下士官《NCO》と呼べるような幹部による統率がまったく欠けており、それが部隊の指揮系統を崩壊させていることにくわえて、兵が一カ所の宿舎に集められていないこともまた問題だった。彼らは、前線で四日かそこら任務にあたると自宅に帰り、一二日間という長い休養期間のほとんどをトミスラヴグラードのパブでぶらぶらしていた。

それがまたほかの問題にもつながっていた。あまりにも多くの兵があまりにも多くの暇をもてあまして、あまりにも容易に武器と酒が手に入るとどうなるかということは、グラスノヴィッチの話からよくわかる。それはいつもと変わらないトミスラヴグラードの一日だった。よくある小さなカフェバーのカウンターで、ふたりの兵が立ったまま大声で揉めていた。ひとりはカウンターのうえで古いアメリカ陸軍のお椀のようなスチール製ヘルメットをはずませながら、何かを否定するように首を横に振っている一方で、もうひとりは腕組みをして肯定するように首を振っていた。すると、二、三人の仲間がそこへくわわった。いまにも騒ぎが起こるかに見えたとき、「イエス、イエス」と首を縦に振っていた腕組みの男が準備運動だといわんばかりにトカレフを抜いた。おっと。いよいよ面倒なことになった。危機的状況だ。だがちょっと待て。クロアチア語で何やらわめきながら、酔っ払いたちがカウンターのうえにディナール札を置きはじめた。つまりこういうことだ。ヘルメットを手にした男が、三〇口径のトカレフピストルではアメリカ陸軍のスチールポットは貫通できないだろうといったのである。

こうしたやりとりは前にも見たことがあった。言い争い、金を賭け、ヘルメットや防弾チョッキを通りに投げ出して、それを撃つ。穴を調べ、屋内へ戻り、また酒を飲む。何の問題もない。一般的な筋書きだ。だがこのときは賭けがさらにエスカレートした。トカレフをもった男はピストルの撃鉄を起こし、ヘルメットをつかむと自分の頭にのせた。なんてこった。ズドン！　ジャクソン・ポロック風抽象画のできあがり。

わたしにきいてくれさえすれば、教えてやったのに。

こういった祖国の防衛軍に転じた一般市民クロアチア人のなかには、火器に対して信じられないような態度を取る者もいた。「ちゃらんぽらん」という言葉でも甘すぎる。武器を携帯しているというだけでもおそろしい。イスラム教徒とセルビアの蛮人も同じだ。スリヴォヴィッツをがぶ飲みする無知な豚農家がオートマティックの武器を手にする。万歳！

映画『脱出』でバンジョーを弾く頭の弱そうな少年のその後を考えたことはあるだろうか。きっとＡＫをもたされてボスニアへ送られたのだ。

トミスラヴグラードのある少年は、伯父だったか、いとこのいとこのいとこだったかが、ニューヨークだかシカゴだかトロントだか（お好きなのをどうぞ）にいた。ともかく、彼はその人物宛てに防弾チョッキがほしいと手紙を送った。するとセカンドチャンス社製の防弾チョッキが郵送されてきた。質のよいものだ。ケブラーでできているものならたぶん六〇〇ドルはするだろう。彼はこの防弾チョッキを自慢したくて、町なかでピカピカ光る真っ白なカバーごとシャツの上につけて歩いた。そうしなければ、自分が防弾チョッキをもっていることがみんなにわからないから。そうだろう？

当然、何人かの少年たちが、おそらく嫉妬からだろうが、その防弾チョッキは彼が思っているほどすごいものじゃないかもしれないというようなことをいい出す。するとまもなく、程度こそ違えど、先ほどの戦闘服に身を包んだ犠牲者と同じような感覚が芽生えてくる。ある日彼は自宅のキッチンで祖母にチョッキを見せびらかした。彼女はこのダミルだかヴラドだかステファンだか（お好きなのをどうぞ）が立派な防弾チョッキをもっていてよかったと思っている。それにすごく格好いいわ！　彼はチョッキを脱いでいう。「ほら、おばあちゃん、着てみなよ」。そこでこの小さくて人のいいクロアチア人のおばあさんは防弾チョッキを試してみた。（そろそろ話の行く先がみえてきただろうか）。祖母がくるりとまわってみせるのを見た孫はひらめいた。そこで彼はトカレフを取り出して……バン！バン！バン！　至近距離で三発撃った。おばあちゃんは生きている。あばら骨が何本か折れたが、問題ない。そこで孫は町で誇らしげに自分のチョッキを仲間全員に見せて歩いた。おい、大丈夫だったぞ。ケブラー地に弾痕が残っちゃったけど、まあそんなことはどうでもいいや。

弾痕は背中側にあった。

第8章 戦時中の生活

「特殊部隊やそれに類する人々は抑圧された状態にあるのかもしれない。ゆえに自分が正常だと感じるためには何らかの危険にさらされる必要がある。（中略）わたしはベトナムに行くまで、誰もが年がら年中退屈で泥酔しているわけではないということを知らなかった」

——ジム・モリス、『グリーン・ベレー』

三月二五日、わたしと、わたしが「志願」しておいてやった一一名の外国人傭兵は、旅団の営倉に入れられていた労役の一団に同行して前線へ向かった。場所はドイツ人たちがチェトニクを待ち伏せしたのと同じ地域だった。労役班は山頂に新しい陣地と監視所を掘り、わたしたちがその地域の警備にあたる。我々の仕事は周辺で戦闘パトロールを実施してから労働を監督することだった。現地では、地雷を敷設するのに忙しい工兵隊のために、すでに送り出された二個のパトロール隊が安全を確保していた。

旅団司令部で荷を積み込んだわたしたちは、トラックで山を登った。天候は暖かく晴れていたが、自然の常としてトラックを降りるやいなやみぞれまじりの雨に変わった。保安と火力増強のために三名の外国人を連れたわたしは、無人地帯で四時間ほど偵察パトロールを行なった。まずは周囲がどのような状況にあるのかを知る必要があった。前線のこのあたりは守りが薄い。監視所も数カ所しかなかったし、実際、山のなかの前線は穴だらけだった。少人数の歩兵グループならここを通れるだろう。だがそれだけだ。たとえ潜入されてもあまり問題ではないようだった。

ほとんどみぞれといってもいいような水気を含んだ冷たい雪がちらほらと降っていた。足下にはすでに三〇センチほど積もっている。わたしたちは常緑樹と白樺が立ち並ぶ森のなかを進んだ。視界は悪かった。地面に降りてほんの一五分ほどでズボンがずぶ濡れになった。わたしは懇意にしている第一〇特殊部隊グループの補給担当軍曹に提供してもらったアメリカ陸軍の寒冷地用ゴアテックスジャケットに、くたびれたパトロール用キャップという格好だったが、帽子のつばからは水が滴り、氷のように冷たい雨水が首をつたって落ちていた。

わたしたちは敵に見つからないようにしながらも、できるだけ迅速に広い範囲をまわった。一カ所で複数のセルビア軍のバンカーを見つけ、別の場所では雪が積もりつつある古いトラックを発見した。チェトニクもパトロール隊を出していた。わたしたちは深い森のなかで彼らに遭遇しないように注意した。尾根から下ったどこか遠くのほうで軽自動火器の発射音が聞こえたが、わたしたちをねらったものではない。日暮れが近づいたころ、わたしたちは前線と労役班のところへ戻った。

新しい要塞がどれほどできあがったかを確認しようと、わたしは前面に沿って歩いた。太陽が地平線に消えて冷たい霧雨が強さを増すにつれて、わたしはずぶ濡れのゴアテックスの下でかすかに震えていた。前線を歩きながら頭のなかでトーキング・ヘッズの『ライフ・デュアリング・ウォータイム（戦時中の生活）』を歌った。この状況にぴったりだ。まるでわたしたちの歌みたいだった。いくつものパスポートとビザ、遠くで聞こえる銃声、山の斜面で弾丸を込めた銃をかかえて戦闘準備、二日は何も食べなくてもいいようにとピーナツバター。歌の内容はそんな感じだった。「これはパーティなんかじゃない。これはディスコなんかじゃない。これはお遊びなんかじゃない！」　そうだ、そのとおり。ベースラインもなかなかいい。

　みなが集まっているところに近づいたので、小声で歌うのはやめにした。さもないとぼけたヘビメタファンかMTV難民だと思われてしまう。仲間のホームズが監督している陣地に近づくと、穴がかなり深くまで掘ってあることに気づいた。営倉に放り込まれていた連中がどうしてこんなに熱心に仕事をしたのかと、わたしは首をひねった。何人かはどんなにいいときでも飲んだくれている怠け者だ。しかもこのひどい天候を考えるとなおさら驚きである。だがホームズの話を聞いてわかった。この強面のドイツ人傭兵は、囚人が掘っているあいだ、彼らの背後でマシンガンをもって立っていたのだ。クロアチア人の不良たちは、わたしたちが彼らを守るためではなく、彼らに掘らせるためにそこにいるとかんちがいしたのだった。わたしは笑った。ドイツの「ナチ」がマシンガンをかまえて地面に穴を掘れといったら、たいていの場合、掘ったあとにそこに埋まるのは掘っている自分だ！

　最後の日の光をたよりにわたしたちは警備を解除して、穴掘り人と道具をトラックに積み、トミスラヴグラードへ戻った。ほかにはあまり活動がなかった。まるで座ったままの戦争《ジッツクリーク》だ。数日後、パットとジェイムズが何日もかけて修理と手入れをした二挺のスナイパーライフルをもって、わたしとホームズをパトロールへ連れ出したが、何も起こらなかった。その翌週は雪だった。トミスラヴグラードも雪に覆われ、スノーモービルが得意な旅団司令部の二、三人にとっては部隊が所有する二台で街路を行ったり来たりする格好の理由となった。最初の数日は何の動きもなく、その後の戦闘作戦も最小限だった。

わたしたちはほとんどの人員を一カ所に集めて、ロシアの対戦車兵器ファゴットの訓練を実施した。ファゴットは、発射筒式、光学追尾、有線、指令誘導、半自動指令照準線対戦車誘導ミサイル《SACLOS ATGM》だ。一口にいうにはずいぶんと長たらしい名称である。基本的には、M47ドラゴン中距離対戦車兵器とTOWという、いずれもアメリカ陸軍の対戦車兵器システムのあいだに位置し、ロシア製のサガーを大きく改良したものである。NATOがつけた名称はAT4スピゴットだ。有効射程は最短わずか七〇メートル、最長二〇〇〇メートル。最長飛行時間は一一秒と推定されている。厚さ五〇〇～六〇〇ミリの装甲を貫通する能力を有し、最初の弾が命中する確率は九〇パーセントだ。わたしたちはロシア軍のミサイル訓練映像を見た。古いソヴィエト陸軍の訓練映像はただ見るだけでも楽しい。ロシア語とセルビア＝クロアチア語はよく似ているので、クロアチア人にはかなりよく理解できたはずだ。母なるロシアの一団がファゴット・ミサイル発射機の擬似戦闘に向かって走っていくのを見たあとは、前線の対戦車陣地へ行って実地訓練をした。

キング・トミスラヴ旅団にはフランス製のMILAN対戦車兵器がいくつかあった。これはボスニアのクロアチア人勢力で広く使用されていた。ボスニアにいる外国人傭兵のなかにはMILANの製造番号をフランスの情報部に売った者がいると聞いたことがあった。フランス側は、自分たちの兵器類がどのようにしてボスニアに渡ったのかに関心を寄せているらしい。現地につくやいなや、パットが気が狂ったように製造番号を書き写しはじめた。ザグレブのフランス大使館の誰かに売りつけようというのだろう。わたしは写真撮影を控えるようにいわれた。この時代遅れのミサイル発射機はクロアチアの担当者にとっては最高機密であるらしい。

ヴァイキング小隊、ドイツ人集団、フランス人クリストフ以外にもまだ、フランス人が二名いた。元パラシュート兵のフランソワ（仮名）、二一歳もまたフランス陸軍で二年間兵役に就いていた。そしてスペイン系フランス人のブルーノ・ルソ、二一歳はスペイン軍パラシュート部隊出身だった。ブルーノはドゥラトベゴヴ・ドラツでユーリ・シュミットの悲惨な戦闘から生還したひとりだったが、その待ち伏せについてはけっして口を開こうとはしなかった。わたしが彼から引き出した唯一のコメントは「ひどかった、あまりにもひどかった」だけだった。ブルーノには、美人で赤茶の髪をしたイスラム教徒のガールフレンドがいた。アムラ・イェルラジッチ、まだ一六か一七歳くらいだ。彼女はなかなか英語が上手だった。いやまあ、あるときわたしにこういえるくらい達者だった。「ブルーノと寝るのが大好きなの」。奇しくも、ブルーノは負傷した足の具合がしょっちゅう悪くなり、戦地での任務を控えてトミスラヴグラードに残り、アムラの看病を受けていた。

フランス人とドイツ人はたいていうまくやっていたが、ときに敵対することもあり、そういうときはだいたい女が原因だった。フランス人は自分たちこそ女の扱いを心得ていると思っていたようだが、トミスラヴグラードではドイツ人と比べて上出来とはいいがたかった。天使のような顔をしたウヴェは年上のクロアチア女性陣にかわいがられていたし、アメリカの映画俳優でティーンエージャーのあこがれの的になっているコリー・ハイムそっくりのアンディは、完璧な英語を操りながらかなりうまくやっていた。無骨なイメージのホームズでさえ、何人かの女性に追いかけられていた。

その週、わたしたちはまた別の小隊を訓練し、姉妹旅団の実弾演習を見物した。発射されたサガーの対戦車ロケット砲がひとつ制御不能になり、オブザーバーや地上で演習を行なっていた部隊の後方に着弾、爆発した。破片と土ぼこりと石がそこらじゅうに飛び散って、何人かは地面に伏せた。しばし緊張が走ったが、負傷者がいないことが確認されると、誰もが大笑いした。その日いちばん盛り上がったのは、スウエーデン人が運転するロシア製ジープに乗ったことだった。

ヴァイキング小隊はメンバーがひとり増えていた。イタリア人傭兵カルロである。カルロは正真正銘の女たらしで、話せる英語は「スパゲティ、スパゲティ」に次ぐ彼のお気に入りの表現だった。「ヘイ、ベイビー、ベイビー」だけだった。これは「スパゲティ、スパゲティ」に次ぐ彼のお気に入りの表現だった。スパゲティは多分に英語というよりはイタリア語だと思われるが、そういう意味なら「ヘイ、ベイビー、ベイビー」も同じようなものである。どういうわけか女性はこれが好きで、通りの向こうからチュッチュッと投げキッスを送るカルロのほうを向いて微笑む。わたしが同じことをやったら、頬をひっぱたかれるだろう。カルロは少しだけクロアチア語ができたので、スウェーデン人がカルロと意思の疎通を図るときには、クロアチア人の通訳トニー・ヴチッチ（別名「色男」）を介していた。このふたりはいつ見てもなかなかの組み合わせで、スカートさえ履いていれば何にでも近づいていった。

わたしはトミスラヴグラードで女性のお相手探しをしていなかったが、それでもみつかった。というより、向こうから寄ってきたのだ。ある日前線から戻ってきたわたしは、数人の兵とともに、ホテル・トミスラヴの向かいにある、壁に穴の開いた小さなバーでビールを飲んでいた。一行がばか騒ぎを始める前に退散しようと宿舎に戻る途中で、わたしはクロアチア人の娘に出会った。通りを渡ってクロアチア・フィルターのタバコに火をつけたところで、黒髪の美人が近づいてきて一本くれないかといったのだ。彼女のタバコに火をつけてやるあいだ、彼女は名を名のった。マルティナ。二二歳。とてもかわいい。

クロアチア人の娘たちは多くの場合、外国人「志願兵」をよく思っていないのだが、わたしは違って見えたらしい。あとになってから、彼女がわたしを見かけたのは数日前で、外国兵がホテル・トミスラヴのバーで悪ふざけをしていたときだと教えてくれた。そのときのわたしの表情から、わたしが彼らの行動を快く思っていないことがわかったのだという。わたしが連中のひとりにいいかげんにしろと告げたのをみて、この人はいい人だと思ったらしい。

それから数日間、訓練後や日中の偵察《リーコン》パトロール後の空いている時間を見つけてはたがいに理解を深め、まもなく彼女はときどきホテル・トミスラヴのわたしの部屋に泊まるようになった。彼女は夜遅くにこっそり入ってきて、他の連中がいる隣の部屋の前を通り過ぎた。マルティナはたいして気にしていなかったが、わたしは彼女と一緒にいることをみなに悟られたくなかった。恨みやねたみで何かされないともかぎらないからだ。かくして、夜の営みはまるで悪いことでもしているかのように音を立てず、わたしが彼女の口を手でふさいだこともたびたびあった。するとたいていはふたりとも吹き出してしまい、枕に顔を押しつけてげらげら笑った。

わたしたちのどちらもこの関係が発展するとは考えていなかった。わたしはアメリカで五カ月のあいだに二度もガールフレンドと別れたばかりで、真剣なつきあいや長く続く恋愛関係は考えたくなかった。マルティナもまた落ち着くつもりはないようだった。彼女はしばらくのあいだザグレブで看護師の勉強をしたことがあった。祖母と兄弟がトミスラヴグラード郊外に住んでおり、父親は多くのクロアチア人と同じようにドイツに出稼ぎ《ガスタルバイター》にいって、建設業界でけっこう稼いでいた。彼女は最初から、ただでアメリカに行きたいわけではないとはっきり告げていた。わたしたちは数週間を楽しく過ごし、彼女はスプリトへ働きにいった。住所を教え合い、いつかスプリトへ会いに行くと約束したのだが、音信不通になった。どのみち観光をする暇はないし、わたしがいつまでも後方にいるとはかぎらない。

クロアチアのときとはちがって、ボスニアで現地の娘をガールフレンドにした者はあまり多くなかった。トミスラヴグラードの多くの女たちは、それくらいの大きさの都市によく見られるヨーロッパ風のシックな格好をしていた。どうやら流行のファッションはビロードのミニスカートに膝まであるスエードのブーツらしい。しかも、前線からわずか数クリック《キロ》の場所でそういう服を着ている。しかしながらわたしとしては、パンティストッキングを履いたおしゃれなダルマチア美人のむだ毛を処理していない足を見るのだけはどうもいただけなかった。たのむから誰か女性用シェーバーを教えてやってくれ。アメリカ女性のカミソリと除毛剤好きには一理ある。こんな冗談がある。現地の美人に色目を使うなら、産毛と歯の法則を忘れるべからず。「ここの女は口周りの産毛と歯があるか、口周りの産毛も歯もないかのどちらかだ」。わたしは以前、いい口説き文句はこれだと仲間に冗談を飛ばしたことがある。「結婚してくれ。そうしたらアメリカへ行ける、歯医者にも行ける、そしてサンタバーバラで暮らそう」

サンタバーバラである理由は、娘たちがこぞってクロアチアテレビで再放送されているドラマ『サンタバーバラ』を見ていたからだ。それが女たちにとってどれほど重要なことなのかをわたしは全然知らなかったのだが、ある日ミサに行ってよくわかった。この町には風情のあるカトリック教会があった。ヨーロッパにでもいかないかぎりアメリカ人はお目にかかれないような古風で趣のある外観だ。シサクでミサに参列したときにいい気分だったので、わたしはある日トミスラヴグラードでも行ってみることにした。塹壕のなかに無神論者はいないといういい習わしは真実を語っている。できればあちこちで願をかけておきたいくらいだ。映画『スクワッド／栄光の鉄人軍団』ではR・リー・アーメイが演じる海兵隊曹長が部下にこう語っている。「ムハンマド、ブッダ、イエス・キリスト、思いつくかぎりの宗教指導者に俺は祈りを捧げる。戦闘という状況下で神を信じないやつなどいない」

老婦人たちが祈りを唱え終えると、ひとりが立ち上がって神父に何かいった。黒一色に身を包み、飾り気のない靴を履いた、ふくよかで白髪の小さなおばあさんが、神父相手に大熱弁をふるい、何かを懇願したかと思うとまもなく涙ぐんだ。なんてこった、いったいどうしたんだ。かわいそうに、とわたしは思った。するとさらに二、三人がそこへくわわった。わたしは仲間のドラゴにドイツ語で小声で聞いてみた。「ヴァス　イスト　ロス？　ヴァス　ザハト　オーマ？」ドラゴがいうには彼女たちは特別な祈りを捧げてほしいと頼んでいるらしい。女たちはいつまでも頼んでいる。するとドラゴが少しにやにやしながら、わたしのほうへ身を寄せていった。「ふたりによりを戻してほしいらしい……離婚するそうだ」。なんとまあ、ご近所の騒動か。いいじゃないか、世のなかそうあるべきだ。老婦人は懇願するのをやめ、全員で祈りはじめた。わたしはドラゴにその夫婦を知っているかときいてみた。「まさか。全然知らないよ。『サンタバーバラ』なんて見ないから」

　サンタバーバラ？　このご婦人方は、いくら現代クロアチアポップカルチャーのかなめであるらしいとはいえ、アメリカでは誰も見もしない三流メロドラマに出ている見かけ倒しの登場人物ふたりに九日間の祈りを捧げていたのだ。彼女たちはみな戦争で、息子や孫や甥などだいじな家族を失っていた。多くは家から焼け出され、家族のうら若い女たちが強姦されるのもみてきた。それでいて三流ドラマに夢中になり、敬虔なカトリック教徒らしく祈っている。国中に銃弾が撃ち込まれ、急速に状況が悪化しているというのに、彼女たちは、次のコマーシャルまでのあいだドレスの色を選んだり逢い引き場所を決めたりすることが最大の心配事である連続ドラマの架空の人物のために祈って、時間を無駄にしていた。非現実との境がさらにあいまいになった気がした。まるでサルバドール・ダリの絵のなかに入ってしまったようだった。

　わたしは自分の顔が溶けていないか手を伸ばして確認した。

　ほとんどの兵と仲がよく、ウヴェの姉といってもいいような存在の地元の女がいた。彼女は国連保護軍《UNPROFOR》

のイギリス部隊で通訳をしていた。歯が何本も抜け落ちていてあまり魅力的ではなかったので、ウヴェが「グーフィー」というあだ名をつけたが、彼女はとても優しい心の持ち主で、何カ国語も流暢に話せる教養高い女性だった。スウェーデン人ジャーナリストのヨハンナ以外に、トミスラヴグラードでわたしが見かけた外国人女性はふたりだ。国連保護軍《UNPROFOR》イギリス部隊には女性大尉がいた。自分では民政将校だと名のっていたが、情報部という可能性もある。彼女はなまめかしい感じの美人で、会話をするとおもしろかった。彼女はわたしが元アメリカ陸軍歩兵大尉だとは本気で信じていないようだった。わたしが何を考えているのかを知りたいような顔をしては、わたしのような傭兵は進化の段階ではアオミドロのひとつ上くらいにすぎないという態度を取ることを交互に繰り返していた。もし情報将校だとしたら、尋問はあまり上手ではなかっただろう。この町では、ひと月かふた月もすれば、外国人であろうと現地人であろうとすべての女性の顔を覚え、さらにひと月もすれば、一部の兵にとっては歯の欠けた産毛いっぱいの唇でもよく思えてしまう。

　そんなある日、ホテル・トミスラヴのレストラン兼ラウンジに訪問客があった。彼女が入ってきてすぐわたしはその姿に気づいた。パトロール任務を終えたばかりで寒く、びしょぬれで、疲れ切っていたわたしたちはちょうど外から入ってきたところで、いつものテーブルに腰を下ろして熱いスープを待ちながらエスプレッソを飲んでいた。パットはすでに配給品の粗末なトルコ製タバコ、トカットを吸っていた。わたしたちはふだんはそれよりましなクロアチア・フィルターを吸い、誰かがねだったときはトカットを渡す。この三日間は雪で缶詰だったうえ、すべての道路が完全に除雪されてはいなかったので、前線ではたいした動きはなかった。

　女はまあまあ魅力的で、三五歳前後、茶色の髪を肩まで伸ばしていた。だが信じられない服装だった。

丈の短いビロードのスカート、シルクのブラウス、ナイロンストッキングにハイヒール。彼女はパッと笑顔になるとこちらへ歩いてきた。傭兵をさがしていた女性レポーターが標的をゲット。ひとりかふたりは、もし彼女とふたりきりになれば殺人や暴力や異常な性行為に走りそうな顔つきで彼女を見ていた。スティーヴとドイツ人二、三名はどこかへ消えた。ドイツ人は本国で指名手配になっている。スティーヴは、黙って知らん顔をしておけばいいのに、匿名性が維持されるかどうかを心配してぴょんぴょん飛びまわり、かえって注意を引いていた。パットとメヨールはその場に残った。

彼女をよこしたのはグラスノヴィッチだった。名前はナンシー・ナッサー、コックス新聞のワシントン支局向けに記事を書いていた。キング・トミスラヴ旅団に外国人がいるとスプリトの報道局で聞いてきたという。「傭兵」の話題はいつも安上がりでセンセーショナルな新聞種になる。旅団司令部で厄介者扱いされたあと、ホテル・トミスラヴのレストランバーで傭兵を探してみろといわれたらしい。バーじゃなきゃどこにいるっていうんだ？　最初からそっちに行くべきだ。

本人は知らなかったが、じつは彼女はそのとき大スクープをとりそこなっていた。何年もたってからのことだが、わたしはワシントンDCのクロアチア大使館でクロアチアの血を引く特殊部隊上級准尉と話をする機会があった。わたしが正式な席で表彰され、クロアチア首相イヴィッツァ・ラチャンからスポメニッォム・ドモヴィンスコグ・ラタ章を授かったときだ。上級准尉は一九九三年に第一〇特殊部隊グループAチームで任務にあたり、頻繁にトミスラヴグラードを訪れていた。彼はわたしの身元も経歴も知っていたが、わたしやほかの外国人兵との接触は避けた。グラスノヴィッチに助言する彼の任務は極秘だったのである。何かある、誰かが来ているということはわたしもうすうす感づいていた。ときどき旅団周辺から遠ざけるために任務に送られたり、ニックに会いに旅団司令部に入るのに長時間待たされたりしたためだ。

当時、アメリカ陸軍の特殊部隊が実際にクロアチア国内にいたことをすっぱ抜いたなら、ピューリッツァー賞ものだっただろう。

当然のことながら、彼女はインタビューをしたがった。パットは、いいよ、かまわない、話はほとんどそっち（わたし）でしてくれるなら、といった。彼が残った理由はたんに、わたしが何をいうかが心配だったからだと思う。他愛ない話を少ししてから、わたしは女性ジャーナリストがボスニアをうろうろしていると危険だということを伝えた。彼女は何やらばかげた返事をした。「まあ、でもわたしは大丈夫、というか大丈夫よね？　だってほら、わたしはジャーナリストだし、記者証もあるし」

「それってこういうやつ？」　わたしはザグレブでもらった自分の記者証をひょいと出した。パットも同じことをした。

「そうらしいわね。あなた方もみんなもっていると聞いたことがあったのだけれど、半信半疑だったわ。それ、役に立つの？」

「おそらくだめだろう。一般人の格好をしていてもだ。セルビア人は誰でも殺す」とわたし。「あんたが捕まれば、処刑だけではすまない」

「まあね、レイプされるのはこわくないけど、拷問は心配だわ」

パットとわたしは「なんというばか者なんだ、こいつ、まったくわかってないな」といわんばかりに目を見合わせた。まだテーブルについていたドイツ人連中は、今度は別の目で彼女を見ていた。もしレイプされてもかまわないというのなら……。わたしはナンシーに向き直った。「これはこれは。いったいどんな拷問を受けると思ってるんだ？」

するとと出し抜けに彼女がいった。「あの、あなた方が自決用に弾を一発残しておくと聞いたんだけど、それって本当？」 パットがまた目をむいた。そして、テッド・スキナーとデレク・アーノルドという二名の志願兵がボスニアのイスラム軍に拷問されて殺された話をして、さらにおまけとしていくつかの恐ろしい話をつけ加えた。誰もがテーブルについたまま、戦闘で興奮したチェトニクやイスラム教徒に捕らえられるくらいなら自害するほうがいいといった。

次の飲み物をたのむ段になって、「ああ、わたしにおごらせて。どれくらい必要なの？」と彼女が取り出したのはイスラム教徒の札束だった。とたんにあたりが静まり返った。物音ひとつ聞こえない。わたしはウェイターがトレイを落とすのではないかと思った。「それは使えない」。わたしはそういって彼女がそれ以上ひらひらと見せびらかす前にそのボスニア紙幣をつかんだ。巨漢のクロアチア人運転手兼通訳（記者団から大金を巻き上げるより軍隊に入るべき）は、彼女にクロアチアディナールで払うよう念を押せとは指示されていなかった。ボスニア＝ヘルツェゴヴィナの金は、クロアチア防衛評議会《HVO》が支配するボスニアのこの地域では何の価値ももたない。ここは基本的にヘルツェグ＝ボスナとして併合されたボスニアのクロアチア占領地域だった。わたしたちは説明した。部屋中にぎっしり詰まった兵士らはみなイスラム兵を殺したことがあり、イスラム軍相手に戦った友人をなくしている。ボスニアのイスラムの金はトイレットペーパー代わりに使うことはあっても、それで飲み物を買ったりはしない。地図にはボスニア＝ヘルツェゴヴィナだと書いてあってもそれは何の意味もなさない。早く気づいたほうがいい。

ナンシーは可能なら前線へ行って歩きまわってみたいという。パットがまた目をむいて、小声でぶつぶつつぶやきはじめた。わたしはパットのほうをむいてにやりと笑い、ウインクしてみせた。おもしろい。クロアチア市民兵が密集隊形の演習をしているのを眺めているよりも笑える。

このレディは、ニカラグアの戦争を取材したにもかかわらず、何ひとつ学んでいないことは明らかだった。マナグア発の彼女の記事がどれほど正確で、どれほど歪んだものだったかは想像できる。彼女のすべてが、何から何までまねしたいという六〇年代の過激な願望と、何にでも同情する左翼的な思想を物語っていた。それをすべて差し引いてもこの女は常識を欠いたばか者だが、みごとな足をもっていた。一部の男が非常に喜ぶ組み合わせだ。わたしにとっては、ここ数週間でいちばんおもしろい見せ物だった。兵がどこかで「見つけた」うつりの悪い古い白黒テレビよりもよっぽどいいし、イギリス人を心底びびらせたジェイムズの自家製こっくりさんよりもさらにいい。

そこでわたしはこういった。「オーケー、じゃあ行こう。あんたのためのきれいな戦闘服もある。俺は食事もすませたし、休息も取った。あとはいくら濡れても泥まみれになっても今とたいして変わらないから」。そして彼女に車からブーツをとってくるよう指示した。ナンシーはブーツがないという。ブーツがない？　ジーパンもセーターも？　ないわ、今着ている服だけ。そこまでだった。テーブルの誰もが、こいつはこれまで出会ったなかでもとびきりの阿呆だという目で彼女を見ていた。そうでなければ、自殺願望だ。彼女は本気で冬のさなかにミニスカートとハイヒールで前線を見学しようとしていた。雪の降り積もった大地。ここはボスニア西部の山岳地帯だ。暖房のきいた歩行者用通路や車いす用傾斜路を通って、木の羽目板で覆われたエアコンつきのバンカーへ行くとでも？

わたしは彼女にいくつか助言を与えようとした。彼女は気にかけていないように見えた。でもほら、わたし、ジャーナリストでしょう？　戦地のサバイバルなんてわかるわけないじゃない。彼女が自分のやっていることぐらい自分でわかっているといい出したので、わたしは叱りつけた。いわゆる、家へ帰れというやつだ。ナンシーと運転手は（一応、痛いめにあう前にその運転手をクビにしてきちんと面倒を見てくれる人を雇えといっておいたのだが）スプリトから「トミータウン」まで日帰りできていた。ほんの休日ドライブ（その日はちょうど日曜だった）のつもりで、食料も水も野外用の衣類もいかなるサバイバル装備ももっていなかった。彼らのしたことといえば、戦争地域へまちがった種類の札束をもちこんだことだけだ。すでに四〇名を超えるジャーナリストが命を奪われた戦争地域のまっただなかへ。ナンシー・ナッサーが多少なりとも戦争を取材する記者団の典型なのだとしたら、バルカン半島でかくも多くのジャーナリストが殺された理由は理解できる。自然淘汰と社会進化論にも一理あるということだろう。

彼女がロレックスをはめていなかったのは幸いだった。

第9章　狂犬

「狂犬とイギリス人は真昼に出かける」
――ノエル・カワード『マッド・ドッグズ・アンド・イングリッシュメン』

イギリス人傭兵はバルカン紛争で目立たないながらも興味深い役割を果たしていた。バルカン半島で戦っているイギリス人がかくも多いのにはいろいろな理由があった。確かにイギリスは傭兵を供給する国として知られているが、それはイギリスの正規軍が世界でもプロ中のプロといわれる戦士を次々に生み出していたからである。イギリス人の気質もその理由のひとつだが、本国で仕事がない、失業率が高いということもまた一因となっていた。ほかの先進国同様、元軍人の目を引くような、ふつうの仕事とは一味違う刺激的な職があまりないことは明らかだ。そして当然のことながら、一儲けできるかもしれないという期待もあった。たとえば、パット・ウェルズはホテル・トミスラヴのバーで全員の耳に届くような大声で明言していた。「俺は大義とかなんとかのために戦うんじゃない。小さな紙切れのために戦うのさ」。金である。

イギリスの傭兵にとってクロアチアまでの旅は容易だった。海峡を越えてひとたび大陸に入れば、あとは列車やバスに乗るか、車を運転したりヒッチハイクをしたりすれば戦争地域にたどり着ける。傭兵のなかには二、三年おきに出入りを繰り返している者もいた。まるで戦争に通勤するかのごとく。

残念ながら、戦争中に最悪の傭兵スキャンダルを引き起こしたのはイギリス人志願兵だった。一九九一～九二年にかけての冬、包囲されていたヴィンコヴツィのすぐ外側で、二名のイギリス人傭兵がタクシー運転手から金を奪って殺した。二〇年ほど前のアンゴラで、マッド《狂》ドッグ《犬》・カランのもと、部下であるアフリカ黒人兵を殺害したイギリス人傭兵のように、ふたりはたんなる気晴らしとして犯行に及んだ。ひとりは逮捕されたが、もうひとりはイギリスへ逃れた。最終的に国際旅団が解散され、多くの外国人志願兵が国外に追放されたのは、この事件が原因、もしくは口実だったとよくいわれている。

パット・ウェルズによれば、一九九一～九三年ごろバルカン半島にいたイギリス人志願兵は三〇〇人くらいだった。この数字はきわめて簡単な方法で割り出されている。ある日ウェルズと数人のイギリス人傭兵が頭を寄せ合って、自分が出会ったり人づてに聞いたりしたイギリス人志願兵の名前をすべて書きならべたところ、およそ三〇〇人にのぼったというものだ。このうちかなりの割合が、人殺し、ろくでなし、いかさま商人、時間の無駄遣い野郎、生きるに値しない正真正銘の酸素泥棒だったが、むろんプロもたくさんいた。

戦争が始まって一年もたっていなかった一九九二年の春、ちょうどわたしが国際旅団にいたころにはすでに、当然かどうかは別として、多くのイギリス人志願兵が芳しくない評判を積み上げていた。第二次世界大戦中にイギリス軍コマンドー部隊で訓練を受けたヴィリ・ファン・ノールト「大佐」は、当時クロアチアにいたイギリス人志願兵を「連中はまるでだめだ。年から年中酔っぱらっている」と評した。だがおもしろいことに、プロ中のプロというイギリス人傭兵もオランダ人志願兵について同じ意見を述べている。

何人かはまったく使い物にならない、と。

ファン・ノールトは、一〇代のイギリス人「ヒーロー」と喧嘩をした話をしてくれた。そのイギリス人は、貧乏で病に伏せている母親のもとへ帰るための旅費が足りないとヴィリに泣きついた。「お母さんには僕が必要なんです。本当です」。心優しい紳士であるヴィリはそのティーンエージャーを気の毒に思い、自分の蓄えから金を出してやった。「これで帰りなさい。ここはきみのような子がいる場所じゃない。イギリスへおかえり」。数週間後、ヴィリはザグレブで金を恵んでやった相手にばったり会った。しかもぐでんぐでんに酔っている。その若い「傭兵」は手に包帯を巻いており、イギリスにいる病気の母親の元へ帰らずに「友だちを助けるために」前線へ戻ったのだと長々とヴィリに話して聞かせた。我らが英雄によれば、ヴィンコヴツィ郊外の塹壕で戦闘中に手を負傷したとのことだった。後日ヴィリは、少年が親切なオランダ人に手渡された金でしこたま酒を飲み、酔ったまま路面電車の扉に手をはさんで指を切断したのだと知った。

バルカン半島のあちこちで戦っているあいだ、わたし自身が一緒に仕事をしたことのあるイギリス人志願兵は七名だった。そしてそれ以降もボスニア戦争で戦った数多くのイギリス人とかかわってきたわけだが、それなりにいろいろな人物に出会った。トミスラヴグラードにはイギリス出身の個性豊かな人間が何人かいた。たとえばジョン・マクフィー。スコットランド出身の巨漢で前科者の彼はブラックウォッチ連隊のグレンガリー帽をかぶっていて、父親がどちらかの世界大戦でブラックウォッチ連隊の将軍だったと豪語し（じつはうそ）、子どもたちに硬貨を配って歩いていた。別に害があるというほどの男ではない。何の疑いも抱いていない連中に、羊のモツを胃袋に入れて煮込んだスコットランドの伝統料理ハギスを食べさせたという話はよい気晴らしになった。彼はイギリスで『サイレント・クライ』という残虐行為にかんする架空の話と虚言に満ちた本を出版した。ボスニアでの彼を知っているわたしやほかの連中は彼をうそつきで変人だと思っている。

オーストラリア系クロアチア人でクロアチア国家議員のブランコ・バルビッチは、たくさんの外国人志願兵を部隊へ送り込む支援を行なっていた。資金が必要な場合には自分の懐から出すこともしばしばだった。一九九四年に送られてきた手紙にバルビッチは次のように記している。「大きな問題点はイギリス人兵だろうか。おそらく思うような成果を上げることができないのが原因だと思われる。しかし、プロとしての腕を高く買われている何人かのイギリス人がいまもクロアチアの精鋭部隊で活躍してくれていることはつけ加えておかなければなるまい。数人はクロアチア女性と結婚して……」

別の地で愛しい人を見つけたイギリス人傭兵もいる。それについてはひとつ本当に悲しい話を聞いた。「狂人たち」のいたグルダニ旅団に、バルカン半島にきて二年というアイルランド人がいた。タンザニアの禁猟区で監視員になることが夢だったこのアイルランド人は、アメリカ人志願看護師で二七歳のコレット・ウェブスターに恋をした。だが不幸なことに、このアイルランド人は戦闘で両足を失ってしまった。彼女は彼が動けるようになるまで懸命に看護して、彼をアイルランドへ帰国させた。

一九九三年一月、ミシガン州出身の商店経営者だったコレットは、ボスニア＝ヘルツェゴヴィナの難民を支援しようと思い、クロアチアの支援組織スンツォクレト《ひまわり》に連絡をとった。彼女が赴いたのはボスニアのメデュゴリエという小さな村にある難民キャンプだった。メデュゴリエは、一九八一年に六人のクロアチア人の子どもが最初に見て以来、聖母マリアが何度も出現しているところで、一九九三年当時は二四キロほど離れたモスタルの激戦から逃れてきたクロアチア人とイスラム教徒両方の女性と子どもが暮らしていた。やがてコレットは、トラヴニクから二〇〇〇人ものイスラム教徒が避難していたポスシェの廃校利用キャンプに移り、英語や算数や芸術を教えた。

七月、コレットはモスタルの総合病院で、負傷者の状態を見極めて手術に備えるトリアージの仕事を買って出た。だがそのひと月後、彼女はクロアチア防衛評議会《HVO》の衛生兵に志願する。九月二七日、コレットはモスタルの西にある、ロンドとして知られる激戦地にいた。彼女が外国人志願兵の一団とともに廃墟となった高層住宅の最上階にいたとき、窓からＲＰＧ７の弾が飛び込んできて背後で爆発した。部屋の反対側まで吹き飛ばされた彼女は、意識はあったが致命的な傷を負っていた。胃、肝臓、膵臓、そして右腕にひどい裂傷があった。

コレットは以前働いていた病院に運び込まれた。少し前まで一緒に仕事をしていた医師や看護師に手あてをされたコレットは、その友人たちに囲まれて息を引き取った。遺体は翌日車でスプリトに運ばれ、ザグレブまで空輸されて荼毘に付された。スプリトの遺体安置所では、片手に白いバラ、もう一方の手にろうそくをもった二〇名の看護師がつき添った。一九九三年一〇月五日、コレットの故郷で葬儀が営まれた。家族が驚いたことに、アメリカ中から在米クロアチア人が参列した。顔を見たことはなかったけれども自分たちの国の人々のためにそこまで尽くしてくれた女性に最後の別れを告げにきたのだった。


わたしがボスニアにいた一九九三年の春、イギリス人傭兵を巻き込んだ傭兵集めが大事件になった。二〇～二五名の「精鋭コマンドー部隊」を組織しようと考えたシュロップシャー、シュルーズベリ出身のボブ・スティーヴンソンは、自分の弟を含む一八名のイギリス人「傭兵」を集めた。四二歳のスティーヴンソンは以前ボスニアで軍務にあたったことがあり、そのとき足を撃たれていた。彼は、できれば自分が指揮官として育てたイギリス人傭兵部隊を連れてイギリスに帰りたいと考えていた。もっとも一九七六年のアンゴラ以来、そのようなことは世界のどこにも起きていなかった。報酬はバルカン半島の傭兵の水準と比べてきわめて高く、ひと月二〇〇〇ポンド、当時のおよそ三五〇〇ドルだった。のちに二〇〇〇ドルに引き下げられたと聞いているが、それでも無報酬とはいかないまでも月額数百ドルしかもらっていなかったバルカン半島の傭兵にとってはすばらしい金額だった。政府筋からの報酬金額はよくても雀の涙だったのである。この部隊の報酬がそれほどまでに高かったのは、イギリスに居住しているボスニアのイスラム教徒実業家が資金を提供していたからだといわれていた。クロアチア陸軍の報酬がわずか月々二〇〇ドルで、ボスニアのクロアチア防衛評議会《HVO》にいたっては三〇～八〇ドルというときだったので、これは国際的な傭兵界（そんなものがあればの話だが）ではちょっとした騒ぎになった。

ボスニアへ移動するために集まった傭兵には航空券と少額の金が渡された。スティーヴンソンは出発前に新聞とテレビのインタビューに応じることを承諾した。所詮、作戦保全などその程度のものだった。それから、あまり賢明な行動とは思えないが、彼は一八名の傭兵全員をまとめてザグレブへ連れていった。想像がつくだろうが、そのころまでにはボスニアのクロアチア防衛評議会《HVO》がボスニアのイスラム教徒と戦闘に突入していたので、ザグレブのクロアチア当局はボスニアのイスラム教徒部隊を支援するというスティーヴンソンの計画にいい顔はしなかった。クロアチア当局は彼らのパスポートに「クロアチアへの入国を禁ずる」とスタンプを押してイギリス人傭兵を追い出した。

多くのイギリス人志願兵がボスニア政府の陸軍《アルミヤ》に支援を提供したにもかかわらず、イスラム教徒過激派はイギリス人傭兵を彼らのジハード《聖戦》の標的にした。テッド・スキナーとデレク・アーノルドというふたりのイギリス人傭兵は、ボスニアのトラヴニク近郊にあるイスラム民兵組織を訓練していた。彼らは宿舎で、外国からやってきたイスラム原理主義者かムジャヒディーン《聖戦士》と、ボスニア＝ヘルツェゴヴィナ陸軍《アルミヤ》のイスラム防衛軍《MOS》に属する地元のイスラム過激派に誘拐され、拷問されたのち、ビエロ・ブチェ村で処刑された。頭を背後から撃たれて殺されたのだといわれている。一九九二年の夏にクロアチア陸軍の第七旅団に入隊したスキナーは、自分は元オーストラリア特殊部隊の隊員でイギリス陸軍にいたこともあったと話し、よくカンガルーバッジのついたグリーンベレーをかぶっていた。ただし、スキナーとともにボスニアで任務にあたったほかのイギリス人傭兵は、彼の経歴と彼が有していると語っていた特殊部隊経験のレベルを疑問視している。

スキナーはほかの傭兵から注目を集めていたらしい。非番のときはたいてい彼の通訳を務める魅力的なイスラム系ボスニア人の女「兵士」と一緒にいた。彼のひざに座っている彼女の写真を見たことがあるが、本当にきれいな娘だ。狂信的なイラン人、シリア人、アフガニスタン人、トルコ人、そしてサウディアラビア人のムジャヒディーン《聖戦士》があたりをうろついているというのに、好ましくない行動である。彼はまたテレビインタビューで、イギリス軍の国連保護軍《UNPROFOR》情報収集分隊と協力関係にあることを詳しく話していた。実際イギリス軍の国連保護軍《UNPROFOR》にいる人物と会っているところも何度か目撃されている。プロの戦線特派員で作家のジム・フーパーもまた、ボスニアのムジャヒディーン《聖戦士》によって、ふたりのイギリス人傭兵が処刑されたのと同じビエロ・ブチェ村に監禁されていた。地元のイスラム兵に処刑すると脅されていたフーパーは結局、スキナーとアーノルドが処刑される二日前に解放された。

あるイギリス人傭兵は、情報収集、つまりスパイの疑いがあったことがおそらくスキナーの誘拐と処刑につながり、デレク・アーノルドはスキナーとの協力関係と西ヨーロッパ人であることを理由に殺されたのだろうと考えていた。この事件にかかわったイスラム教徒がスキナーを疑い、活動の動機を怪しんだということはあり得る。しかし同時に、たんなる嫉妬という可能性も否定できない。あるいは嫌悪もだ。彼らを殺したのが狂信的な外国のムジャヒディーン《聖戦士》だったのか、それともごく最近になってその唯一の正しい信仰に転向した土地の人間だったのかは誰にもわからない。

　スキナーとアーノルドが殺害されてから、ボスニアにいたイギリス人傭兵は、イスラム系ボスニア人との関係に非常に神経を尖らせていた。もっとも、そんな関係がまだ残っていたとすれば、だ。スキナーの死後まもなくわたしがボスニアにいたとき、彼らはイスラム教徒の支援を完全にやめていた。特に、クロアチア防衛評議会《HVO》と、それまで同盟を組んでいたボスニア＝ヘルツェゴヴィナ陸軍《アルミヤ》イスラム教徒とのあいだに戦闘が起きてからはなおのことだった。この内部闘争では何人かの外国人志願兵が殺され、多くが負傷した。過去にイスラム軍にいたことのある一部の傭兵は、万が一に備えて古いボスニア＝ヘルツェゴヴィナ陸軍《アルミヤ》の身分証明書を隠していた。

　イギリス人傭兵はボスニア戦争のあらゆる部隊で戦っていた。セルビア軍も例外ではない。そうした志願兵が本物の傭兵なのか、セルビア人の血を引くイギリス人だったのかはわからない。サラエヴォでボスニア・セルビア軍の大尉を務めたセルビア系アメリカ人のザク・ノヴコヴィッチは、彼の部隊にはイギリス人志願兵はひとりもいなかったと述べている。だが、パット・ウェルズは、クロアチアのヴィンコヴツィから南に五〇キロほど下ったヴィドヴィツェの前線にあるクロアチア側のバンカーで、ある晩ほかのイギリス人傭兵と話をしていたところ、セルビア側から英語であいさつの声が飛んできたという。

　ボスニアではいたるところにスパイがいた。明るい緑色のベレー帽からイギリス軍俗語で「グリーンスライム」と呼ばれているイギリス陸軍情報部は、同軍から無許可離脱したイギリス兵がいないかと目を光らせていた。バルカン半島にいたイギリス人傭兵の相当な割合が、平時の軍隊生活に退屈してボスニアで本当の戦闘にかかわろうと脱走した兵だったのだ。また、本国で指名手配になっている志願兵も数人いた。

イギリス軍事情報部がバルカン半島で戦っている自国民の情報を集めていたことはまちがいない。

わたしのいたツルヴェニツェ訓練センターでも、イギリス軍の大尉である軍属の牧師が「連中」の居場所についてかなり突っ込んだ質問をしてきた。わたしとしては、「連中」がイギリス軍に自分の所在を知らせたいと思っているなら、みずからきちんと連絡するはずだと思う。そうしているあいだにもチームに二名いるイギリス人、マイク・クーパーとスティーヴ・グリーンは校舎裏の窓からこっそり抜け出していた。

「いやあ、ほら、彼らがちゃんとした処遇を受けているかと思いましてね。誰かひとりでも名前をご存知ないですか？」この「牧師」はある特定のイギリス人にとりわけ関心があるようだった。「あのほら、耳に星形の入れ墨がある、えーと、名前はなんといったか」。ふむ。ずいぶんと古い手口だ。彼が探している男はイギリス陸軍の無許可離脱者だったが、イギリス人の傭兵仲間によれば、彼はできるかぎりイギリス軍の国連保護軍《UNPROFOR》から遠ざかっているらしく、その男がこの「牧師」とかかわらないだろうということがわたしにははっきりとわかっていた。いくらわたしが堕落したカトリック教徒だとはいっても、この事態はフランシスコ会の大学を出たわたしを動揺させた。元正規軍の将校だったわたしは、軍属の牧師には「神父」として敬意と思いやりをもって接する習慣が身についていたためだ。軍事情報部のくそったれが聖職者を装っていても関係ない。それはさておいて、そのときこの国にやってきておそらくまだ丸一日というハワードがあまりにも協力的で、逃げるどころかあたりをうろうろしていているのが気になった。わたしがハワードをどこか別の場所に行かせようとしていると、「牧師」がわたしにカナダ人かアメリカ人かときいてきた。車で進んでくるときにわたしが誰かを怒鳴りつけているのが聞こえたのだろう。わたしは英語を話さないふり（人生そのほうがよいこともある）をすると同時に、ハウイーも黙らせようとした。

国連保護軍《UNPROFOR》の人間には我々自身や作戦のことにあまり首を突っ込んでほしくない。たまに、イギリス国連保護軍《UNPROFOR》の人間が会話を立ち聞きしようとすることもあったが、そういうときわたしはきまって「そういえば、バッキンガム宮殿の爆破計画はどうなったんだ?」などと知ったかぶりをすることにしていた。イギリス人の多くは余剰品の迷彩パターン《DPM》素材の戦闘服と愛用のSASジャケットを着て、自分の国籍が見え見えでも気にしていなかったが、一方で自国の報道関係者と国連保護軍《UNPROFOR》は避けていた。少し前に起きたスキナーとアーノルドの拷問殺人を考えれば当然の行動だともいえるが、ほとんど同じ格好をしたふたつの集団がパブの端と端に座って、たがいを無視しようとしている光景はなかなかおもしろい。そんな状況で冷静沈着を保てるのはイギリス人くらいのものだろう。

　あちこちを放浪している兵が集まって武器の手入れをしたり、冷たい飲み物を飲んだりしているときはいつもおもしろい話がきける。パット・ウェルズからエドゥアルド・フロレスの話を初めて聞いたのも、トミスラヴホテルのパブで一緒にカルロヴァッコを数杯飲んでいたときだった。ウェルズはオシエクでフロレスの指揮下に入っていた。軍隊経験のないスペイン人ジャーナリストのフロレスがクロアチア陸軍《HV》の指揮官になったのは、彼がクロアチア語を操り、現地人司令官にでたらめを吹き込んで丸め込んだからだった。この無能なタイプライター使いはろくでもない計画のばかげた任務で、たくさんのクロアチア兵を死に至らせた。フランス軍パラシュート部隊の記章が「お飾り」だったにもかかわらず、フロレスは始終プロの軍人を中傷していた。ウェルズと同僚の兵士らはセルビア軍との戦闘中に故意にフロレスに破片手榴弾を投げることを決めた。「背後からやつをねらったんだけど、あの野郎はうまくかわし続けた。バカだから外から飛んできていると思ったらしいけどね。俺たちがどんなにがんばってもやつにはあたらなかった。あいつはほんと、不死身なんだよ」

わたしの世代でもっとも優秀な戦争フォトジャーナリストのジョーマリー・フェッシは、フロレスのジャーナリスト時代を知っていた。彼がある日武器を担いで現れ、自分は外国人部隊を指揮していると彼女に自慢したときには驚いたという。ジョーマリーは、やりたがっているというだけでジャーナリストに戦闘の指揮をまかせるという考え方に疑問を呈した。それはそのとおりだが、バルカン半島で何があってももう誰も驚かなかった。エドゥアルド・フロレスはのちに、アンディ・ウォーホルが誰でもなれるといった一五分間の有名人になった。フロレス司令官《エル・コマンダンテ》はテレビのドキュメンタリーに出演したのである。ただし、死後ではあった。

そのテレビドキュメンタリー『戦争の犬』は、バルカン半島のイギリス人傭兵を象徴しているかのようだ。傭兵の任務を巧みに描いたこの番組は、オシエクに駐留していたフロレスの英語圏傭兵部隊の訓練と作戦を追っていた。番組によれば、彼らの夜間作戦の多くは、あたかもセルビア軍が停戦に違反しているように見せかけるために、オシエクで爆発物を爆破させることだった。「キット」という人物が訓練を率いていたプルヴァ・インテルナツィオナルナ・ブリガダ《第一国際旅団》、別名「クロアチア自由戦士（3FC）」では、「カール・フィンチ」という有名なイギリス人傭兵が副官だったほか、何名もの元イギリス軍人が教官を務めていた。（カール・フィンチの本名はカール・ペンタで、最近になってスリナムでの体験を綴った『一傭兵の物語』という自叙伝を出している）。

四〇歳のカールは「マーク・フィンチ」という仮名を使ってスリナムで傭兵をしていたことがあった。ジョン・リチャーズとともに『ソルジャー・オヴ・フォーチュン』誌の記事になったことも二度ある。彼は、ロニー・ブルンスウィクのスリナム民族解放軍、すなわち「ジャングル・コマンドー」として採用されたイギリス人傭兵のひとりだった。スリナムのマルクス主義独裁者デシ・ボーターセのボディガードを務めたこともあるブルンスウィクは、一九八六年に「司令官」として反対勢力に寝返った。

キットはフォークランド戦争のときにパラシュート連隊第二大隊で兵役に就いていたほか、フランス外人部隊の経験もあると述べていた。彼の場合は、イギリスに帰国すると懲役刑が待っていた。キットと仕事をしたことのあるウェルズは、絶対にパラシュート連隊第二大隊ではないと思ったという。ただフランス外人部隊の経験は確かだと請け合った。おそらくキットは五年の任期が終了する前に脱走したのだろう。ヴィム・「ヴィリ」・ファン・ノールト「大佐」はわたしにこう漏らしたことがある。「もちろん、ここにいるイギリス人はみなＳＡＳかパラシュート連隊で、誰もがフォークランド経験者だ！」

その部隊に割りあてられていたもうひとりのイギリス人は、短く刈り上げた赤毛の髪に金歯のあるデイヴだった。彼のヘルメットには「ヨークシャー・リッパー」と書かれ、ひもに吊るした手榴弾が首にかけてあった。この元バーの用心棒はどうみても映画の見すぎだ。ベトナムの戦争捕虜《POW》を救出する映画『非凡な勇気』で元ボクサーのランドール・「テックス」・コブが演じる「セイラー」という登場人物が、ピンを抜いて「そのあとどうなるかを見る」ときのために、首から手榴弾を吊るしていた。デイヴは明らかにこの登場人物を真似ていた。デイヴ曰く、戦地にいるのは人を殺すためだそうだ。なんと幸せな。彼は後日、バーの喧嘩でドイツ人ジャーナリストを刺して刑務所に入った。パット・ウェルズによれば、同じ人物だと思われるデイヴ・ストーンという男はのちに銀行強盗を働いて、イギリス警察との銃撃戦で射殺されたという。また、大問題に発展したあのクロアチア人タクシー運転手殺害事件にもかかわっていたらしい。プロの傭兵フィンチがカメラに向かって述べた言葉が最高だ。「ここには金がないから、クズばかりつかまされる。それならうじゃうじゃいるからな」

一部のイギリス人傭兵はめざましい活躍をしている。そうしながらも、フィンチがいうところの「クズ」を避けるために並々ならぬ苦労をしていることが多い。てきぱきと仕事にとりかかり、きちんとやり遂げるプロの軍人は、あわただしく組織され、訓練の行き届いていないクロアチア陸軍《HV》にとっては天の賜物だった。「クズ」といわれる人間やそれに類する人々がイギリス人傭兵に汚名を着せてはいるものの、プロ精神、勇敢な行為、雇い主に対する誠意ある行動は、イギリス人兵士の世界的な名声を高める一方だ。ただ残念なことに、ボスニアにはそういった逸材が十分ではなかった。

第10章　帰路

「人が戦争に突入するときは物事の順序が逆である。まず戦って、傷を受けてからようやく考えはじめる」
——トゥキュディデス『ペロポネソス戦争』

ある日、またしても脂ぎったチーズオムレツの朝食をとっていたとき、旅団仲間のドラゴが近づいてきた。ここから北にあるシュイツァの前線へ友だちを訪ねるのだが、ヘルメットを貸してくれないかという。彼は、ほとんどの兵に支給されているユーゴ陸軍や東ドイツのスチール製ヘルメットより、わたしのアメリカ陸軍ケブラー製のほうが好きなのだ。ヘルメットは貸せなかった。ドラゴが一緒にいかないかとわたしを誘ったからだ。

わたしはすばやく上階にかけ上がって、個人装備、ヘルメット、AK、歯ブラシ、そして靴下の替えをもってきた。それからおんぼろアウディのトランクに装備を積み込み、他のふたりとともにぎゅうぎゅう詰めで後部座席に乗り込んだ。ドラゴは運転手の隣だった。途中一度だけ食料品店に立ち寄ってピヴォ《ビール》一ケース（支払いはわたし）とスナック菓子を買い、わたしたちは遠征に乗り出した。ドラゴがニルヴァーナのカセットテープをカーステレオにがちゃりと差し込むと、春休みにデイトナ海岸へ繰り出す大学生集団のようだった。だが、トランクのなかは水着やタオルではなく、アサルトライフルと手榴弾でいっぱいだ。道路はきちんと舗装されている場所とわだちのついた場所が交互になっていて、ほとんどが雪に覆われていたが、数時間後には現地に到着した。

おんぼろアウディで上下に揺られながら、わたしたちはしばらくうろうろして数人に道を尋ね、やがてドラゴの友人が所属する部隊へとたどりついた。何度か握手をしたり背中をたたいたりが繰り返されてから、わたしが紹介された。案内役について前線に近い一軒の家へ行き、歩兵が占領しているいかにもヘルツェゴヴィナらしい居間に腰を下ろした。ピヴォを飲んでいる者もいれば、ネスカフェのインスタントコーヒーをすすっている者もいた。タバコの煙が部屋に充満している。わたしはドラゴと、彼のいとこで地元歩兵隊の一員であるステファンと一緒に古ぼけた長椅子に座り、もってきた安物のコロナ葉巻をふかした。ときおり、パンパンパンというライフルの音と、それと交えるようにダルルル、ダルルルという音が聞こえる。発射速度が非常に速いのでサラッ・マシンガンにちがいない。

村の一部がひどくやられたのだとドラゴがいった。多くの建物が破壊され、残っていたとしても砲弾の破片で穴だらけになっていた。脇道の大部分はがれきで埋まり、ひっくり返った車が見えた。詳しくは覚えていないが、おそらく古いユーゴ製だろう。焼けこげ、中身のなくなった枠だけがシャシーに載っていた。まちがいない。ここは戦場だ。

前線へ移動すると、一行の冗談が途絶えた。聞こえてくる物音は装備のカチャカチャ、カサカサいう音、そして緊張してくぐもった咳払いだけだった。山の斜面にバンカーが立ち並ぶ開けた陣地へ近づくにつれて多くの兵に声をかけられた。新顔を見て喜び、大都市トミスラヴグラードのニュースを聞きたがっているにちがいない。わたしは、自分のシルエットを露出しないよう、地雷を埋めた場所に踏み込まないよう気をつけながら、付近を少し歩きまわってみた。ドラゴ、ステファンほか四名と合流してからは、尾根伝いに進んで堅固な作りのバンカーへ向かった。いくつかの大きなバンカーがもっぱら寝る場所となっているのに比べて、このバンカーには監視所と射撃用の穴があった。前線を見回すための双眼鏡があればよかったのにと心から思った。わたしが戦闘陣地のなかに落ち着いて数分もたたないうちに、誰かがサラッを発砲した。それにライフル射撃がくわわる。まもなくバンカーの誰もが射撃穴にひじをついていた。

　わたしはセミオートマティックモードで、弾倉の中身をほとんど全部速射した。木材の支えに踏ん張って、できるかぎりすばやく正確にねらった射程へ弾を撃ち込んだ。セルビア人陣地までの射程は最大だったが、ルーマニア製ＡＫを手にしている何人かの兵にとって射程などというものがあるのかどうかは正直疑わしかった。全員がフルオートで七・六二ミリの弾丸を弾倉から撃ち尽くしたので、まもなく狭い部屋のなかには、汗と尿と洗濯されない服と恐れからくる臭気と混ざりあった、無煙火薬と熱くなった銃の油のにおいが充満した。バンカーのなかで反響する武器の音は耳をつんざくほどだった。すぐに耳鳴りが起き、銃の煙が目を刺激した。ステファンは笑い出した。理由はわからない。

　ひとりの兵がわめき声をあげはじめ、別のひとりがひょいとなかへ入ってかがんで裏から出て行った。わたしたちはみな彼に続いた。何が起こっているのかわからなかったが、慌ただしく急ぎ足でドアから出ていく集団のまんなかで移動するのが賢明だと判断した。わたしがちょうど外へ出たとき、誰かがＲＰＧを発射するのが見えた。ヒュー！　イエイ！　そこから罵倒が始まった。その応酬が半時間ほど続いたあと、どこからか停戦の指示がまわってきた。しばらくあとでステファンと歩きまわったとき、彼は飛んできた敵の小火器の弾が陣地にあたった場所をいくつも指摘した。幸い予想に反して砲弾は受けなかった。

その晩、ピヴォ《ビール》の在庫減らしに手を貸してから、床に敷いた使い古しの長椅子用クッションのうえで眠った。朝食はフェタチーズとパン、続いて五、六本のクロアチア・フィルターのタバコ。別れのあいさつを済ませたわたしたちはアウディに乗り込んでトミスラヴグラードへの帰路についた。一泊旅行はこれでおしまい。さて、クロアチア防衛評議会《HVO》の兵を訓練するという魅力も刺激も劣る仕事に戻らなくては。

　校舎に戻って驚いた。イギリス人がひとり増えていた。ジェフ（仮名）は元イギリス軍兵卒でパットの友だちだった。数日滞在する予定でザグレブからボスニアへやってきたという。ちょうど爆発物専門家のマイクがイギリスに帰ったところだったが、交代要員としては芳しくなかった。後日仲間になったアメリカ人はジェフのことを「これまで出会ったなかでもっとも胸くそ悪くなる幼稚なやつ」と評した。もしかすると右手の人差し指が常習的に右の鼻の穴に突っ込まれているせいかもしれない。それにこの世でいちばんおもしろいことは腹のガスだと思っているふしがある。ボスニアへやってきて二日もたたないうちに、彼は訓練所担当将校のクロアチア人にピストルを抜かせた。ジェフが自分のカラシニコフを指さし、言葉が交わされる。まずい。そもそものきっかけは、ジェフが事務所でジェイムズにまったく下品で卑猥なクロアチア語を教えたことにあった。それがこともあろうに衛生兵アイシャと、書類棚のほうへ歩いていくたびにみなの目が吸い寄せられるほどの魅力的な腰つきをした秘書アンカの目の前だった。

　わたしはいいかげんにしろとジェフをたしなめた。だが彼は止める気配を見せず、クロアチア人ふたりが困惑しているのが見てとれた。戦争のさなかにあるというのに、クズのような外国人集団が故郷に現れて、自動小銃を振りまわしながら地元の女性を辱めるようなことをしたなら、わたしだって困惑する。すると、ジェフは狭い訓練所事務室のなかで故意に放屁した。クロアチア人の多くが外国人志願兵を嫌うのも当然だ。大部分がこのジェフのようなげすで低能な人間のクズなのだから。とまあ、これがことの発端だった。

　さて、男らしくジェフを叩きのめす代わりに、ひとりのクロアチア人がグラスノヴィッチ・パパにいいつけようと飛び出した。彼はその途中でわたしにぶつかり、わたしが倒れそうになった。わたしはドアの前に立ちはだかって彼に謝罪を求めた。なんとか理由を作って彼を引き止め、落ち着かせようとしたのだが、そんなことをしても何の役にも立たなかった。ジェフは彼を追いかけて部屋から飛び出し、この共産主義野郎と怒鳴った。禁句だというのに。そのときだ。クロアチア人がピストルに手をかけた。ジェフはカラシニコフを構えた。ふたつき軍用ホルスターにおさまったピストルで、自動小銃を抱いている相手に向かって早射ちマックをやろうとしてはいけない。それは愚かだ、本当に。だが幸い死者はでなかった。

　一言でいうなら、ジェフは本当に人間のクズだった。同じ日、射撃訓練中にクロアチア兵がニッケルめっきのトカレフを携帯しているのに気づいた彼は大声でこういった。「あれなら二〇〇ドイツマルクにはなるな。俺にチャンスがあればあいつは死人だ」。たいしたものだ。この男は一五〇ドルかそこらのために人を背後から撃つらしい。実際彼は、自分の足をもちあげて合わせてわたしのゴアテックスブーツのサイズを測り、使い古されたわたしのセイコー腕時計もほめた。そんなことがあってしばらくしてから、ジェイムズがわたしに尋ねた。ジェフの目の前で。「帰りの航空券の有効期限が切れるまでここにいることになったら、ロブのアメックスカードで俺たちの飛行機代も立て替えてくれないか？　あとで返すから。いいだろ？」ジェフが口を開いた。「アメックスをもっているのか？」おっと。ジェフはイギリスではさまざまな軽蔑すべき犯罪で指名手配になっていることをいい忘れていた。むろんクレジットカード詐欺もだ。

　ちょうどそのころ、クリスの友人がオーストラリアからやってきた。クリスのいとこだというマックスもまたクロアチア系で、クリスと同じように（なんという偶然！）オーストラリアSASの第二コマンドー部隊にいたという。もっとも誰もそれは信じなかった。おそらく彼がライフルの前も後ろもわからなかったからだと思う。事実、彼は軍隊経験が皆無であるように見えた。クリスはあとでわたしに打ち明けた。じつはマックスは第二コマンドーにいたことはないんだ、でも俺は正真正銘SAS隊員だぜ。なるほど。

　マックスはまさにバルカン半島傭兵の精神病的狂人のイメージにぴったりで、というよりそのものだったので、彼の「いとこ」も含めた全員が彼を「マッド・マックス」と呼んでいた。クリスによれば、マックスはオーストラリアで銀行強盗を働いて服役したらしい。実際には失敗して逮捕されたにもかかわらず、マックスはプロの強盗であることを自慢していた。前科者というのはおもしろい。自分が有罪になった犯罪と服役した期間をひけらかす。明らかに価値観がひっくり返っていて、反社会的行為を犯す者である証拠だ。おそらく彼らの奇妙にねじまがった物の見方においては、そのほうが強そうで、「本物の男」になれるということなのだろう。実際には、彼らがたんなる嫌なやつではなくバカでもある、つまり無能なげす野郎であることの証明にしかならないのだが。ジェイムズはいつも気に障るような黒人ロサンゼルスギャングなまりで盗んだとかたたきのめしたとかいう話をしていた。まるでできの悪い低予算ギャングスタ・ラップ映画のサウンドトラックを聞いているみたいだった。

　町にいる前科者、窃盗犯、うさんくさい傭兵の数が危険なほど急に増加しはじめた。ある日、軍警察官クリスがパットに渡してくれと小さな包みをもってきた。中身は大麻だった。なんてこった。もしわたしがこれを預かり、クリスがわたしをはめようとしているのなら、そのまま逮捕だ。クロアチア＝ボスニア軍の軍刑務所で滞在期間の延長をする気はさらさらない。だが問題は、これを捨てたりクリスに突き返したりすればわたしは彼らの仲間ではないということになり、わたしが密告するのではないかと彼らは心配する。つまり、わたしは彼らにとって脅威であり邪魔者であるとみなされてしまうのだ。それはよろしくない。背後から撃たれる立派な理由になる。結局、パットがくるまでホテルの廊下にあった鉢植えに隠しておいて、今後わたしのところへはもち込むなと彼に釘を刺すことで問題は解決した。麻薬ということなら、わたしの応急手あて袋に入っている鎮痛効果のある注射剤も隠しておかなければならなかった。傭兵たちが救急キットから盗んだモルヒネをタバコにひたして吸っているとパットから聞いたからだ。残していけば誰かが闇市で売ろうとするだろうと思ったので、わたしが現地を発ったときには、手持ちの医薬品は旅団にすべて寄付したがヌベイン（モルヒネの代用品）と注射器だけはもち帰った。

その晩、大麻を手に入れたパット、ジェイムズ、ジェフ、グリーン、ピンゴ、その他もろもろは酔っぱらってハイになっていた。武器を手にへべれけになって叫んでいる傭兵であふれた隣室へ飛び込んで、ジェイムズと格闘し、彼の手から手榴弾をもぎ取らなければならなかったのはこのときが最初だった。彼は手榴弾を手にもって、ピンを抜くと脅す。わたしが破片手榴弾を手でぐっと握ってもまだピンを抜こうとしていたこともあった。ジェイムズはみんながどうするか見たいだけだという。なんという注意喚起行動だろう。

セルビア軍による砲撃、地雷、狙撃等々だけでもたいへんなのに、元看守とはいえ自分の指揮下とされる兵から第一人称で強姦、殺人、強盗、略奪、破片手榴弾殺傷未遂の話を聞かされてからは、いはやは、わたしも自分の財布を心配するようになった。それから背中も。

トミスラヴグラードにいた外国人傭兵は総勢二〇名ほどだった。名目上はわたしが指揮官ということになっていた。もっとも何かほしいときだけしか上官だと思われていないふしもある。イギリス人の問題児スティーヴ・グリーンはたびたび、相棒のアンダース、鼓腸王ジェフ、そしてジェイムズに悪事を働かせるか、さもなければ根も葉もないことを吹き込んでいた。パットとメヨールがそれに同調する。ドイツ人とフランス人はよかったが、イギリス人はあまり役に立たなかった。当時トミスラヴグラードにいたのは窃盗犯と脱走兵と厄介者だけだった。あいにく腐ったリンゴのせいで残りの人員の評判も傷ついた。クロアチア兵や参謀将校のなかには、わたしを含む無関係の志願兵にまであからさまな敵意を見せる者がいた。

　もっとも友好的な人間もいた。特に経験豊富なプロがそうだ。グラスノヴィッチの参謀将校のひとりでわたしが非常に尊敬している人物はいつも冗談を飛ばしていた。彼はたいていわたしのことを「アメリカ人のウスタシャ」あるいは「お気に入りのテロリスト」などと呼んでいた。だがそう思っていたのは彼だけではないらしい。ある日グラスノヴィッチとともに湖岸のレストランで魚料理を食べていると、クロアチア女性がわたしは既婚者かときいた。わたしが答えるより早く、グラスノヴィッチが笑いながらいった。

「クロットが既婚者かって？　誰がこんなテロリストと結婚するものか！」

　だが、クロアチア防衛評議会《HVO》の将校がわたしたちに敵意を抱くのも無理はない。とりわけ、グラスノヴィッチが旅団の司令官であるにもかかわらず、傭兵の一部にはたいしたことのない問題まで何でもかんでもグラスノヴィッチのところへもっていく輩がいたからだ。ロイエル・リスベリと彼の小隊のように（実際には別の旅団に所属）自給自足できるプロの外国人志願兵もいたが、それ以外はグラスノヴィッチを自分の分隊長か補給軍曹のように扱っていた。カラシニコフの弾倉が欲しければ、グラスノヴィッチのところへ行く。そんな具合だった。

　わたしとの喧嘩の翌日、都合のよいことにアンダースは別の旅団へ移るためにトミスラヴグラードを発った。彼としてはそれでいい。けれどもわたしは、外国人傭兵がいがみ合うようになりはじめた雰囲気のなかで仕事をするのがどうも嫌だった。ともかく誰か別の人物からグラスノヴィッチの耳に話が届く前に、わたしは直接彼と話し合うことにした。アンダースと一悶着あったことを告げるとグラスノヴィッチは彼を監禁したがったが、わたしが思いとどまらせた。どのみちアンダースはすでにそれを悟って町を離れる許可を得ていたのだ。その日の朝、ひどく殴られた顔をさすりながらバスで出て行った。

　しかしながら、あの喧嘩はその後もいくつかの問題を引き起こしていた。二晩前の騒がしいパーティーでも、グラスノヴィッチの参謀将校である少佐が目を覚まして苦情を申し入れていたのだから、前夜の喧嘩と騒ぎに苦情があっても不思議はない。そしてそのとおりだった。もう我慢の限界だった。ホテルに宿泊していた傭兵はわたし以外の全員が郊外の家に移された。苦情が原因のトラブルを防ぐためにグラスノヴィッチとわたしがそうしたのだが、彼は、本当は町から出て行ってもらいたいと思っていた。あのとき、全員がまとまってトミスラヴグラードを去っていたなら彼はどんなにかうれしかっただろうと思う。

　戦争にたいした進展は見られなかった。ボスニアのセルビア人は停戦に合意したことになっており、グラスノヴィッチは当時すべての攻撃活動を止める計画だった。「難民であふれかえっている町のことを考えなければならない。停戦を破棄する訳にはいかないのだ。もし違反すれば、セルビア人に砲撃されてしまう」と彼はわたしに語った。

　北欧人をのぞく外国人傭兵のほとんどは、停戦までに一週間の訓練と一週間のパトロールを実施することになっていた。わたしが帰国するための航空券の有効期限はあと一週間だった。緊急用の一〇〇〇ドルとアメックスカードはもっていたが、実のところまた航空券を買い直す気にはなれなかった。月に一〇〇ドルというクロアチア防衛評議会《HVO》の報酬では、インフレで価値が激減していることもあって、現金で航空券を買う金額には届かない。ウヴェがすでに、ヒトラーの誕生日祝いにドイツへ行こうと誘ってくれていた。ボスニア戦争あがりのアメリカ人「ナチ」同志のふりをして、ドイツの右翼ネオナチ地下組織に潜り込めば、『ソルジャー・オヴ・フォーチュン』のためにまた特集記事が書けるかもしれない（実際書くことになった）。それがいい。それからバイエルンのラーフェンスベルクに近いホーエンフェルズのアメリカ陸軍基地にいる友人のところに寄ろう。

ドイツ人とフランス人はほかの傭兵からは距離を置いていたので、まだ町に残っていた。彼らはみすぼらしいアパートにいて、いつもゴミが散らかっていた。部屋には武器や軍需品や装備が山ほどあったが、一部はまちがいなくドイツか闇市に流れるのだろう。彼らはしばらくそこにいられるだろうが、ゆくゆくはグラスノヴィッチが厄介者のために割りあてた家へ移ることになるはずだ。ジェイムズは指揮官になることに決まった。これは笑える。なんといっても彼の知能指数はせいぜい室温と同じくらいで、機能的文盲で、気違いといえるほどの神経症で、地図が読めないのだ。話し合いのあいだホームズは黙っていたが、わたしに目配せをした。ジェイムズの「指揮」下でドイツ人が命を落とさないよう、彼がしっかり見張ってくれるものとわたしは確信した。集団のなかでもっとも軍人生活の長いパットは、みずから四人チームの「管理ならびに兵站担当将校」になることに決めた。もしブルーノ、クリストフ、フランがくわわれば七名だ。ドイツ人たちはかかわりたくないようだったし、ヴァイキング小隊は正式にはキング・トミスラヴ旅団ではない。前線から遠ざかっているためにはよさそうな担当だった。パットのほうが軍隊生活もバルカン半島経験も長いのに、あえてジェイムズに任務を計画させるという。まあ、狂人から距離を置くにはそれがいいだろう。グラスノヴィッチ大佐は、彼らが町から二〇キロも離れたところにいることで満足だった。

このときになって、アメリカ人がもうひとり現れた。マイク・マクドナルド（仮名）、二五歳。ミズーリ州スプリングフィールド出身の医学部進学課程の学生で、元アメリカ陸軍レンジャー部隊伍長、予備隊特殊部隊軍曹である。彼はすんでのところで命拾いをしていた。マイクがザグレブへ行ってクロアチア陸軍司令部へ出向くと、ボスニア防衛軍の事務所のような場所へ回され、トゥズラ行きのバスの切符を与えられた。だが『ソルジャー・オヴ・フォーチュン』誌に掲載されたキング・トミスラヴ旅団についてのブラウン大佐の記事を読んだ彼は、土壇場になってトミスラヴグラード行きのチケットを買った。その判断が彼の命を救ったのだ。トゥズラはイスラム教徒とイラン人原理主義者グループの拠点だった。アメリカ人のレンジャーが行ったらさぞかし慰み者にされたことだろう。

ザグレブへ赴く外国人傭兵の多くは数週間、あるいは場合によっては数日で帰国してしまう。かなりの数の元軍人が、こんな茶番にはつきあっていられない、もうけっこう、と考えるのだ。そうした傭兵の多くは若いアメリカ人で、プロの精鋭外人部隊を求めてやってくる二〇代初めの元アメリカ兵だった。クロアチアやボスニアを訪れる彼らは、組織も何もめちゃくちゃになっている状態を見回して、出し抜けに慌てて最寄りの駅を目指す。危険な冒険を渇望はするものの、なまじ組織立った軍隊制度をかじっているだけに自分の目の前にあるものにショックを受けるのだ。ここでは戦争の状況全体が混乱しているうえに自国の軍隊とは似ても似つかない状態であるばかりか、面倒くさい活動が数日あるいは数週間続けられたあとは一晩中飲むばかりで、戦闘があるのかどうかもわからない。ゆえに彼らは退屈して去っていく。

わたしはマイクをドイツ人と相部屋にして、わたしの個人用装備やソマリアからもちかえったアメリカ陸軍仕様防弾チョッキなど戦闘装備のほとんどを譲ってやった。バーバラ・ブッシュの護衛任務にあたったこともあるマイクは、三日もたたないうちにジェイムズの「任務要旨説明」に出くわした。説明とはいっても、ジェイムズが偉そうに歩きまわりながらカラシニコフを振りまわして、「やっちまおうぜ、てめえら、ガンガンいくぞ」みたいなことをわめくだけだ。彼の計画は、地雷原などおかまいなしに無人地帯をまっすぐ越え、セルビア軍前線の同じ場所を攻撃し続けるというものだった。しかも毎晩。まさに戦術の天才である。

元レンジャー隊員のマイクはこれを見て口がきけなくなるほど驚いた。確かに、レンジャー連隊でパトロール命令が与えられるようすとはずいぶん違う。やがて、食べ切れないほど食料があるにもかかわらず、犯罪傾向を抑えきれないジェイムズが、近隣の農家から豚や鶏を盗んで食べようといいだした。農家があれこれ考え合わせて答えを導き出すまでにそう時間はかからないだろう。「ふむ。近所に外国人がくるまでは豚も鶏も全部そろっていた。だが外国人がきてからはうちの家畜が減りはじめ、あいつらはバーベキューを始めた」

狂人の犯罪計画は膨らんでいった。銀行強盗、ドイツへの武器密輸、薬物取引、盗んだ兵器の闇市への売却。マクドナルドはもうやっていられないと判断した。自分の身の安全も確かではない。ここから離れよう。彼にとってそれは賢明な判断だった。あのような状況においては、誰かの犯罪計画に前向きに参加しないと敵だとみなされる。旅団に残れば危険だということがわかっていたマイクは、ウヴェとわたしと一緒にボスニアから車で脱出するのが最良の方策だと考えた。そこで、ジェイムズの黒人訛りも鼻につくようになってきたところで、神経を逆撫でするような最後の一日を終えたマイクは、背嚢にいくつかの物を詰め込み、午前三時に宿舎をこっそり抜け出した。彼はずっと、誰かが彼を捕まえにきて、飲んだくれの傭兵たちがでっちあげ裁判を開き、「脱走」の罪で彼を銃殺するのではないかと心配していた。マイクによれば、わたしは「知りすぎた」ために裁かれ、本人不在のまま有罪になり、処刑対象にされたのだという。何を知りすぎたというのか、わたしにはさっぱりわからない。もしかすると頻繁な大麻の使用と闇市での武器取引かもしれない。マイクは武器の横領を問われないようにと装備をすべて宿舎に残した。わたしが渡した装備ベルトや防弾チョッキ、それに彼のカラシニコフもだった。彼は夜間に山中を歩き、見知らぬ土地を二〇クリック《キロ》も踏破してトミスラヴグラードへたどり着いた。ヘルツェゴヴィナの山岳地帯で、真っ暗な夜に地図もコンパスももたずにそれを成し遂げたということはまさに快挙である。そして、このたくましい元レンジャーは、わたしがホテルに戻ってくるまで外の雪の積もった茂みで眠って待っていた。

一方、わたしはそのころ、ハワード、ヴァイキング小隊の色男クロアチア人トニー・ヴチッチ、ウヴェ、それからヴァイキング小隊の数名とともにわたしの送別会でツルヴェニツェの「ディスコ」にいた。ロイエルは資金の問題を解決するためにスウェーデンに戻っており、それ以外にもバルカン半島に愛想を着かした二名がすでに去っていたが、ヴァイキング小隊の仲間のほとんどがそこにいた。だが、このささやかな送別会は帰ろうというときになって不意に水を差される格好となった。酔っ払いのクロアチア人（頻出する言葉だ）がわたしの顔にピストルを突きつけて、おまえも抜け、さもなければ撃つという。だがそうするためには若干問題があった。わたしはピストルをもっていなかったのだ。おもしろくない一週間だ。まったく、誰もがわたしを撃ちたがっている。

クロアチア人ガンマンに風通しをよくされてしまう前に、わたしたちは大急ぎでそこを立ち退いた。ひょっとすると彼はわたしたちを国連保護軍《UNPROFOR》だと思ったのかもしれないし、もしかすると彼のガールフレンドがわたしを気に入ったとかなんとかいったのかもしれない。こればかりはわからない。実際には、わたしはもう少しでクラブから脱出するためにその男をナイフで刺そうかと思うところまでいった。だがそれだけは避けたいというのが本音だった。なぜならたとえ喧嘩や銃撃戦で生き延びても、まっすぐにクロアチアの刑務所行きになってしまうからだ。だからわたしたちはいつもどおりにこの一件をかたづけた。もしこれがアメリカなら一大事件ということで、警察が現れ、逮捕、裁判等々ということになる。だがここ戦闘地域ではたんなる日常の一コマで、バルカン半島の狂気のなかで今日も生き延びることができてよかった、となる。

わたしたちは、やかましく騒ぎながら森のなかの一軒家に立ち寄って、地元のうら若い乙女の暖かい抱擁から小隊の女たらしトニーを引きはがした。ホテルに着いたわたしは荷造りがすんでいることを確かめ、いつもどおりカラシニコフを抱いて、数時間寝入った。突然のドアをノックする音に、わたしはAKをいつでも撃てる状態にしてすぐさまベッドから降り立った。またノックが聞こえて、誰かがわたしの名前を呼んでいる。朝の六時にしては妙な状況だった。なぜならほかの外国人はもはや朝一〇時、あるいは正午にさえ起きることなど期待できなかったからだ。わたしはAKをフルオートにして返事をした。マイクだった。彼はことの次第を説明すると、連れていってほしいと頼んできた。わたしは足にテープで固定して隠してあった一〇〇〇ドルからいくらか引き抜いて、マイクと一緒に司令部近くのバス切符売り場へ行き、彼の分のチケットを買った。

わたしたちはそろってウヴェを迎えに市内のドイツ人のアパートメントへ向かった。目覚まし時計がならなかったので、もう少しで乗り損なうところだったとウヴェは感謝した。バスを待っているとジェフがやってきた。武器を携帯している。ウヴェとわたしはAKを保管場所に返却してしまったし、マイクは農家に置いてきている。わたしはジャケットで覆われたジーンズのベルトにボウイナイフをもっていた。そこならすぐに手が届く。

マイクが失踪したことが判明して、ジェフは通りがかりの車に乗ってすぐに町へやってきたのだ。何が目的なのかは推測するしかない。仲間のロブ、ウヴェ、マイクを見送るためでないことだけは確かだ。わたしたちはみな彼の根性が気に入らなかったし、嫌な野郎だと思っていたし、何度もそれを思い知らせてやったからだ。ジェフがこんなに朝早くから、というより昼前に起きて動きまわっているのを見るのは妙な気分だった。彼は非常にうさん臭い態度だった。実際、かなりおかしな行動を取っていた。まるで何かをたくらんでいるかのようにわたしたちのすぐそばをうろうろしていたのだ。もしかするとわたしたちから金、時計、クレジットカードなど金目のものを身ぐるみはがすつもりだったのかもしれない。幸い昼間で、顔見知りの旅団の兵士も含めて、あたりには人がいた。結局わたしたちは何の問題もなくバスに乗り込むことができた。

ボスニアから出国するバスの旅では特になにも起こらなかった。ウヴェはドイツで共産主義者の本屋を爆破した事件で指名手配になっていたので、アンディ・コルブのパスポートで旅していた。実際のふたりはまったく似ていなかったのだが、なぜか不思議な偶然で、ウヴェはアンディのパスポート写真にそっくりだった。ウヴェとパスポートのことは不安だったが、全員問題なく警察と国境の検問を通過することができた。もっとも、マイクとわたしのアメリカのパスポートに眉が上がることはあった。ボスニアを出ることがあまりにうれしかったので、平和なスロヴェニアでの昼食は本当に楽しく、何杯もビールを飲んでいるうちにうっかりバスに乗り遅れそうになった。バスの運転手がわたしたちを置いたまま出発しそうになっていたので、わたしたちは飛び上がり、汚い言葉で叫びながら道路脇の居酒屋の駐車場を走った。スロヴェニアとオーストリアの国境ではさらに二度ほど、尋問されるのではないか、アンディのパスポートをもったウヴェが捕まるのではないかと心配しながら警察による検問の成り行きを見守った。

若干刺激的だったのは旅の終盤、ザルツブルクだった。オーストリアのバス停で降りたわたしたちは手荷物の検査を受けた。ちょうど警官が通りかかり、わたしたちが駅に駆け込むより早く、わたしたちを引き止めたのである。オーストリア警察はウヴェに質問を始めた。どこに行ってきたのか。ウヴェは肩をすくめて「ウルラウプ」(休暇)と答えた。なぜボスニアにいたのかと聞かれても「ウルラウプ」。三つめの質問にもウルラウプと答えたとき、わたしは激しく抗議する構えだった。マイクは震えているふりをして、哀れを誘おうとしている。わたしは彼らのベルトに下がっているグロック九ミリ・ピストルから目を離さなかった。次に警官がわたしたちの荷物を調べた。ひとりの警官がいぶかしげに、わたしが家に持ち帰ろうとしていた映画のフィルムケースのような形のロシア製DPマシンガンの弾倉を見つめる。「土産物です」とわたしはいった。もし戦争の記念に武器を持ち込もうとしていたら、あそこで逮捕されていただろう。

マイクが飛行機に乗れるよう、わたしはミラノまでの列車代を貸してやり、彼を見送った。それからウヴェとわたしは、国境の検問を受けなくても済むようにとザルツブルクまで迎えにきてくれたナチの友だちと一緒に、車でドイツとの国境を目指した。

こうしてわたしはボスニアから脱出した。しばらく戻るつもりはなかった。それに、アフリカで仕事があるという話を聞いていて……

エピローグ

一九九三年にボスニアを離れたわたしは、ほんのしばらく故郷のニューヨーク州オーリアンに戻ったあと、エストニアとラトヴィアの特殊作戦部隊を訪問した。そして一九九四年一月にスーダンへ赴き、スーダン人民解放軍とともに五カ月近く戦場に滞在した。そこでは一二・七ミリ・マシンガンを二五〇人の波状攻撃のなかへ撃ち込むなど、イスラムのムジャヒディーン《聖戦士》相手に多くの戦闘をこなした。ロケット砲を撃ち込まれ、アントノフに空爆され、狙撃され、わたしは負傷した。国に帰る途中、ケニヤのサンブール族の友人を訪ね、マララルにいる元ＳＡＳ少佐で著名な作家で、探検家で一風変わった冒険家でもある古くからの知人ウィルフレッド・セシジャーにも会いにいった。

帰国後は一時的に企業警備の仕事をしたが、よくわからないウイルス感染で肝臓を壊し、ベル麻痺（顔面神経麻痺）が出て入院した。退院して数週間後、わたしはフランス外人部隊の第三外人歩兵連隊のゲストとして、フランス領ギアナのクールーにある基地を訪れた。そして一一月には、ギリシア・コマンドー部隊の一団とともにセルビアのニスにあるユーゴスラヴィアの第六三空挺旅団に赴いた。そこでは、ネレトゥヴァの反対側で戦っていたセルビア人パラシュート兵と、紙ナプキンのうえでモスタルの防衛を再現した。

　最初に本書の原稿を書いていた一九九五年当時、わたしはふたたびバルカン半島に戻って、恒久的な平和を実現するために有意義な貢献をしたいと考えていた。だがまもなく気が変わった。

　一九九五年二月、企業警備分野の仕事に戻る前に、わたしはカナダ軍が実施する冬期戦訓練に立ち会った。一九九六年一月、エルサルバドル特殊部隊の友人たちと一九八九年以来の降下を楽しんでから、わたしはホンジュラスのパラシュート部隊と特殊部隊（ＴＥＳＯＮ）とともにパラシュート降下を行なった。その年の春には東南アジアへ旅をした。カンボジアでは医療任務にあたり、キリング・フィールド《大量虐殺現場》を見物に出かける途中で道路封鎖にあってクメール・ルージュによる待ち伏せ攻撃を受けた。タイでは海兵隊偵察大隊とパラシュート降下し、ビルマ（ミャンマー）でもまたビルマ軍と飛び降りた。それから再度ビルマに潜入してカレン族のゲリラのもとで過ごし、狙撃小隊の訓練を手伝った。四日間家に戻ってからはオランダへ出向いてパラシュート降下、それからエストニア特殊作戦グループの仲間とパラシュートとスキューバダイビングをした。一九九七年の夏、わたしはようやくアンゴラのマロンゴに赴き、シェブロン社とカビンダ・ガルフ・オイル社の一二五名からなる準軍事的な護衛隊の訓練を行なった。

　一九九八年は、世界の一二カ国をめぐり、アフガニスタンでタリバン部隊と交戦したり、スーダンでスーダン人民解放軍《ＳＰＬＡ》にいる古くからの知り合いとともに戦ったりした。こうした傭兵活動はディスカバリーチャンネルでも放映されて、カメラのところにもわたしの名前がクレジットされた。旅の途中、ウガンダのカンパラにあるホテルで爆破テロに遭遇したが幸い無事だったので、そのホテルと、数時間後に連続して起きた近くのナイル・グリルの爆破現場で負傷者の手あてをした。一度帰国してから一カ月後にはまたアフリカに戻り、南アフリカ国防軍第四四パラシュート旅団でパラシュート降下、その後さまざまな南アフリカの警備組織にとどまって少しばかり戦闘も経験した。

それから二年は、コロンビア、スーダン、ウガンダ、ビルマの紛争地域へ足を運んだ。ビルマでは、タイの国境から山間部を通ってジャングルの診療所までへとへとになりながら徒歩で潜入し、タッマドー(国軍)に追われながらも無事に「脱出生還」した。二〇〇一年にはチェコ共和国、スロヴァキア、そしてウクライナでパラシュート降下した。マケドニアではアルバニア人ゲリラとの戦いの最終段階にくわわって、もう少しで敵対する両軍に吹き飛ばされそうになった。翌年はインドで同国の特殊部隊と一緒にタージマハルの上空から降下した。二〇〇三年にはイエメンにあるカナダの石油会社の仕事をして、同年冬にはイラクの民間警備会社で「軍事要員《コントラクター》」として働くことになり、これを執筆している二〇〇八年現在も継続して雇用されている。

たがいのやりとりや口づてに聞いたことをまとめると、この本に登場した人間の過去一五年間の足取りはだいたい以下のようになる。

アンダース・「ピンゴ」はしばらくボスニア西部にとどまっていたが、ウェルズの話では、一九九四年のクリスマスごろにトミスラヴグラード地区を去ったということだ。現在はクロアチア関連の外国人志願兵である。

クリストフとその相棒フランソワは、上陸偵察襲撃に失敗してからフランスに帰国した。クリスは映画製作という自分の好きな一般の仕事に就いた。最後に聞いたときには監督助手だったが、みずからプロデューサーと監督を務める自分の作品に全財産(と希望)を投じていた。作品は二〇〇一年に公開予定だった。

ハワードは有能な迫撃砲手であることを証明してみせた。一九九四年の春にはアメリカに戻り、中西部のどこかでドミノ・ピザの配達をしているといううわさだ。

マイク・クーパーはイギリスに戻った。何年かは地方の名士のような生活を続け、実用的なマニュアルを書いていた。今はロンドン在住で、コンサートプロダクションの仕事をしている。わたしとはときどき近況を知らせ合っている。

クロアチアのコマンドー部隊は一九九二年の秋に、ドゥブロヴニク郊外で激しい戦闘に参加した。チェトニクのバンカーが集まる場所に夜間潜入攻撃をかけ、若干の犠牲者を出しながらもチェトニクの陣地を壊滅させて防衛陣を一掃した。犠牲は死者二名だった。ブロンディは除隊になり、最後はシサクで働いていたことがわかっている。同じく除隊になったイタリアーノもシサク周辺にいて、あいかわらず女と富を求めて歩きまわっていたらしい。指揮官のペドラグはドゥブロヴニクの戦闘中に迫撃砲で負傷し、顔面再生手術のためにオランダへ送られた。ペドラグはのちに、一九九五年八月のクライナ攻勢、別名「嵐作戦」で現役任務に戻ったほかの多くの兵とともに、クライナ方面作戦で戦死した。わたしが話をしたクロアチアの将軍によれば、ペドラグの兄ドラゴは二〇〇二年六月現在、クロアチア陸軍訓練司令部の指揮官だということだった。

ブルーノ・ルソは一九九三年七月に、妊娠したイスラム系ボスニア人のガールフレンド、アムラ・イェルラジッチとともにボスニアを離れた。彼らの息子ルーカスは、一九九四年一月にマドリードで生まれた。ブルーノはしばらく民間警備会社で働いたあと、スペイン陸軍特殊部隊にふたたび入隊した。アムラはブルーノと息子を捨てて、スペインの高速鉄道客室乗務員として働いている。ブルーノは一九九五年以来、ストラスブールにある欧州防衛軍で任務にあたった二年間を含めて、スペインの「グリーンベレー」に在籍しており、二〇〇三年には特務軍曹に昇格した。二〇〇六年にAチームの一員としてレバノン南部に派遣されたほか、現在はアフガニスタンに遠征中だ。しかし彼はさらなる大冒険に挑む人生を切望しており、陸軍を離れて民間警備会社の軍事要員《コントラクター》になることを検討中である。

カール・ペンタ、別名カール・フィンチは英語圏傭兵部隊にいたときにオシエクで逮捕され、収監され、本国へ送還された。二〇〇二年に、スリナムにおけるみずからの傭兵体験を語った手記『一傭兵の物語』を発表している。

エドゥアルド・フロレスはクロアチア陸軍《HV》の軍法会議にかけられ、窃取した武器を闇市で売買した罪で処刑された。

「フラン」と呼ばれていたフランソワは、一九九三年春にキング・トミスラヴ旅団にいた二名のフランス兵のひとりである（もうひとりは彼の友人クリストフ）。彼はのちの一九九四年にビルマのカレン族とともに戦い、一九九五年にはあの悪名高い傭兵ボブ・ドナールとコモロ諸島のクーデターにくわわったが、ビルマでの傭兵活動がもとで一年以上フランスで服役した。二〇〇〇年一月九日にパリで、四五口径のピストルで自殺したと聞いている（皮肉なことに、キング・トミスラヴ旅団の同志ブルーノの息子ルーカス・ルソが生まれたのと同じ日だった）。

ダヴォル・「ジョー」・グラスノヴィッチは、二万カナダドルの身代金と引き換えに解放された。一五カ月ものあいだセルビア人に捕らえられていた彼は餓死寸前だった。戦争捕虜《POW》となっているあいだに激しく殴られたため肋骨を骨折、セルビア人によって繰り返し拷問を受けていた。その後、めちゃめちゃになった顔を再建するために手術を受けた。わたしがカナダのアルバータ州エドモントンにいた二〇〇三年には、彼は生存していると聞いた。

ジェリコ・「ニック」・グラスノヴィッチは新生ボスニア陸軍の上級大将になった。二〇〇〇年五月二六日には、特殊部隊司令官ロン・アダムズ中将によって一年の任期で独立軍隊監察長官に任命され、宣誓就任した。彼は引き続き軍隊でめざましい活躍を続けたのち、政界に入るために辞職した。

スティーヴ・グリーンは、マイク・クーパーとともにラスヴェガスの一九九三年『ソルジャー・オヴ・フォーチュン』年次総会に顔を出した。わたしはやつが気絶するまで殴りたい衝動に駆られたが思いとどまった。たんに逮捕されずに済む方法が見つからなかったからだ。彼のほうもわたしからは距離をとっていた。クーパーの話では、グリーンは結婚して三人の子をもうけ、離婚したということだった。トーレ・ハンセンはノルウェーに戻って警備会社で働いているが、非常に退屈している。企業、政府、個人との契約を積極的に追い求めているところだ。

ハイコは一九九三年の夏に友軍による誤射で負傷した。現在どこにいるのかは不明である。

ウヴェ・「ホーネッカー」・ヘルカーは、ドイツに戻ったときにはまだ連邦警察《ブンデスポリツァイ》に指名手配されていた。彼は刑期を終えて（コンピューターを学んだ）一九九六年一月初旬に出所した。その年の正月はホームズ・ホマイスターや、キング・トミスラヴ旅団の退役軍人でフォート・ベニング時代からのわたしの親友トム・ケリーと過ごしたらしい。ドイツの情報機関が彼に機密情報提供者としてボスニアに戻ってもらいたいと考えていたといううわさがある。キング・トミスラヴ旅団にいたある兵が、ウヴェはヘロインの過剰摂取により一九九六年一〇月半ばにドイツで死亡したと伝えてきた。

ミハエル・「ホームズ」・ホマイスター。トミスラヴグラードにザ・ドム《祖国》というバーを所有しているクロアチア防衛軍《HOS》司令官の娘と結婚するものとばかり思っていたが、彼はドイツに戻り、警察に捕らえられた。ホームズにやや似ている「マルコ」のフィンランドのパスポートで移動していたのだ。ヴァイキング小隊のフィンランド人マルコ・カサグランデはのちに、ルカ・モコネシというペンネームで『モスタル行きのヒッチハイカー』というベストセラーを出した。その著書がフィンランド政府にいた左派の女性の神経を逆なでしたため、彼は戦争犯罪者として国際法廷に起訴されそうになった。ドイツ警察はホームズのパスポートを本人の所持品のなかから見つけ、彼を刑務所に送ったが、週末は外出が許可されていたようである。彼は一九九六年秋に出所した。ホームズとは何年もやりとりがあった。彼は有給の職につき、ドイツ連邦軍《ブンデスヴェーア》のパラシュート予備隊に入り、夫となり父となった。

ワーナー・イリチは、クロアチア内務省《MUP》にいたアメリカ人ケヴ・フォン・リーズによれば、クロアチア陸軍准将の格好をしてテレビに出演していたそうである。クロアチア参謀本部にいる友人は、イリチは確かに将校だがどうでもよいポストについていると教えてくれた。

一九九一年一〇月にブラニミル・グラヴァスによって設立された国際旅団は以前、ザグレブのオペラティヴナ・ゾナ・ザグレブ、ウリツァ二九二、カガルナ一という住所に司令本部があったが、一九九二年春に正式に廃止された。クロアチアの政権が外国人志願兵は必要ないと判断したためである。クロアチアにいた外国人、つまり「よそ者」のほとんどは一九九二年のうちに正式に除隊となって故郷へ帰った。一部は、クロアチア人の血を引くものが大半だが、現在もクロアチアにいる。それ以外にも政治的なつながりか訓練とのかかわり、あるいはその両方をもつ者が国内に残った。一九九五年の終わりごろになってもまだ、何人かの外国人志願兵が入隊を認められ、デイトン和平協議前の最後の戦闘に参加していた。一九九六年三月、クロアチア国籍を取得した三名をのぞくクロアチア防衛評議会《HVO》（ボスニア）の外国人全員が国外へ追い出されたと聞いた。数人は一般市民としてとどまった。

「ジェイムズ」はおそらく現在も複数の犯罪によりロサンゼルス郡で指名手配になっているだろう。ウェルズによれば、一九九三年に不意にスラヴォニア地方の国境に現れて密輸しようとした軍需品を没収されたらしい。彼はそれからいったんアメリカへ帰国したが、またボスニアへ戻った。一九九四～九五年にかけての冬に、ボブ・マッケンジーと一緒に写真に写っている。イギリスのブリストルではウェルズを訪ねたそうだ。パット・ウェルズが最後にジェイムズの姿を見たのは、一九九五年二月のボスニアだった。一九九五年九月には、ジェイムズがその夏に地雷で足の指を何本か失ったらしいとトム・ケリーが知らせてくれた。

ウェルズの話では、「ジェフ」は闇市で売り飛ばすための武器を盗もうとして逮捕された。彼は、爆薬、手榴弾、地雷など手あたり次第に武器庫から引き出そうとしていた。しかもウェルズの名前で。ウェルズはいつもの気が狂うほどのかんしゃくを起こして、タイヤレバーで危うく彼を殴り殺しそうになったらしい。まあ、殺してしまっても誰も困らないと思うが。

アンドレアス・「アンディ」・コルブ、別名「ビスマルク」は、一九九三年一一月一五日、ゴルニ・ヴァクフか、もしくはその近郊で戦死した。頭に砲弾の破片があたり、病院に到着したときには息を引き取っていた。最初に彼の死を知らせてきたのは彼の母親だった。後日、ホームズが詳細を教えてくれた。

ユージーン・リー。一九九二年にアメリカに戻ったこの自称役立たずは、自分が所属していたクロアチアの部隊に軍需品を送った。彼らが古いボルトアクション式ライフルを狙撃に使えるよう、M44マウザー用のスコープとスコープマウントを調達したのである。それに感謝したクロアチア政府は、リーにスポメニツォム、祖国の戦争におけるクロアチア陸軍のメダルを授けた。彼は一九九五年の秋にカール・グラフとともにクロアチアへ戻った。ブリニャ・ブラック・ウォルヴズの旧友を訪問した彼は、クロアチア陸軍の中尉に推薦された。最後に「ジーノ」と話をしたのは、彼がネヴァダ州でクリスタルの宝飾品をデザインしているときだった。

ジョン・マヨール、別名「メヨール」。ウェルズがこのフランス系ハンガリー人の元フランス外人部隊兵を最後に見かけたのは一九九五年二月だった。うまくやっているようで、クロアチアのパスポートをとろうとしていた。トム・ケリーは、一九九六年三月に彼の書類を受け取ったことを知らせてくれた。

マイク・マクドナルド。ボスニアを離れてから数カ月後にわたしはマクドナルドを訪ねた。彼はミズーリ州スプリングフィールドの大学へ戻り、美しい看護師と同居しながら、ほどよい戦いの場を求めていた。一九九五年の初めごろ、状況はよくわからないが、彼は三五七マグナム弾で足を撃たれて大腿骨がくだける怪我をした。回復してからはアリゾナへ移り、第三世界で貨物機を飛ばしたいと復員兵援護法を利用して民間航空機のパイロットのライセンスをとろうとしていた。一九九七年には、彼がわたしのアンゴラの訓練チームで働けるよう手配してやったこともある。一九九八年、彼はカリフォルニア州のサンタクルーズでまじめに東洋哲学を勉強しながら、ハワイ行きを計画していた。

最近では、わたしがイエメン、彼がクウェートで仕事をしているときに近況を報告しあった。彼は民間会社の傭兵として働く軍事要員《コントラクター》の新顔でもある。わたしたちはふたりとも二〇〇三年に仕事でイラクへ赴いた。イラクから戻ってきたときには、同じブラックウォーター社警備チームの一員としてルイジアナ州のハリケーン災害現場へも派遣された。マイクは要人警護任務の「射手」としてイラクに戻り、短期間だがわたしと同じ会社の仕事をした。彼は二〇〇七年に簡易仕掛け爆弾《IED》で負傷し、一年たった今もまだ回復途上にある。彼はアマゾン川流域にエコ別荘を所有している。

ロバート・カレン・マッケンジー。カリフォルニア州コロナドでボブの追悼式が執り行われた。遺体は戻ってこなかった。

アレックス・マコールは『ソルジャー・オヴ・フォーチュン』誌を退職した。二〇〇二年一〇月、ネブラスカ州において自動車事故で死亡した。

アンディ・メイヤーズはシエラレオネで戦闘中に行方不明となったままで、死亡したと推定されている。捕らえられた革命統一戦線《RUF》のゲリラ兵が、銃撃戦から数日後に捕虜のメイヤーズが腹部の怪我に苦しんでいるのを見たという。

ジョニー・ライコヴィッチはクロアチア陸軍《HV》の昇級を断わり、除隊してシサクで民間の職を求めた。彼は二度、ニューヨーク州オーリアンのわたしの家を訪ねている。

ソマリア人通訳たち。一九九三〜九四年の冬、わたしはナイロビでわたしが担当していた二名の通訳者とうるわしきスアド・ユスフにばったり会った。そのときに、ブラック・シーの戦い（「ブラックホーク・ダウン」）で、第一〇山岳師団の隊員とともに救援車列に乗っていた通訳一名が死亡したことを知った。

ヨハン・「クレイジー・ジョー」・ステリングはしばらくバルカン半島にいたが、やがてオランダへ帰国した。エンリケ・ベルナレス・バレステロスによる傭兵にかんする国連人権報告書には、やや不正確ながらもジョーとほかの何名かについての記述がある。シサク大隊での一件から数年後、ジョーからクリスマスカードが送られてきた。つまりすべては許されたということか。

ボブ・スティーヴンソンは、ほかの傭兵志願者とともに多数の武装強盗を働いたため、イギリスで刑務所に入ったといわれている。

ダウヴェ・ファン・デ・ボスはオランダへ帰国し、オランダ＝クロアチア・ワーク・コミュニティで活躍している。

ヴァイキング小隊《ヴォッド》。北欧出身のひとりがビルマのカレン族ゲリラのもとへ赴いた。彼とは連絡を取り続けている。わたしがボスニアを離れてからくわわったオランダ人は、わたしがオランダにいた二〇〇三年に接触してきて、わたしを殺すと脅した。なぜかはわからない。それまでに会ったことすらないからだ。わたしは滞在しているホテルの名前を告げ、ロビーで一晩中彼を待ったが、この勇士は表れなかった。

オランダ人大佐ヴィム・「ヴィリ」・ファン・ノールトは、一九九三年までクロアチアの空挺部隊訓練に携わっていて、パラシュート訓練のために一〇名の中核グループをオランダ領テセル島へ連れていった。彼はのちに准将へ昇格し、クロアチアの無血クーデターにかかわったが、クーデターは回避され、ヴィリの後ろ盾となっていた人々の政治的立場が弱くなった。ザダルの南にあるスタンコヴツィの前線にいたとき、ヴィリは左のひざ下を撃たれた。手術のためにオランダへ戻った彼は、介抱してくれた看護師のひとりと結婚した。彼は一九九六年二月にニューヨーク州オーリアンのわたしの家を訪問している。現在はオランダとアメリカのフロリダ州で暮らしている。今でもときどき便りがくる。

「パット・ウェルズ」はイギリスのブリストルに帰った。トム・ケリーや何人かのイギリス人志願兵の話では、パットはボスニアで、トムの友人でありイギリス系カナダ人志願兵だった元フランス外人部隊兵ロニー・ペレヴァーソヴを撃ち殺したらしい。イギリスにあるクロアチア志願兵協会の会長は、ペレヴァーソヴは「イギリス人志願兵によって就寝中に撃たれた。ロニーはその直前、一九九五年にモスタル近郊のズパニャ村でそのイギリス人志願兵が元外人部隊兵だと偽っていたことを暴いていた」と述べている。

パットは、同じくボスニアで戦ったことのある「イアン」を伴って、一九九五年にラスヴェガスで開かれた『ソルジャー・オヴ・フォーチュン』の年次総会に出席した。彼らは数日間わたしのオーリアンの家にも滞在した。ただし、パットが酔っぱらっていつもの暴力的な怒りを爆発させ、わたしが運転している車の後部座席でイアンを殴り、わたしたちふたりを殺すと脅すまでだ。そのときはペンシルヴェニア州ブラッドフォードの近くで警察も出動する事態となったが、幸い三人とも拘留されることはなかった。わたしはふたりをナイアガラの滝観光に連れていき、ポケットのなかで三八〇ピストルの撃鉄を起こした。それからふたりをバッファローまで送り、ニューヨーク市行きのバスに乗せた。それをのぞけば我々は今でも「仲間」だ。ロニー・ペレヴァーソヴの死は今もまだ多くの人に悼まれている。彼の殺害に対する復讐が実行される可能性は高い。

用語解説

AATTV——Australian Army Training Team Vietnam　オーストラリア陸軍訓練チームベトナム。南ベトナム陸軍部隊を訓練するために一九六二年に設立されたもので、当初はおよそ三〇名の将校と准尉で組織されていたが、のちに約一〇〇名に増員された。AATTVはベトナムに赴いたオーストラリア軍部隊のなかでは、一九六二〜七二年ともっとも活動期間が長く、総勢一〇〇〇名（オーストラリア人九九〇名、ニュージーランド人一〇名）が任務にあたったが、そのうち、三三名が戦死、一二二名が負傷した。部隊は四つのヴィクトリア勲章を含む数々の勲章を受賞している。

AO——Area of Operations　作戦地域。

APC——Armored Personnel Carrier　装甲兵員輸送車。

ARVN——The Army of the Republic of Vietnam　ベトナム共和国陸軍。（「アーヴィン」と読む）

BDU——Battle dress uniform　戦闘服。アメリカ陸軍の標準森林カムフラージュ戦闘服。

BOQ——Bachelor Officer's Quarters　独身将校用宿舎。

CZ75——チェコスロヴァキア（現在はチェコ）の軍用ピストル。チェスカー・ズブロヨフカ社製。九ミリ・セミオートマティックのこのピストルが手に入るなかで「最高の」着装武器だった。

EOD——Explosive Ordnance Disposal　爆発物処理。

GPMG──General purpose machine gun　汎用機関銃。

HOS──Hrvatske Odbrambene Snage　クロアチア防衛軍。HSPの軍事部門。「ホス」と読む。

HSP──Hrvatska Stranka Prava　クロアチア権利党。一八八〇年に結成、一九九一年に再結成。この右派の国家主義者組織は、第二次世界大戦のときにアンテ・パヴェリッチが率いたウスタシャの政党NDHと歴史的な結びつきがある。HSPとHOSはともに「ナチ」と呼ばれることが多い。HSPの指導者ドブロスラヴ・パラガは、ナチの親衛隊からヤセノヴァッツ強制収容所の運営をまかされていた第二次世界大戦時のウスタシャを「リベラルすぎる」と語った。

HV──HrvatskaVojska　クロアチア陸軍。「ハーヴェー」と読む。

HVO──Hrvatsko Vijece Odbrane　クロアチア防衛評議会。ボスニアにある半独立国家ヘルツェグ＝ボスナ・クロアチア人共和国の陸軍。「ハーヴェーオー」と読む。ボスニアでは、HVOは「Hvala（ありがとう）、ヴァンス＝オーウェン」の略だというジョークが流行っていた。［訳注　ヴァンス・オーウェン和平計画はボスニア紛争解決のために国連とECが提案した和平案だが、失敗に終わった］

JNA──Jugoslovenska Narodna Armija　ユーゴスラヴィア人民軍。ときどきJugoslav National Army（ユーゴスラヴィア国民軍）という誤訳もみられる。

LCE──light combat equipment　戦闘用装備。またはLBE（load-bearing equipment）とも呼ばれ、別名ウェブギア、TA50、ALICE（アメリカ陸軍のそれの頭文字）。イギリス軍では「キット」とも。兵士のLBE（通常はウェブサスペンダーとベルト）、水筒、弾倉袋、その他補助的な装備品は、戦闘や野外でのサバイバルに最低限必要なものである。

LRRP──Long-Range Reconnaissance Patrol　長距離偵察パトロール。「ラープ」と読む。

MILAN——Missile d'Infanterie Leger Antichar　ミラン。フランスの対戦車ロケット。ボスニアのクロアチア軍で大量に使用されていた。
NCO——Non Commissioned Officer　下士官。軍曹。NCOIOは担当下士官。
NDH——Nezavisna Drzava Hrvatska　アンテ・パヴェリッチが率いた第二次世界大戦時のクロアチア独立国。
NOD——Night Observation Device。夜間観測装置。STANO——Surveillance, Target Aquisition, Night Observation（監視、目標捕捉、夜間観測）と呼ばれることもある。
OPSEC——Operational Security　作戦保全。
PT——Physical training　身体訓練
RPG／RPG7——ソヴィエトが設計した（しかし広く複製されている）ロケット対戦車グレネードランチャー。Reaktivniy Protivotankovyi Granatometが導入されたのは一九六二年。重量がわずか八・九キログラムほどのこの兵器はおもに装甲車に向けて用いるために設計された。バンカー、要塞化した建物、部隊に対して使用することもできる。「多目的バズーカ砲」として世界中で広く使われ続けている。
SA7　SAM——ソヴィエト製携帯地対空ミサイル。ストレラ（Strela）、あるいはグレイル（Grail）とも呼ばれている。
S3——アメリカの大隊または旅団司令部で訓練と作戦にかかわる参謀部門の呼称。師団参謀はG1、G2、G3……となる。
SAM——Surface to Air Missiles　地対空ミサイル。
SAS——イギリスの精鋭特殊作戦部隊。イギリスSAS（特殊空挺部隊）は第二次世界大戦時にデイヴィッド・スターリングによって設立された。SAS隊員は別の部隊から志願して厳しい選抜課程に合格した経験豊富な熟練兵ばかりだ。オーストラリアとニュージーランドにもそれぞれSAS連隊があり、今はもう存在しない国家ローデシアにもあった。

SDO――Staff Duty Officer　当直将校

T62――ソヴィエト主力戦車（MBT）。古めかしいT54/55シリーズをさらに発展させたもの。四人乗りで、一一五ミリの主砲と、七・六二ミリならびに一二・七ミリの機関銃二挺を搭載している。広く輸出されている。

TOW――現在のアメリカの重対戦車ロケットランチャーで、TOWは発射筒式光学追尾有線指令誘導対戦車ミサイル（Tube-launched, Optically-tracked, Wire-guided command-linked anti-tank missile）の略語。純然たるタンクキラー。諸外国で用いられている。

UNHCR――United Nations High Commission for Refugees　国連難民高等弁務官。

UNPROFOR――United Nations Protection Force　国連保護軍（クロアチアならびにボスニア＝ヘルツェゴヴィナ）。国連の部隊は、乱交パーティーの去勢男と同じくらい役に立たない。一般的には「戦闘員ではなく国連のオブザーバー」といわれる。当初提案された名称は国連調停軍旧ユーゴスラヴィアだったが、頭文字がUNIFFYとなり、あからさますぎると考えられた。救援のまとめ役だったフレッド・キューニー（のちにチェチェンで殺された）は彼らしいテキサスなまりで皮肉をいったことがある。「国連が一九三九年ごろからあったなら、今ごろはみんなドイツ語を話していただろうよ」

VJ――Vojska Jugoslavije　ユーゴスラヴィア軍。ユーゴスラヴィア人民軍（JNA）の後継。

VOPP――Vance-Owen Peace Plan　ヴァンス＝オーウェン和平計画。

XO――Executive Officer　副官。別名「exec」あるいは「2IC」。軍事組織で司令官の次に位置する人物。

通常は支援部隊や司令部分隊を監督し、司令官の右腕として行動する。

アルミヤ、ボスニア＝ヘルツェゴヴィナ――Armija　国家として認められているボスニア＝ヘルツェゴヴィナの陸軍。発足当初は三つすべての主要民族グループで構成されていたが、現在はほぼ全体がイスラム系である。

インディグ――Indigs　アメリカ陸軍の俗語で「土着民」、つまり先住民族や現地人のこと。

ウィリー・ピーター――Willy Peter　黄燐（WP, white phosphorous）を表す軍事俗語。現在アメリカ陸軍で使用されているM34黄燐発煙手榴弾は、破片になりやすいようにぎざぎざを刻んだスチール製容器に約四二五グラムの黄燐が入っている。黄燐の充填剤は摂氏約二七〇〇度でおよそ六〇秒間燃焼する。この兵器のたちの悪いところはそこだ。黄燐が人間の体の組織に与える影響は単純である。皮膚を通って骨まで燃やし、酸素がなくならないかぎり反対側まで突き抜ける。戦地での応急手あてとしては傷口に泥を詰めるのが一般的だ。

ウスタシャ――Ustasha　ナチ。クロアチア独立国時代とアンテ・パヴェリッチのファシズムを信奉するウスタシャ運動から。

ヴィル――Ville　アメリカ陸軍の俗語で、村や町、人が住むところならどこでも。

Aチーム――A-Team　一二名からなるアメリカ陸軍特殊部隊「作戦分遣隊（Operational Detachment）A」

オー・ダーク・サーティー――O'dark-thirty　普通の人（民間人）がまだ眠っているとんでもなく朝早い時間。

カゼルネ――Kaserne　兵舎。ドイツ語で「兵舎」を意味し、アメリカ陸軍の俗語としても用いられている。

キャンプ・マッコール――Camp MacKall　「グリーンベレー」が多くの訓練を受けるノースカロライナ州フ

ォート・ブラッグの近くにあるアメリカ陸軍特殊部隊認定課程の施設。近年になって、わたしの元上官でフィリピンで暗殺されたジェイムズ・「ニック」・ロウ大佐の名をとって改称された。

キルゾーン——Killzone　殺傷地帯。待ち伏せの前方に広がるエリアで、敵を陥れ、集中射撃で全滅させる範囲。

クライナ——Krajina　クロアチア国境地帯。軍事境界線（Vojna Krajina）から。

クリック——Klick　軍の俗語でキロメートルのこと。

クレイモア——Claymore　アメリカ陸軍M18A1対人地雷「クレイモア」はスコットランドの幅広い刃をもつ剣にちなんで名づけられた。重量がわずか一・六キログラムほどのこの地雷は、指向性固定破片地雷で、はさみのような形状の調節可能な脚を使用して設置する。もともとは密集した歩兵部隊に対して使用するために設計されたもので、「クラッカー」と呼ばれる電気式発火装置と、爆破用雷管につながった点火コードを用いてリモコン操作で爆発させる。爆発すると、約六八〇グラムのC4プラスチック爆薬が、爆発物の飛散する方向を外側にしてカーブした緑褐色のプラスチック製直方体のなかに配列されたスチール製の玉を、高さ二メートル、幅五〇メートル、六〇度の扇形に、五〇メートルの距離まで飛ばす。ソヴィエトとユーゴスラヴィア人民軍はこの兵器の独自の複製品を有していた。バルカン半島にも、地元で製造された偽造品が存在した。

ケイバー——Kaber　戦闘用ナイフ。もともとは第二次世界大戦のアメリカ海兵隊戦闘用ナイフ。ニューヨーク州オーリアンのもっとも有名な製造元であるKA-BARの名を取ってそう呼ばれている。

コソヴォ——Kosovo Polje、「クロウタドリの地」、セルビアの歴史的受難の地は「永遠に広がり続けるセルビアの想像上の栄光の地」となった。早くも一九九二年当時、外国人志願兵の多くがコソヴォ内戦は避けられないと予想していた。

サホヴニツァ——Sahovnica　クロアチアの紋章。赤と白の市松模様の盾型で、縁取りが施され、突起が五つある王冠のような上部には由緒正しい五つの異なる紋章のシンボルが飾られている。

サボル——Sabor　クロアチア議会。

ザギ91——Zagi91　クロアチア製九ミリ・サブマシンガン。利用可能な部品、素材、弾薬、弾倉を最大限に利用した設計で、クロアチア軍は少なくとも三つの異なるモデルのハイブリッド・サブマシンガンを製造した。

砂盤——Sand tables　ブリーフィングのときに用いる地形の模型。

スリヴォヴィッツ——Slivovitz、sljivovic　バルカン諸国のプラムブランデー

スペツナズ——Spetsnaz　精鋭のパラシュート＝コマンドー兵からなるソヴィエト（現ロシア）陸軍特殊作戦部隊。スペツナズはvoiska spetsial'nogo naznacheniya、すなわち「特殊任務部隊」あるいは「特殊目的部隊」の頭文字をとったもの。

スプーン——Spoon　手榴弾の安全レバーのこと。ピンを引っ張る前後に押さえる。「スプーンを飛ばす」とはレバーを解放して手榴弾を発火準備状態にすること。

ゼロ——Zero　バトルサイト・ゼロ。戦闘用ライフルのゼロイン（零点規正）のこと。

前傾休めの姿勢——Front leaning rest position　腕立て伏せを開始する姿勢のおどけた表現。腕立て伏せはよく罰則（特に新兵の）として用いられる。「傾斜した休め」の状態に置くことには意味がある。この腕立て伏せのまっすぐな状態を長く続けると、すぐに疲労と苦痛を感じるのだ。

ゼンジー——Zengees　ＺＮＧ（Zbor Narodne Garde)、国家防衛隊。クロアチア陸軍の前身。ときどき

Zagreb National Guard（ザグレブ郡兵）という誤訳も見受けられる。

戦闘職種——Combat Arms　陸軍の兵科。歩兵、砲兵、機甲、工兵、そしてもちろん特殊部隊。

弾痕破片解析——Crater and Fragment Analysis　大砲やロケット砲の弾痕と周辺の破片から、正確な対砲兵射撃のための情報を割り出す、戦場で行なわれる正式な分析手法。

チェトニク——Chetniks　クロアチア人とイスラム系が用いる言葉で、セルビア人とセルビアの民族主義者を指す一般的な用語。「チェタ（Ceta）」は「武装した部隊」を意味するセルビアの言葉。チェトニクは十九世紀、一八三〇年にセルビア王国が築かれたのちに起こったセルビアの民族主義運動である。そのころ王に仕えるセルビア陸軍内で、武装した山賊ハイドゥカ・チェトニク（Haijduka Cetniks）が非正規ではあるものの世に認められた民兵隊となっていた。第二次世界大戦が始まると、チェトニクは当初ナチスと同盟を組もうとし、ミハイロヴィッチの指揮下で同じセルビア人の共産主義「パルチザン」を敵に回して血を分けた者同士で戦いを繰り広げ、クロアチア人とイスラム教徒を大量虐殺して、さらにはイタリアのファシストやクロアチアのウスタシャ（Ustasha）とも手を組んで戦った（現在では嫌々ながらそれを認めている）。シンボルには、大腿骨を十字に組んでその上に頭蓋骨を配置した図柄、君主制主義の王冠、そして「統一だけがセルビアを守る《サモ・スロガ・スルビナ・スパサヴァ》」を意味する「四つのC」が用いられている。「セルビア人は何のためらいもなく人を殺し、何の不平もいわずに死ぬ」といわれている。

チョーク・トーク——Chalk talk　黒板などを使って物事を説明すること。

トウ・ポッパー——Toe-popper　足で踏むと爆発する小型対人地雷のこと。負傷させることを目的に設計されたもので、通常は足の一部かつま先を吹き飛ばすだけ。

トカレフ——Tokarev　ソヴィエトが設計した七・六二ミリ（三〇口径）軍用オートマティックピストルで、

コルトやブラウニングのデザインに似ている。余計な安全装置などがついておらず、頑丈ないい武器だ。ユーゴ製のものには一発多く詰め込める弾倉が組み込まれており、ソヴィエトや中国共産党の弾倉を用いることができない。

トミー・タウン――Tommy Town　ボスニア、トミスラヴグラードのこと。外国人志願兵の俗語。

トロンボーン――Trombone　ライフルグレネードを発射するときの付属部品を表す俗語で、誰もがほしがるオプション品。これを取りつけると銃身の長さが約二〇センチ長くなり、もともと銃身の長いFNに慣れているイギリス兵の多くがほっとする。

ハイドゥク――Hajduk　山賊。

パナマ・トライアングル――Panama Triangle　パナマにあった昔のアメリカ陸軍ジャングル戦闘訓練所の教官が名づけたらしい三六〇度の安全確保テクニックで、がっちりと防戦態勢を固めるために三角形を作るもの。たとえば中隊なら、三角形の左側に第一小隊、右側に第二小隊、底辺に第三小隊を配置する。通常マシンガンを頂点に置くことで、部隊の前方を撃てるようにする。このテクニックは、部隊を円形に配置するよりも戦術的に堅実で、実施も容易だ。射界を重ね合わせるのにも最適で、規模の大きいパトロール基地でも有効に機能する。

ピヴォ――Pivo　ビール。クロアチアの人気ブランドはカルロヴァッコ（Karlovacko）。

フーア――Hooah　アメリカ陸軍の鬨《とき》の声。

ファゴット――Faggot　ソヴィエト製ＡＴＧＭ（対戦車誘導ミサイル）。

フェニックス・プログラム――Phoenix Program　ベトナム戦争時代のアメリカ特殊作戦で、ベトコンの下部組織をねらって組織的に暗殺したもの。

フガス――Fougasse　たいていは二〇八リットルドラム缶に自家製ゼリー状ガソリンを入れ、底に点火のための爆薬を仕込んで、リモコンで爆発させる境界防衛兵器。フランス軍がインドシナ半島で発明したものだが、アメリカ軍はベトナム戦争時によく即席で作った。
フラッグ――Frag　手榴弾、ロケット、砲弾の破片。また、誰かをフラッグするとは、破片手榴弾（などの方法）で指揮官将校を殺害すること。
フリーク――Freak または Freq　無線周波数を意味する軍事俗語。「プッシュ」ともいう。
プスカ――Puska または Puska mitrajet　ライフル、マシンガン。
ブーニーズ――Boonies　森林やジャングルなど未開地の地形。また、ジャングル・ハット、別名「ブーニー・ハット」のことも指す。
プラガ――Praga　多銃身対空砲の俗語。
ブルー・オン・ブルー――味方同士で撃ち合うことを意味する俗語。状況図やオーバーレイで、青色は常に友軍の配置を示す。赤色は敵軍。
ボイナ――Bojna　戦闘。
マッド・ミニット――mad minute　兵士が武器をロックンロール（自動）にしてたくさんの弾薬を消費するとき。支援兵器もともに発射されることもある。実際の戦術的状況としては、こちらの陣地を撃破しそうな敵の攻撃部隊を停止させる、あるいは遅延させる最終防衛射撃（ＦＰＦ、final protective fires）と呼ばれる。「撤収」する前に行なう。
ミリツィヤ――Milicija　警察。ミリツィオナル（milicionar）は警察官。
ラキヤ――Rakija　プラム・ブランデー。スリヴォヴィッツ（slivovitz）とも。クロアチアで人気のブランドはロザ（Loza）。

リーコン――Recon　偵察すること、あるいは軍事偵察に関係すること。イギリス軍では「レシー（recce）」とも。

リュックサックフロップ――Rucksack flop　胸を上にする（to go tits up）ともいわれる。座って仰向けに背嚢にもたれかかる姿勢。賢明な格好とはいいがたい。

リング・ノッカー――Ring-knocker　ウェストポイント陸軍士官学校卒業生を指す俗語。たいていスクールリングをはめていることから。

謝辞

これまで最低限の感謝の言葉しかない本を多く読んできたせいか、この欄を書くのは少々照れくさい。まあ、どうとでもなれ、だ。この原稿を完成させる（そして書き直す）にあたって手を貸してくれた多くの人に深く謝意を表したい。『ビハインド・ザ・ラインズ』誌のゲイリー・リンデラー、『ソルジャー・オヴ・フォーチュン』誌のボブ・ブラウン、『ビハインド・ザ・ラインズ』の元上級編集者クレッグ・ジョーゲンソンとケン・ミラー（いずれもすぐれた作家で、わたしよりもはるかに有能なライター）には、その支援と励ましに感謝する。『グリーンベレー』の著者ジム・モリスには模範的な前例と激励に。友人で兄でよき師であり、特殊部隊隊員でイラクで一緒に走り込んだ仲間であり、すぐれた作家でもあるグレッグ・ウォーカーには、たえまない励ましをありがとうといいたい。ネイヴァル・インスティテュート・プレスのマーク・ギャトリンには早くから激励の言葉をもらった。

レイ・レイン・オルドリッチ（アメリカ陸軍三等准尉、退役）と故リンダ・オルドリッチ、そして彼らの娘レイ・アン・ヴェルクナーとその夫ビル（アメリカ陸軍予備役中佐）は、わたしのような放浪者に対して、ヴァージニア州ウォレントンでもドイツのラーフェンスブルクでも、町にいると必ず三度の食事とベッドを提供してくれた。特に深く感謝の意を表したい。特殊部隊の「初代」のひとりマイク・「マイク少佐」・ウィリアムズはよき指導者でいてくれた。

著作を発表する作家たちは世に知られざる文士である公立学校の教師に十分に礼をいっていないように思う。そこでわたしの高校の英語教師リチャード・ブラウン、エイヴィス・ハーウィック、メアリー・ハーヴィー、それからカール・シューイに基礎をたたき込んでくれたお礼を述べたい。初の五〇〇〇語を超える執筆となった本書に永久に残ってしまう英語の語法上の不手際は、すべてわたし自身の不徳のいたすところである。この最終原稿を書き上げるにあたっては、わたしのエージェント兼編集者、プリンストン・インターナショナル・エージェンシー・フォー・ジ・アーツのゲイル・ワーストと、発行者のデイヴィッド・ファーンズワースにはお世話になった。彼らの多大なる苦労と指導に感謝しなければならない。

セント・ボナヴェンチャー大学予備役将校訓練課程《ROTC》のデイヴィッド・ルイス特務曹長（アメリカ陸軍、退役）とジョン・ニューシュワンガー曹長（一九八五～八六年、韓国のキャンプ・ケーシーに駐屯していた第一七歩兵連隊第一大隊A中隊先任下士官）には、若き歩兵少尉が厄介ごとに巻き込まれないように見守り、軍人とは何かを教えてくれたことに感謝する。軍曹が将校を鍛える。その逆はめったにない。

そして、すぐれた四名の兵士にも謝意を表する。ジョン・ライコヴィッチ、リチャード・ヴィアルパンド、ミハエル・ホマイスター、そしてレンジャーのマイク・「マクドナルド」。バルカン半島ではわたしの背中を見張り、必要なときにすばやいキックを繰り出してくれた。彼ら以上の友人はいない。それから、同じ体験をしたよき友人マイク・「コナーズ」、「トム・ケリー」、ザク・ノヴコヴィッチ。彼らの名前をあげないのは手落ちだろう。コナーズの場合には、このわたしと、弾薬も共有した。これは彼らの本でもある。

そしてもちろん、両親へ。心配しないでいてくれて、あるいは心配を顔に出さないでいてくれてありがとう。

二〇〇八年、イラクのマームディヤにて

ロブ・クロット

訳者あとがき

本書は、アメリカ人傭兵ロブ・クロットの物語である。正確には、陸軍大尉だった彼が軍を辞め、傭兵となってクロアチア、ソマリア、ボスニアへ赴いた一九九二〜九三年のできごとを中心に、彼が実際に体験したこと、感じたことを思うままに綴った記録だ。当時の傭兵生活がいかなるものであったのかは、本文でじっくりと味わっていただくことにして、ここでは、クロットが訪問した国々がどのような状況だったのか、若干説明を補足しようと思う。

一九八九年の冷戦終結以降、東欧は激動の時代を迎えていた。「七つの国境、六つの共和国、五つの民族、四つの言語、三つの宗教、ふたつの文字、ひとつの国家」といわれるほど複雑だった旧ユーゴスラヴィア連邦にも共産主義崩壊の波は訪れた。一九九一年、クロアチアは一国家としてユーゴスラヴィアからの独立を目指したが、以前から数多くのセルビア人居住者を抱えていたクライナのセルビア人自治区がクロアチアではなくセルビア共和国への編入を支持したため、国内のクロアチア民族とセルビア民族とのあいだで対立が起きた。このとき、クライナのセルビア人保護を理由にセルビア人中心のユーゴスラヴィア人民軍が介入したことから、それを領土侵略とみなしたクロアチア人とのあいだで戦いが激化した。

ロブ・クロットが相棒のヴィアルパンドとともにクロアチアへ渡って、クロアチア人コマンドー部隊の教育にたずさわったのはちょうどこのころである。もっとも、この民族紛争の火種はもっと前からあったようだ。第二次世界大戦期のクロアチアでは、ドイツのナチに近いファシスト集団「ウスタシャ」がセルビア人を迫害、一方のセルビア人側は「チェトニク」を結成してクロアチア人を攻撃していた。その後共産主義の名の下にどうにかひとつの国家にまとまっていたものが、冷戦終結で一気に崩壊し、民族紛争と陣取り合戦が始まったのだといえる。

クロットが再度クロアチア人とかかわることになったとき、それはクロアチア国内ではなくボスニア＝ヘルツェゴヴィナでの活動だった。そこでは、ムスリム人とも呼ばれるイスラム教徒、セルビア人、クロアチア人という三勢力のあいだで、国家の形成と領土の分配をめぐって激しい戦いが繰り広げられていた。当初はクロアチア人とセルビア人の悪化した民族関係がそのままボスニアに持ち込まれ、ユーゴスラヴィア人民軍の人員も物資も得たセルビア人勢力に対して、兵も装備も不十分なイスラム勢力とクロアチア人勢力が協力して戦う構図をとっていた。だがそれも束の間で、次第にボスニア・イスラム勢力とクロアチア人勢力もたがいに牙を剥くようになっていった。

『ソルジャー・オヴ・フォーチュン』誌が派遣した元軍人たちやロブ・クロットが赴いたのは、ボスニア国内で一方的に分離独立を宣言したクロアチア人国家ヘルツェグ＝ボスナだった。したがって、クロット本人が述べているように、そこはボスニアであってボスニアではない。キング・トミスラヴ旅団が所属するクロアチア防衛評議会もクロアチア本国からの支援を受けた軍事組織だった。

この二度のクロアチア人勢力における傭兵仕事の合間にクロットが訪れたのがソマリアである。ソマリアはアラブ諸国に近いアフリカ大陸北東部の「アフリカの角」と呼ばれる場所にある。植民地時代には隣国のジブチを含めてフランス、イギリス、イタリア領に分断されて統治されていたが、ソマリアとして統一して独立してからも、政権が武力で追われるなど「氏族」間の武装闘争が絶えないまま現在にいたっている。

クロットが民間軍事会社とソマリア行きの契約を結んだとき、現地には国連によってアメリカ軍を含む多国籍軍が派遣され、平和維持と人道支援活動が行われていた。そのときソマリア最大の武装勢力を率いていたのがアイディード将軍だった。その後、クロットがソマリアを離れてからもアイディード将軍派やその他の武装勢力と多国籍軍との衝突は続き、最終的には多くの犠牲者を出して国連側がソマリアから撤収した。今日においてもなおソマリアは無政府状態のままで、海賊行為が横行し、武装勢力の支配によって深刻な干ばつで飢餓に苦しむ人々に援助がなかなか届かない状況が続いている。

さて、著者ロブ・クロットはハーヴァード大学院で教育を受けた経歴をもつ、ある意味異色の傭兵である。彼はアメリカ陸軍で将校や特殊部隊の訓練を受けたものの、平時の軍隊では刺激が足りないとみずから戦いを求めて紛争地域へ足を向ける。本人は「見たこと、やったこと、それからほんの少しだけ考えたこと」をそのまま書いた本だと語っているが、ジャーナリストでもなく、軍の人間でもなく、組織に縛られない傭兵という第三者の目でとらえた戦争のようすがたいへん興味深く語られている。

戦争当事者である若き兵士の姿、彼が尊敬する軍人たち、社会の底辺からやってきた傭兵集団など、読者がクロットの目を通して現代の戦場、戦争を体験できることはまちがいない。母国のために戦う若者たちに経験豊かな軍事顧問として支援を提供する姿、敵兵を迷わず射殺し、それに一種の快楽さえ感じるようす、その一方でちまたに武器のあふれる状況に危惧する言葉。どれも素顔のロブ・クロットである。

彼は原書の刊行時にはイラクで軍事要員として働いているということだったが、つい先日も欧米各国がリビアに軍事顧問を派遣したというニュースを見るにつけ、もしや「アラブの春」も彼の視線の先にあるのだろうかとふと想像してみたくなる。

なお、本書の翻訳にあたって、武器の製造会社名についてはマウザー（Mauser）、ザスタヴァ（Zastava）、シュタイヤー（Steyr）、ブラウニング（Browning）など原語の発音に近い表記を採用した。またインチ表示の銃の口径については小数点を省略し、厳密には・三〇口径とするべきところを三〇口径と書き表わした。ご了承いただきたい。

最後になったが、本書の刊行にあたっては、株式会社原書房の寿田英洋氏、株式会社バベルの鈴木由紀子氏をはじめとして多くの方々にお世話になった。この場を借りて心より御礼申し上げる。

二〇一一年一〇月

大槻敦子

参考文献

書籍

Curtis, Glenn E., Ed. Yugoslavia: A Country Study. DA PAM 550-99, US Government Printing Office, 1992.
Dempster, Chris and Dave Tompkins. Firepower. New York: St. Martin's Press, 1980.
Dizdarevic, Zlatko. Sarajevo: A War Journal. New York: Henry Holt and Co., 1994.
Dragnich, Alex N. Serbs and Croats: The Struggle in Yugoslavia. New York: Harcourt Jovanovich, 1992.
Drakulic, Slavenka. The Balkan Express. W.W. Norton and Company, New York, 1993. スラヴェンカ・ドラクリッチ、『バルカン・エクスプレス：女心とユーゴ戦争』、三谷恵子訳、三省堂、1995年
Ezell, Edward Clinton. Small Arms of the World. Harrisburg, PA: Stackpole Books, 1988.
Gilbert, Adrian. Sniper: the World of Combat Sniping. New York: St. Martin's Press, 1995.
Glenny; Misha. The Fall of Yugoslavia: The Third Balkan War. New York: Penguin Books, 1993. ミーシャ・グレニー、『ユーゴスラヴィアの崩壊』、井上健、大坪孝子訳、白水社、1994年
Grundy; Kenneth W. Soldiers Without Politics: Blacks in the South African Armed Forces. Berkeley and Los Angeles: University of California Press, 1983.
Hoare, Mike. The Road to Kalamata. Lexington, MA: Lexington Books, 1989.
Hogg, Ian V. and John Weeks. Military Small Arms of the 20th Century. 6th edition. Northbrook, IL: DBI Books, 1994.
Malcolm, Noel. Bosnia: A Short History. New York: New York University Press, 1994
Mallin, Jay and Robert K. Brown. Merc: American Soldiers of Fortune. New York: MacMillan Publishing Co., 1979.
Moore, Robin. The Crippled Eagles. Miami: Jennifer Publishing Co., 1980.
Morris, Jim. War Story: The Classic True Story of the First Generation of Green Berets in Vietnam. New York: St. Martin's Paperbacks,

2000. ジム・モリス、『グリーンベレー：私はベトナム戦争を戦った』、岩堂憲人訳、サンケイ出版、1986年
Vulliamy; Ed. Seasons in Hell. New York: St. Martin's Press, 1994.
West, Rebecca. Black Lamb and Grey Falcon. New York: Viking Press, 1943 .
Windrow, Martin. The Waffen SS. revised edition. London: Osprey Publishing Ltd., 1987.
Williams, L.H. "Mike" with Robin Moore. Major Mike. Ace Charter, Popham Press Book, 1981.

雑誌

Brown, Robert K. "SOF Team Trains the King's Cadre," Soldier of Fortune, April 1993.
Hooper, Jim. "War in Bosnia, Part II," Combat and Militaria, October 1994.
Krott, Rob. "Looking For War In All the Wrong Places." Soldier of Fortune, September 1992.
—— "Zelene Beretke: Tigers of the Croatian Forests," International Military Review, May/June 1993.
—— "Knife Fighting in Croatia," Fighting Knives, July 1993.
—— "Achtung Baby! " Soldier of Fortune, August 1993.
—— "Special Forces in the Balkans," Behind the Lines, November/December 1993.
—— "Serbia's Amerikanac Commando," Soldier of Fortune, April 1994.
—— "Outlaw Merc," Soldier of Fortune, April 1994.
—— "Battle Blades in Bosnia" Fighting Knives, November 1994.
—— "Little Nancy and the Big Bad Mercenaries," Soldier of Fortune,
MacKenzie, Robert C. (as "Bob Jordan") "Combat Zone Croatia," Soldier of Fortune, February 1992.
—— "Shoot and Scoot," Soldier of Fortune, October 1993.
—— "Looking For a Few 'Pretty Good' Shots," Soldier of Fortune, May 1993.
—— "SOF Editor's Final Firefights," Soldier of Fortune, September 1995 (posthumously from notes).
Wallace, Jim. "Yanks In Yugoslavia," Soldier of Fortune, January 1992.

◆著者◆

ロブ・クロット（Rob Krott）

ペンシルヴェニア州マッキーン郡で育ち、セント・ボナヴェンチャー大学およびハーヴァード大学で教育を受けた。元アメリカ陸軍将校として、60カ国を超える国々に行き、10カ国の外国政府から軍事にかんする賞や勲章を授与されている。また、ビルマのカレン民族解放軍やスーダン人民解放軍といったゲリラ軍とともに戦地に行っている。『スモール・アームズ・レヴュー』の軍事特派員であり、『ソルジャー・オヴ・フォーチュン』の海外特派員チーフや『ビハインド・ザ・ラインズ――ザ・ジャーナル・オヴ・USミリタリー・スペシャル・オペレーションズ』のコラムニスト兼海外特派員として名前が掲載されている。本書執筆時は、イラクで民間軍事会社の軍事要員《コントラクター》として活動中。

◆訳者◆

大槻敦子（おおつき・あつこ）

慶應義塾大学文学部卒。訳書に、『ディープエコノミー――生命を育む経済へ』（英治出版）、『図説狙撃手大全』『ヒトラーのスパイたち』『史上最強の勇士たち――フランス外人部隊』（以上、原書房）などがある。その他、共訳書、翻訳協力多数。

傭兵《ようへい》
狼《おおかみ》たちの戦場《せんじょう》

●

2011年11月15日　第1刷

著者………ロブ・クロット
訳者………大槻敦子《おおつきあつこ》

装幀者………川島進（スタジオ・ギブ）
本文組版・印刷………株式会社ディグ
カバー印刷………株式会社明光社
製本………小高製本工業株式会社

発行者………成瀬雅人
発行所………株式会社原書房
〒160-0022　東京都新宿区新宿1-25-13
電話・代表03（3354）0685
http://www.harashobo.co.jp
振替・00150-6-151594
ISBN978-4-562-04742-0